职业教育物联网应用技术专业系列教材

RFID与二维码技术

◎主　编　肖志良　张文青　赵雪章
◎副主编　李建新　胡拥兵　尧雪娟
◎主　审　洪　洲

電子工業出版社
Publishing House of Electronics Industry
北京・BEIJING

内容简介

随着物联网产业的迅猛发展，行业企业对物联网技能型技术人才需求与日俱增。本书应物联网行业企业的人才需求和物联网发展的趋势，紧贴职业岗位需求和物联网应用技术专业教学标准，从知识、能力、素质等方面满足学生的学习需求。本书的内容包括两大部分，第一部分是 RFID 射频识别技术，第二部分是二维码技术，另外本书还配备了 15 个 RFID 与二维码技术的实训项目。教学内容均按照项目化任务驱动的形式组织，每一章按照任务要求、任务涉及的知识、任务实现、拓展训练四大环节组织，并且配备完善的习题和案例供学习者使用。本书共有 11 章，内容包括认知 RFID、RFID 系统的工作原理、RFID 系统标准、RFID 系统设计与实施、RFID 系统典型应用、一维条形码与二维码技术等。

本书适合作为各职业院校物联网应用技术专业、移动互联技术专业、嵌入式系统应用专业、大数据专业、人工智能专业等的自动识别课程的教材，也可以作为物联网、电子工程技术人员的参考书。

图书在版编目（CIP）数据

RFID 与二维码技术 / 肖志良，张文青，赵雪章主编．—北京：电子工业出版社，2019.6

ISBN 978-7-121-36331-3

Ⅰ. ①R… Ⅱ. ①肖… ②张… ③赵… Ⅲ. ①无线电信号—射频—信号识别—职业教育—教材 ②二维—条形码—职业教育—教材 Ⅳ. ①TN911.23 ②TP391.44

中国版本图书馆 CIP 数据核字（2019）第 069067 号

责任编辑：白　楠　　特约编辑：王　纲
印　　刷：北京盛通商印快线网络科技有限公司
装　　订：北京盛通商印快线网络科技有限公司
出版发行：电子工业出版社
　　　　　北京市海淀区万寿路 173 信箱　邮编　100036
开　　本：787×1 092　1/16　印张：13.25　字数：339.2 千字
版　　次：2019 年 6 月第 1 版
印　　次：2023 年 2 月第 7 次印刷
定　　价：31.50 元

凡所购买电子工业出版社图书有缺损问题，请向购买书店调换。若书店售缺，请与本社发行部联系，联系及邮购电话：（010）88254888，88258888。

质量投诉请发邮件至 zlts@phei.com.cn，盗版侵权举报请发邮件至 dbqq@phei.com.cn。

本书咨询联系方式：（010）88254592，bain@phei.com.cn。

前　言

物联网就是“物物相连”，是通过 RFID、传感器、GPRS 等信息感知设备和互联网连接起来的网络系统。典型的物联网系统一般分为三层——感知层、网络层、应用层，RFID 与二维码技术属于物联网的感知层，是物联网重要的自动识别技术，承担着数据感知、数据传输的任务，是为物联网应用层提供数据来源和可靠传输的关键环节。

物联网技术是国家新兴战略产业技术，目前是物联网产业发展的黄金时期，物联网技术领域的人才缺口非常大。为了更好地培养物联网技术领域的人才，本着职业教育的培养目标，佛山职业技术学院物联网技术团队联合多所兄弟院校撰写了物联网应用技术专业核心课程系列教材，共 6 本，分别为《单片机及接口技术》《物联网工程技术》《传感器与无线传感网络》《RFID 与二维码技术》《移动物联网开发》《移动智能终端应用开发》。本书共有 11 章，建议教学学时为 64，教学时间为二年级第一学期，先修课程为《单片机及接口技术》《C#程序设计》《计算机网络基础》。各高校可以根据自身的人才培养方案适当删减。建议教学课时分配如下：

章节内容	建议学时
第 1 章　认知 RFID	4
第 2 章　RFID 系统的工作原理	12
第 3 章　RFID 系统体系和标准	8
第 4 章　RFID 系统的时间策略与方法	8
第 5 章　RFID 系统的优化	4
第 6 章　RFID 系统的安全课题与对策	4
第 7 章　RFID 典型应用仿真	8
第 8 章　二维条码识别技术	4
第 9 章　二维条码的编码和解码.	4
第 10 章　常用二维条码的典型码制	4
第 11 章　二维条码典型应用	4
合计	64

本书强调教、学、做相结合，将二代身份证、MF1 S50、MF1S70、I CODE 2、EPC G2 等常用电子标签的应用技术嵌入教学、训练任务中，通过项目化教学、任务驱动的方式，在任务实施过程中穿插新知识点的讲授，让读者在任务实施过程中理解、掌握理

论知识点。

本书为校企合作教材，教学案例全部采用企业的真实案例，知识点和实训任务紧贴物联网技术相关企业的主流技术和产品，缩短学校教学和企业工程的距离，提高学习的针对性和客观性。

本书由广州城市职业学院洪洲主审，由肖志良、张文青、赵雪章担任主编，负责对本书的编写思路、目录、内容选取等进行总体策划，完成对全书的统稿工作。本书第 1 章、第 8 章由张文青编写，第 2 章由李建新编写，第 3 章、第 10 章、第 11 章由肖志良编写，第 4 章、第 5 章由赵雪章编写，第 6 章、第 7 章由尧雪娟编写，第 9 章由胡拥兵编写。本书合作企业北京新大陆时代教育科技有限公司相关人员提供了大力帮助和支持，在此感谢参与本书编写、审核、出版的全体人员。

由于时间仓促，编者水平有限，书中难免有不妥之处，恳请广大读者提出批评和建议，以便进一步完善。阅读本书过程中遇到的问题、发现的错误、对本书内容和结构方面的任何意见和建议，请发送至 983871400@qq.com。致谢！

编　者

目 录

第 1 章

认知 RFID

导 学

- RFID 的定义
- RFID 电子标签的分类
- RFID 最小系统构成
- RFID 和条形码的区别
- 什么是物联网
- 物联网系统的应用

第二次世界大战时期，因天气原因导致能见度差而难以识别敌我飞行器，盟军为了解决这个问题，成功研发出一套利用无线电波来进行敌我飞行器识别（Identification Friend or Foe，IFF）的装置。这个 IFF 装置是世界上公认的第一个 RFID（Radio Frequency Identification，射频识别）技术的应用实例。

20 世纪 60 年代，RFID 技术在美国开始被应用于商品防盗、汽车防盗、工业自动化等商业领域。大约在同一时期，欧洲一些国家也利用 RFID 技术进行家畜的识别和跟踪系统的构建。到了 20 世纪 80 年代，随着半导体芯片技术的革命性发展，RFID 技术的非接触通信手段和半导体处理器、半导体存储器及网络信息技术相结合的应用，开始有了迅速的发展，美国和挪威率先把电子标签应用于电子不停车收费系统（Electronic Toll Collection，ETC），显示出 RFID 技术在大规模社会公共综合服务系统中的巨大应用潜力。进入 90 年代，很多研究机构和企业开始进入 RFID 技术行业，并开展了一系列的投资和基础研发。90 年代后期，RFID 电子标签已基本实现了小型化和低成本化，达到了市场可以基本接受的程度，因此，技术标准化和技术支撑体系也得到了充分重视并逐渐建立起来，RFID 技术开始走进了人们的日常生活中。

进入 21 世纪，RFID 技术得到了进一步的完善和发展，应用领域也得到了极大扩展。我国虽然在基础研究方面起步比欧美等发达国家晚，但在 RFID 技术的应用和普及方面已经走在很多国家的前面，我国相继利用 RFID 技术研究开发了第二代身份证、城市交通一卡通、电子门票，近年来新的应用案例更是层出不穷。现在人们到景区游览，只要在景区入口租借一台电子导游机（图 1-1），不论走到哪个景点和展位，电子导游机都会自动提供规范、详尽的多语种讲解。在城市交通领域，电车站和住宅之间最后的1～3 km 交通是多年遗留的最难解决的问题，上海市闵行区政府为解决这一交通顽疾，利用 RFID 技术建立了覆盖全区域的免费公共自行车租赁系统（图 1-2），将自行车纳入公共交通系统，随用随借，公共使用，极大地方便了广大市民的出行，获得了良好的社会效益和经济效益。

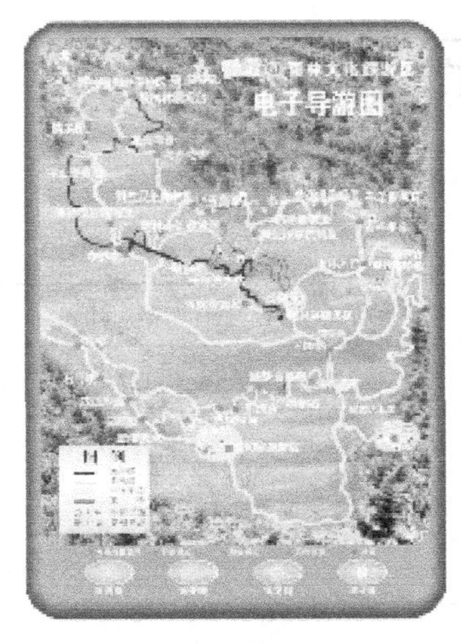

（a）电子导游机

（b）景区入口电子导游机租赁处

图 1-1　景区电子导游机的应用

（a）免费租赁诚信卡

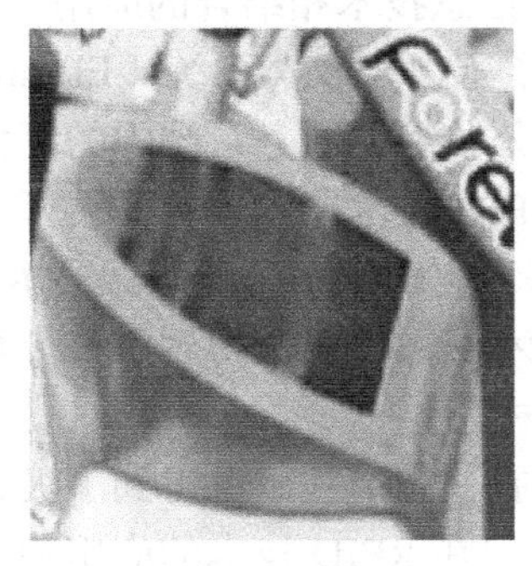

（b）刷卡机

（c）公共自行车无人租赁站

图 1-2　上海市闵行区公共自行车免费租赁系统

1.1 RFID 和 RFID 系统

1.1.1 RFID

RFID 是 Radio Frequency Identification（射频识别）的缩写，是利用可用于无线电通信的电磁波（射频）来自动识别个体的技术。

RFID 技术是一种先进的非接触式自动识别技术。自动识别技术（Automatic Identification and Data Capture，AIDC）是将信息数据自动识别、采集并输入计算机的重要手段和方法。自动识别技术的范围十分广泛，常用的有条形码识别、指纹识别、虹膜识别、签名（印章）识别、语音识别、图像识别、磁条（卡）识别、接触式智能卡识别、光学字符识别等技术。RFID 技术因其非接触识别的特性及能同时识别多个个体的特点而具有应用范围广、系统效率高、成本低等优势。

1.1.2 RFID 系统

从广义来讲，RFID 系统即利用了 RFID 技术的系统，通常大规模的业务系统的数据采集可能包含多种不同的数据识别采集技术，如现阶段很多物流系统上条形码和 RFID 电子标签是并存的。像这种只是部分利用 RFID 技术的系统，也可以称为 RFID 系统。从狭义来讲，RFID 系统是指专用于处理 RFID 电子标签数据的系统。

RFID 系统的最小硬件系统构成如图 1-3 所示，主要由以下几部分组成。

（1）内部存有人或物的个体信息或管理 ID 的电子标签。

（2）与电子标签进行通信的读写器和读写器天线。

（3）记录并处理个体信息或管理 ID 的服务器。

在软件层面上，服务器和读写器的接口驱动程序、服务器的操作系统、数据库系统及数据业务处理程序都是必不可少的。

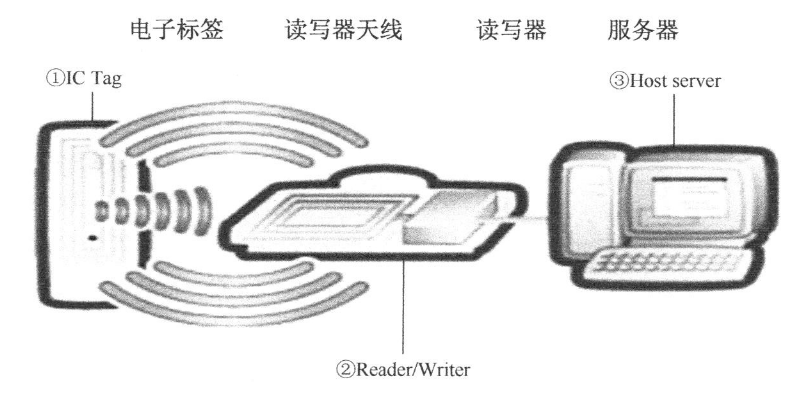

图 1-3　RFID 系统的最小硬件系统构成

1.2 RFID 和条形码

条形码技术被认为是最古老、最成熟且应用最成功、最广泛的自动识别技术。如今，我们到超市买任何东西都要通过扫描附在商品上的条形码来进行结算。常用的条形码有一维条形码和二维条形码，如图 1-4 所示。

一维条形码由一组排列规则的条、空及对应字符组成，用以表示字符、数字符号信息；二维条形码是在一维条形码的基础上发展而来的，与一维条形码相比，具有信息量大、可靠性高、防伪性能好等特点，用它可以表示出数据（包括汉字）、图片等各种信息。由于二维条形码具有保密和防伪功能，近年来世界上的很多国家在护照、身份证、驾照、签证栏上都印有二维条形码，在报纸、广告上也经常印有二维条形码，条码里存储着相关网页的 URL 信息，读者只要用手机对条码进行扫描，将信息读入手机，就可以直接访问相关网址了。

（a）一维条形码

（b）二维条形码

图 1-4　条形码

条形码的工作原理是用扫描器发出的红外线或可见光照射条码符号，由于深色条吸收光，浅色条反射光，扫描器将光反射信号转换为电子脉冲，再由译码器转换成二进制码传送至主机。

图 1-5　沃尔玛的 RFID 电子标签

在 RFID 技术普及以前，应用最广泛的自动识别手段是条形码技术，进入 21 世纪，人们充分意识到 RFID 技术的优越性，纷纷采用 RFID 电子标签来替代原来的条形码。2005 年，美国国防部和零售业巨头沃尔玛要求供应商所供应的商品必须贴有 RFID 电子标签，如图 1-5 所示，中心部位的小长方体是标签芯片，其四周围绕着形状比较特别的感应天线。很多业务系统面临从条形码过渡到 RFID 电子标签的系统改造和升级问题，图 1-6 分别为条形码和

RFID 电子标签结账系统。

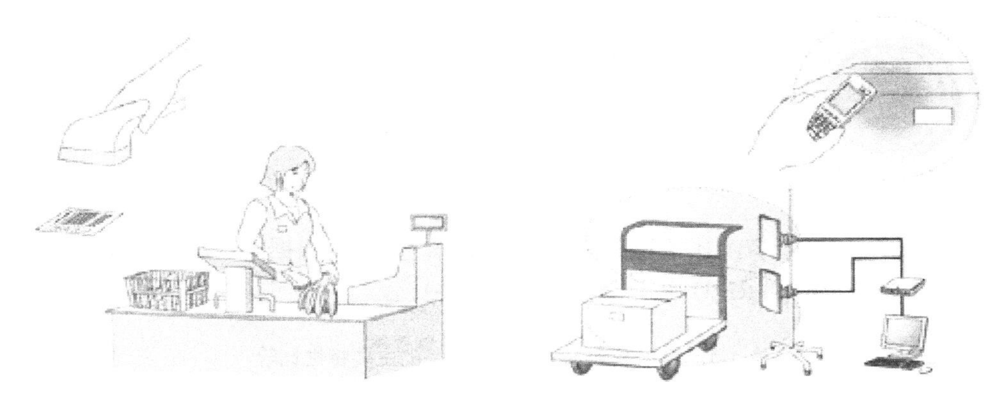

（a）条形码结账系统　　　　（b）RFID 电子标签结账系统

图 1-6　条形码和 RFID 电子标签结账系统

条形码识别技术的核心是光学技术，而 RFID 技术的核心是无线通信技术，两者的工作方式不同，主要区别如下。

1．数据的读取

读取条形码时必须把扫描器贴近条形码，由于印有条形码的标签纸片容易变形，在超市购物结账时常常会碰到由于条形码读取失败，工作人员不得不用肉眼识别数字号码并用键盘将数字逐一输入计算机。而 RFID 电子标签则不需要刻意贴近读码器的特定位置，只要把商品轻轻滑过读码器周边就可以准确读取，与传统的条形码相对比，读码器可一次读取多个标签。

2．数据的写入

条形码不具备数据写入功能，如需更改只能重新编码、打印、粘贴。而 RFID 电子标签可以直接写入和变更数据，这项功能可将商品流程处理的信息直接写入标签，供下一段处理流程读取判断，因而可大大提高流程处理效率。此外，这种电子标签可以回收重复使用，在避免浪费的同时也节约了成本（注：也有一些电子标签不可以重写数据）。

3．尺寸和形状

条形码有严格的标签尺寸、形状和印刷品质的要求，而 RFID 电子标签不受尺寸和形状的限制，容易实现小型化和形状多样化，能更好地满足不同产品的应用需求。

4．使用环境要求

条形码容易脏污和涂鸦，而 RFID 电子标签根据需要经过封装后对水、油甚至化学药品都有抗污、抗腐蚀的特点。

5. 穿透障碍物

条形码只能穿透透明障碍物读取数据，而 RFID 电子标签可以穿透纸箱、木材、塑料、人体等读取数据，因此可以放置在物体的内部。当然，对金属材质的物体要进行特殊处理。

6. 数据容量

RFID 电子标签可容纳比条形码多得多的数据，并且可根据需要扩展数据容量。

表 1-1 是条形码和 RFID 电子标签的主要特性比较。

表 1-1 条形码和 RFID 电子标签的主要特性比较

种类 特性	RFID 电子标签	一维条形码	二维条形码
单价	较高（几角至几十元）	低 （几分至几角）	低 （几分至几角）
可读距离	较长距离（几厘米至几米） 有些主动式电子标签可读距离达几十米	短距离 （几厘米）	短距离 （几厘米至几十厘米）
数据的重写和追加	能	不能	不能
小型化（多形状）	能	不能	不能
抗污能力	较强	弱	弱
障碍物穿透能力	较强	弱	弱
违法复制	极难	容易	较容易
一次性读取多个标签	能	不能	不能
数据存储量	大容量（几十至几万字节） 可根据需要进行扩容，有些可达到几兆字节	小容量（几十字节）	较小容量（几十至几千字节）

1.3 RFID 和 IC 卡

IC 卡又称智能卡，是一种电子数据存储器系统，分为接触式和非接触式两种。

如图 1-7（a）所示是接触式 IC 卡，其特征是长方形卡的左侧中部有小的方形金属片露出，在这个小方形区域内嵌有微电子芯片，通常有处理器、存储器和通信模块，当 IC 卡插进阅读器内，阅读器的接触弹簧和 IC 卡之间的触点产生连接，通过接触点阅读器给 IC 卡提供电能和时钟脉冲，并通过双向串口进行数据传输。如今大多数信用卡、社会保障卡等都使用接触式 IC 卡。

非接触式 IC 卡［图 1-7（b）］是一种 RFID 技术的典型应用，它和阅读器之间利用 RFID 无线通信技术实现非接触通信。人们经常用的第二代身份证、城市交通一卡通、电子门票等都属于非接触式 IC 卡。人们往往把非接触式 IC 卡和 RFID 电子标签画上等号，但实际上非接触式 IC 卡在系统结构、安全对策、无线通信协议标准等方面自成独立的体系，与一般意义上的 RFID 电子标签还是有区别的。

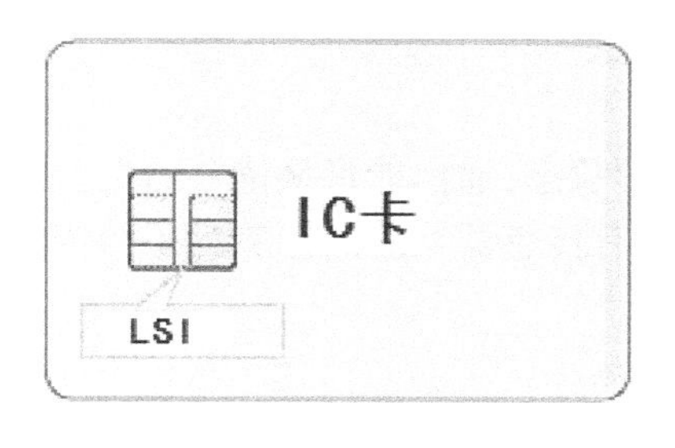

（a）接触式 IC 卡

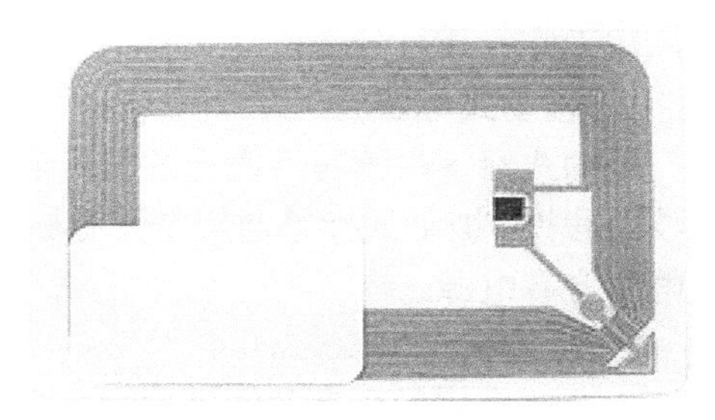

（b）非接触式 IC 卡

图 1-7　IC 卡（智能卡）

非接触式 IC 卡用于通信的无线频率是 13.56 MHz，而 RFID 电子标签的频率分布于四个频段，分别是低频（135kHz 以下）、高频（13.56MHz）、超高频（433 MHz/860 ~ 960 MHz）和微波段（2.45 GHz）。虽然非接触式 IC 卡和一般物品管理用高频 RFID 电子标签使用的是同一个频率（13.56MHz），但由于两者和读写器之间的无线通信协议不同，它们之间是无法进行通信的。

另外，非接触式 IC 卡要求具有高强度的加密防伪认证功能，需要快速进行复杂的演算，因此要搭载高性能主控制微处理器和相应程序，而大多数 RFID 电子标签并不需要。表 1-2 为 RFID 电子标签和非接触式 IC 卡的区别。

表 1-2　RFID 电子标签和非接触式 IC 卡的区别

项　目	RFID 电子标签	非接触式 IC 卡
管理对象	一般物体（主要是物品、动物）	人
形状	不固定	较固定（卡片）
使用频率	多频率	13.56MHz
通信距离	几厘米至几米 有些主动式电子标签可读距离达几十米	10 厘米（ISO/IEC 14443） 60 厘米（ISO/IEC 15693）
存储器容量	（几十至几万字节）	（几千字节至几百千字节）
主控制处理器	一般不载有主控制处理器	载有主控制处理器
应用程序	无	搭载（多任务）
单价	低	高

1.4 RFID 电子标签的分类

RFID 电子标签的种类很多，装有电源（电池）的叫有源标签，没有电源（电池）的叫无源标签。有的可通过读写器重写数据，即读写型标签；有的只能读数据，即只读型标签。另外，RFID 电子标签有各种各样的封装和形状，这里主要以工作方式和工作频率来分类。

1．按工作方式分类

按工作方式可分为被动式和主动式标签。

1）被动式标签

被动式标签由读写器发出的信号触发后进入通信状态，通信能量从读写器发射的电磁波中获得。被动式标签通常是无源标签，但有些具有传感器功能的标签为了给传感器供电而含有电源。

2）主动式标签

主动式标签用自身的能量主动、定期地发射数据。主动式标签一定是有源标签。

如果将电子标签比作找人过程中被找的人，被动式标签只有在听到“你在哪里”的呼声后，才被动地回答“我在这里”，而主动式标签每隔一段时间就会主动地大声呼喊“我在这里”。现阶段大量使用的是被动式标签，主动式标签由于成本高、电池寿命有限等原因，主要用于对人或特定设备的位置探查、定位管理等较特殊领域。

图 1-8 和图 1-9 分别为被动式标签和主动式标签的工作方式示意图。

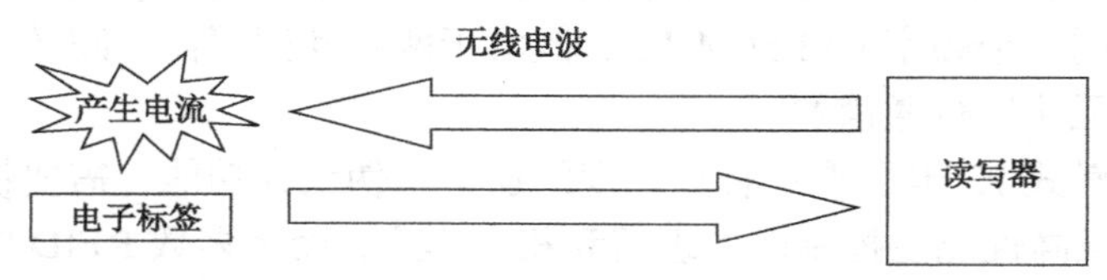

标签自身没有电源（电池），通过接收读写器的无线电波产生感应电流，把数据传回给读写器。

通信距离	几厘米～几米
电池	无
小型化	可能
价格	低廉

图 1-8　被动式标签的工作方式示意图

标签自身装有电源（电池），主动把数据传给读写器。

通信距离	几米～几十米
电池	有
小型化	受电源尺寸的限制
价格	较高

图 1-9　主动式标签的工作方式示意图

2．按工作频率分类

电子标签的工作频率决定了系统的射频识别工作原理（下一章具体论述）、识别距离、读写速度，还决定了设备的用途、设备的成本及工程建设的复杂度。国际上广泛采用的频率分为 4 个波段（图 1-10），即低频（135 kHz 以下，LF 段）、高频（13.56MHz，HF 段）、超高频（433MHz/860～960MHz，UHF 段）和微波段（2.45GHz，5.8GHz，Microwave）。对于超高频的频段（UHF 段）由于各个国家无线电频谱的管制法令不同，所分配的频段也有所不同，比如，美国是 902～928MHz，我国的 UHF 频段是 840～845 MHz 和 920～925 MHz。

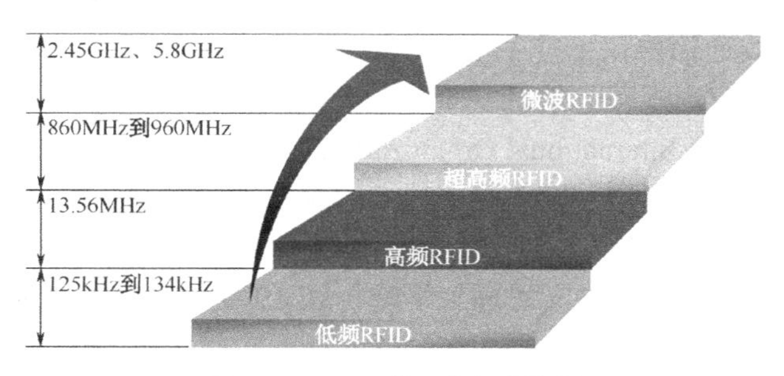

图 1-10　RFID 的工作频率波段

低频标签的主要特点是识别距离短，读写速度低，易受环境中电磁场的影响，但对障碍物的可穿透性比较强，一般用于动物的识别。高频标签的识别距离稍大于低频标签，读写速度较快，穿透性能不如低频标签，主要应用于非接触式 IC 卡。超高频标签的识别距离较长，读写速度快，能够同时识别多个标签，适合应用于物流、资产管理等行业。微波标签读写速度快，读取数据的可靠性高，但使用频率接近无线网的频率，容易受到周围无线网通信的干扰，主要应用于定位管理、集装箱管理等领域。

图 1-11 是各个频段标签的识别空间范围比较示意图，从图中可以看出，低频的识别空间范围像横放的橄榄球，高频像排球，而超高频和微波像竖立着的棒状物，说明低频和高频标签较少受方向的影响（这里的方向指的是标签的正面位置偏离读写器天线正面的角度），超高频和微波标签则较多受到方向的影响。

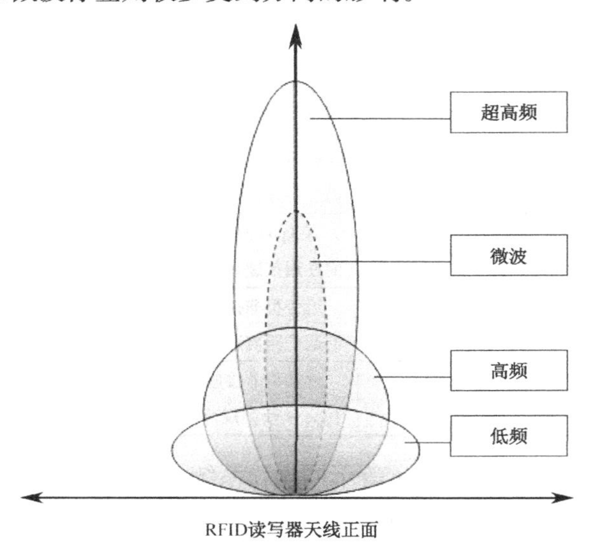

图 1-11　各个频段标签的识别空间范围比较示意图

1.5 RFID 技术标准

如果 RFID 电子标签和读写器不遵循同一个技术标准，它们就不能正常通信。RFID 技术标准主要由无线通信协议（空中接口规范——Air Interface）、物理特性、读写器协议、编码规则、测试应用规范、信息安全等标准组成。有关 RFID 技术的国际标准现在主要由国际标准化组织（International Organization for Standardization，ISO）和 EPCglobal 两大组织来制定。掌握了标准，就掌握了技术的制高点和专利，相关国家正在通过加快 RFID 技术标准的制定和推广，激烈争夺国际标准的主导权。

EPCglobal 是以 MIT（美国麻省理工学院）在 1999 年设立的 Auto - ID Center 为母体，欧美物流零售业巨头支持和参与，在全球六所研究性大学（我国的复旦大学是其中之一）的研究成果基础上，在 2003 年宣布成立的国际性非营利组织。在 EPCglobal 成立的同时，Auto-ID Center 改名为 Auto-ID Labs，继续进行尖端 RFID 技术的研究。EPCglobal 现在由国际物品编码协会（GS1）和美国统一代码委员会（GS1 US）负责运营。EPCglobal 负责产品电子代码（Electronic Product Code，EPC）网络的全球化标准，以便更加快速、自动、准确地识别供应链中的商品，有效提高供应链管理水平、降低物流成本。沃尔玛公司已宣布对其供应商正式实施 EPC 标准。EPCglobal 主要针对超高频段（UHF 段）的 RFID 技术研究和标准制定。EPC 标准将在第 3 章里详细介绍。

国际标准化组织和国际电工委员会（International Electrotechnical Commission，IEC）从 1998 年开始共同着手制定 RFID 技术标准，表 1-3 是其制定的代表性标准。

表 1-3 ISO/IEC 制定的 RFID 标准

标　准	频　段	特　点
ISO/IEC 18000—2	135 kHz 以下	无源标签，通信距离为 10cm，有 Type A、Type B 两种规范
ISO/IEC 18000—3	13.56MHz	无源标签，通信距离为 10cm，有两种规范， 第一种规范是非接触 IC 卡 ISO/IEC 15693 的发展型，第二种是通信速度提高型
ISO/IEC 18000—4	2.45GHz	有两种规范，第一种规范是无源标签，通信范围为 10cm～1m，第二种规范是有源标签，通信范围可达 10m
ISO/IEC 18000—6	860～960MHz，UHF	有 Type A、Type B 两种规范，近年来扩充了 Type C 规范，它们在通信速率、编码方式、防碰撞算法等方面有不同之处
ISO/IEC 15693	13.56MHz	近旁型非接触 IC 卡规范，比非接触 IC 卡规范 ISO/IEC 14443 的通信距离稍远，为 10～150cm
ISO/IEC 14443	13.56MHz	近接型非接触 IC 卡规范，通信距离为 10cm 左右，有 Type A、Type B 两种规范

正如计算机有 Windows、Linux 等不同操作系统一样，要学习和从事 RFID 技术领域，需要了解国际上的 EPCglobal 和 ISO 两大标准，具备查询和阅读技术标准的能力。另外，在现有国际标准以外，很多国家和企业也在构建自己的标准并积极推广，以期获得国际标准组织的承认，把自己的标准推荐为国际标准来占领技术和市场的制高点。我

国虽然起步比较晚，但标准制定问题已受到我国政府的高度重视，2005 年成立了电子标签标准工作组，正在积极推进相关标准的制定。

1.6 物联网

2005 年，在突尼斯举行的信息社会世界峰会（WSIS）上，国际电信联盟（ITU）发布的《ITU 互联网报告 2005：物联网》一文中，即引用了“物联网”的概念。国际电信联盟对物联网时代的描述是：通过在各种各样的日常用品上嵌入一种短距离的移动收发器，人类在信息与通信世界里将获得一个新的沟通维度，从任何时间任何地点的人与人之间的沟通连接，扩展到人与物和物与物之间的沟通连接。时至今日，随着技术的发展和应用的推进，物联网的内涵已经发生了变化，覆盖范围有了较大的拓展。特别值得一提的是物联网在我国已得到了极大关注，被正式列为我国五大新兴战略性产业之一，在物联网技术的实际应用方面，我国已经走在了世界前列。

1.6.1 物联网的概念

物联网（Internet of Things，IOT）是在计算机互联网的基础上，利用信息传感设备，如传感器、全球定位、射频识别等各种装置与技术，构造一个覆盖人与物的网络。在这个网络中，物与物、物与人能够实现网络的连接，进行自动识别、信息共享、智能化管理和控制。

物联网的架构分为三层：感知层、网络层和应用层。其层次结构如图 1-12 所示。

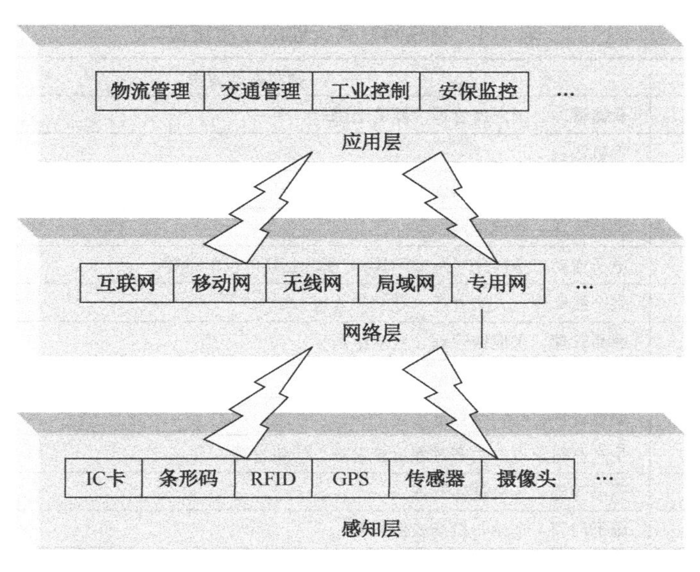

图 1-12 物联网的层次结构

（1）感知层由各种传感器及传感器节点控制器构成，包括条形码和扫描器，RFID

电子标签和读写器等自动识别设备，GPS，温度、湿度、距离传感器等。感知层是物联网系统用来识别物体、采集信息的部分。

（2）网络层由局域网、互联网、各种有线和无线通信网、卫星通信网及网络管理系统等组成，负责传递和处理感知层获取的信息及应用层的控制信息。

（3）应用层接收通过网络层传来的感知层的信息，并对信息进行处理和决策，再根据需要通过网络层发送信息来控制感知层的设备和终端。应用层也是物联网系统的用户接口。

1.6.2 物联网与 RFID 技术

RFID 技术是物联网发展的排头兵，“物联网”这个名称是 1999 年 MIT Auto-ID Center 的阿什顿教授在研究 RFID 时最早提出来的。当初是在计算机互联网的基础上，利用 RFID 技术、无线通信技术构造一个实现全球物品信息实时共享的实物互联网“Internet of things”。经过十多年的发展，物联网的技术内涵有了很大的拓展，现在人们认为 RFID 技术只是物联网系统感知层的一种最重要的信息采集技术，其他的各种传感技术及自动识别手段也都属于物联网系统的前端技术，RFID 系统也只是物联网的一种应用。

1.6.3 物联网的应用

物联网的应用范围极其广泛，除了人们所熟悉的第二代身份证、一卡通、电子门票，实际上物联网的应用几乎覆盖所有的行业。表 1-4 列举了物联网在各行业的应用情况。

表 1-4　物联网在各行业的应用情况

行　业	物联网的应用
物流	仓储管理、出入库管理、商品追踪
金融	手机钱包
国防	国防物资管理、武器管理（如枪械管理）
电力	设备管理、智能电网
交通	电子自动付费（ETC）、停车场管理、公共自行车租赁
制造业	生产线管理、人员管理、零部件管理
零售业	商品管理、供应链管理、自动结账
农业	温室管理（温度与湿度）、产品追踪
畜牧业	动物管理、动物身份证
食品业	生产原料管理、生产过程记录管理、防伪管理
公共服务业	图书管理、各种证件管理
安保业	电子门锁、车站与机场安保系统
学校	出勤管理、教学设备管理
邮政	邮政速递、邮件自动分拣及追踪、运输车辆管理
医疗	患者管理、药品管理

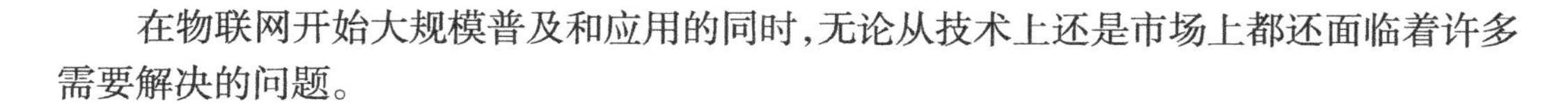

在物联网开始大规模普及和应用的同时，无论从技术上还是市场上都还面临着许多需要解决的问题。

1. 成本问题

RFID 电子标签和读写器的成本虽然越来越低，但比条形码和扫描器还是高得多，这在一定程度上阻碍了其大规模的普及应用。

2. 技术问题

无线通信（如 RFID）易受环境的干扰和影响，对于新领域的应用需要研发新产品，进行大量的仿真测试和评价。

3. 信息安全问题

网络数据安全与否直接影响物联网在敏感领域的应用。

4. 标准问题

多种标准体系的共存导致产品和系统规格不兼容，数据不匹配，加大了系统构建成本。

5. 产业链和人才问题

物联网是一项非常复杂的综合性、系统性应用，没有完整的产业链，就很难大幅度降低成本和大规模推广应用。具有综合知识结构的研发人员、应用工程人员的短缺也是物联网产业的发展瓶颈。

1.7 小结

- RFID 和 RFID 系统的概念介绍
- 条形码的介绍、RFID 和条形码的对比
- IC 卡的介绍、RFID 和 IC 卡的对比
- RFID 电子标签的分类
- RFID 技术标准介绍
- 物联网简介

第2章

RFID系统的工作原理

导 学

- RFID 系统的软硬件基本组成
- 射频无线通信的一般工作原理
- 低频卡的门禁系统综合应用
- 飞利浦的 MIFARE 标准 IC 卡

RFID 系统可分为硬件和软件两大部分，本章主要讲解 RFID 系统的软硬件基本组成和射频无线通信的一般原理。

2.1 RFID 系统的基本组成

RFID 系统由服务器、RFID 读写器、RFID 天线及 RFID 电子标签四大部分构成，服务器通过 RFID 读写器对电子标签进行读写并通过其数据处理系统进行管理和控制。图 2-1 所示是 RFID 系统的基本组成。

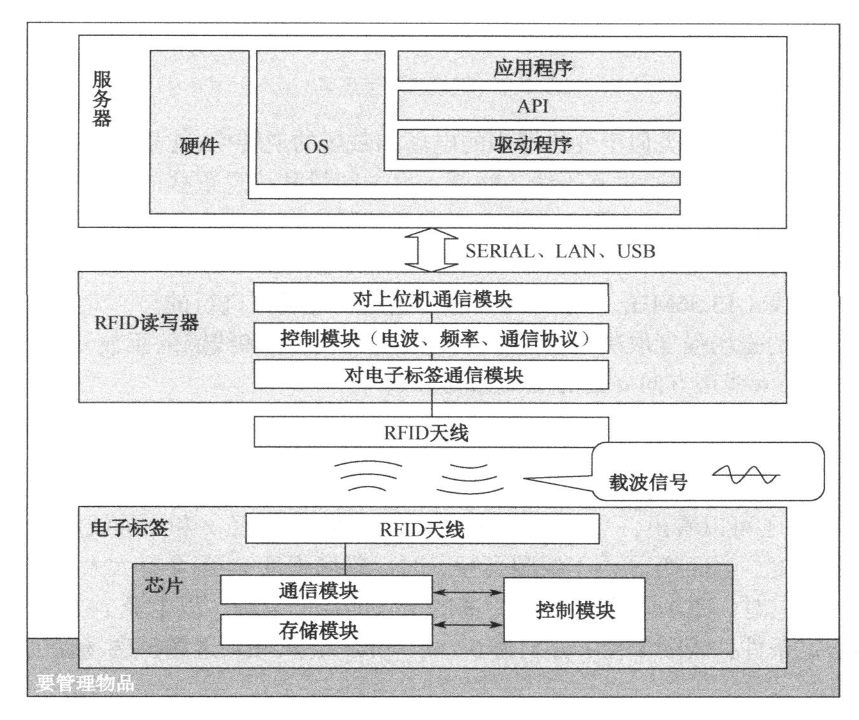

图 2-1　RFID 系统的基本组成

2.1.1 RFID 通信的物理学原理

RFID 的通信是 RFID 电子标签和 RFID 读写器通过电磁波进行的信息传递。它们之间的信息传递和能量耦合的性能完全由天线周围的电磁场特性决定。电磁场是非常复杂的物理现象，要了解电磁场严谨的理论必须参考电磁学的专业书籍和资料。本书舍弃繁杂深奥的电磁学理论，以实践或实验中能够观测到的现象为主，进行必要的基本原理说明。

电磁波的传播特性与波源的距离有很大的关系。通常可根据观测点距天线的距离，将天线周围的电磁场区域划分为近场区和远场区。如图 2-2 所示，d 为观测点到天线的距离，λ 为电磁波的波长。

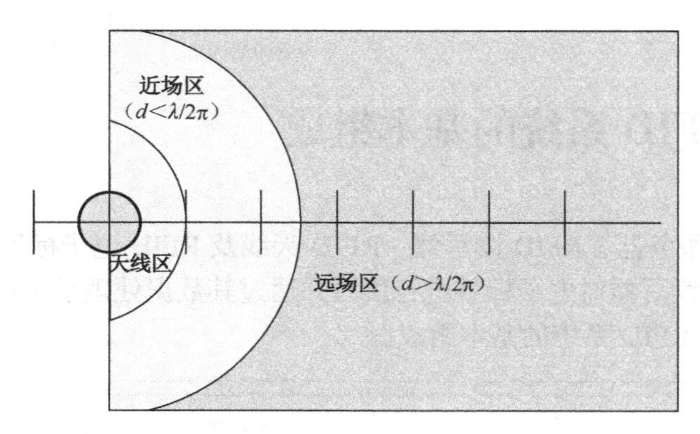

图 2-2　近场区和远场区

近场区的通信原理类似于变压器中的电场和磁场的逆转换，能量的耦合方式为电感耦合方式。RFID 读写器通过其天线（线圈）发射能量和信息重叠的电磁变场信号，而 RFID 电子标签通过天线（线圈）获取电磁变场信号来产生感应电流并读取信号。被动式电子标签自身没有电源，需要获取读写器发射的电磁波变场来产生感应电流。RFID 的低频和高频段（13.56MHz 以下）的信息传递是在近场区进行的。

在近场区的磁场强度取决于读写器天线的线圈半径 r 和线圈的匝数 n，以及通过线圈的电流 I，距天线正方向 d 处的磁场强度 H 为

$$H=\frac{nr^2}{2\sqrt{(r^2+d^2)^3}}I \tag{2-1}$$

从式（2-1）可以看出，当电流 I 一定时，增大线圈半径 r 和增加线圈的匝数 n 会提高磁场的强度。当距离 d 小于线圈半径 r 时，磁场强度 H 不会有太大的变化；当距离 d 大于半径 r 时，磁场强度 H 会随距离的增大而急剧衰减。以电流 I= 100mA，匝数 n = 10 为假定条件，线圈半径 r 分别为 0.1 m、0.53 m、2m，近场区磁场强度的变化如图 2-3 所示。

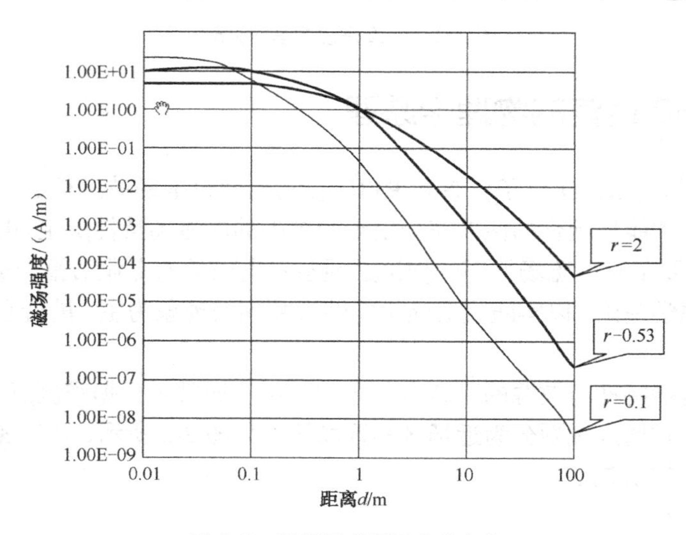

图 2-3　近场区磁场强度的变化

在远场区电磁场脱离天线的束缚进入自由空间，通过电场的辐射来传输能量和信息。电场的能量不会很快下降，标签的读取距离会比较远，有的无源标签可读距离达10m 左右，但其可读取区域不好定义。在远场区 RFID 通信主要通过电容耦合的方式实现。RFID 的超高频和微波段的信息传递是在远场区进行的。

在远场区电磁波的自由空间传播损耗 L，可由式（2-2）表示：

$$L=(\frac{4\pi d}{\lambda})^2 \tag{2-2}$$

其中，$\lambda=c/f$，c 是光速，f 是电磁波的频率，d 是观测点到波源的距离。可以看出在一定距离条件下，电磁波的频率越高空间传播损耗越大。

RFID 各个频段的信息传递和能量耦合方式大致可划分为电感耦合方式和电容耦合方式，如图 2-4 所示。如果在天线附近有金属物、水汽等则会影响读写器和电子标签之间的通信。

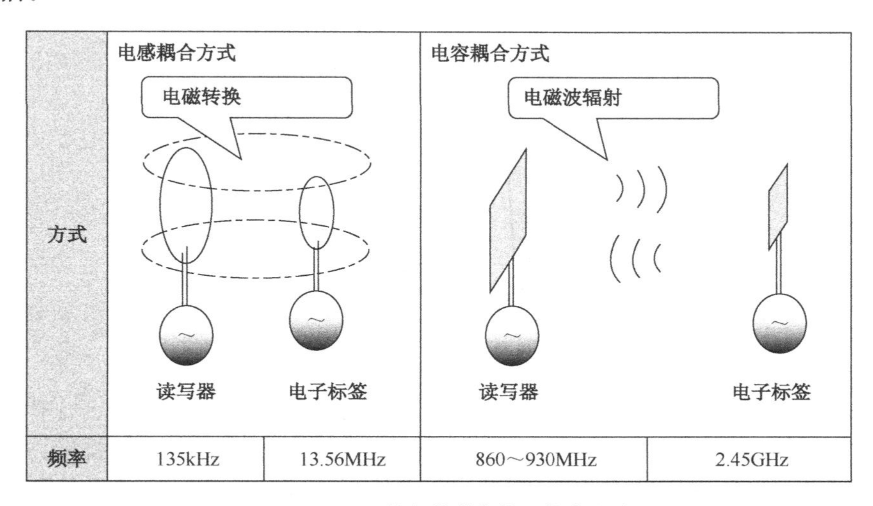

图 2-4 RFID 信息传递和能量耦合方式

2.1.2 RFID 信号的调制解调和数据传送信道

进行无线通信需要把通信信号加载到一定频率的载波上进行发送。比如，人类的听觉可识别的频率约为 20Hz～20kHz，按常理来讲，声音信号用 20Hz～20kHz 的频率传送就可以了，但要发送这样的无线信号几乎是不可能的，原因是发送 20Hz 的无线电波需要巨大无比的天线。我们从收音机听到的中波无线电广播也是把声音信号加载到数百kHz 的载波上来发送的。信号的调制是对信号源信息进行处理并加载到载波上，使其变为适合信道传输形式的过程。在无线电技术中，原始信号叫基带信号，数字调制就是用数字基带信号控制高频载波的参数（振幅、频率和相位），使这些参数随基带信号变化。用来控制高频载波参数的基带信号称为调制信号，未调制的高频电磁振荡称为载波。被调制信号调制过的高频电磁振荡称为已调波或已调信号。

RFID 是数字无线通信，数字传输只需要传输信息 0 和 1，其调制方法有振幅键控

（Ampli-tude Shift Keying，ASK）、移频键控（Frequency Shift Keying，FSK）和移相键控（Phase Shift Keying，PSK）三种基本方式。图 2-5 是三种基本调制方式的波形原理图。

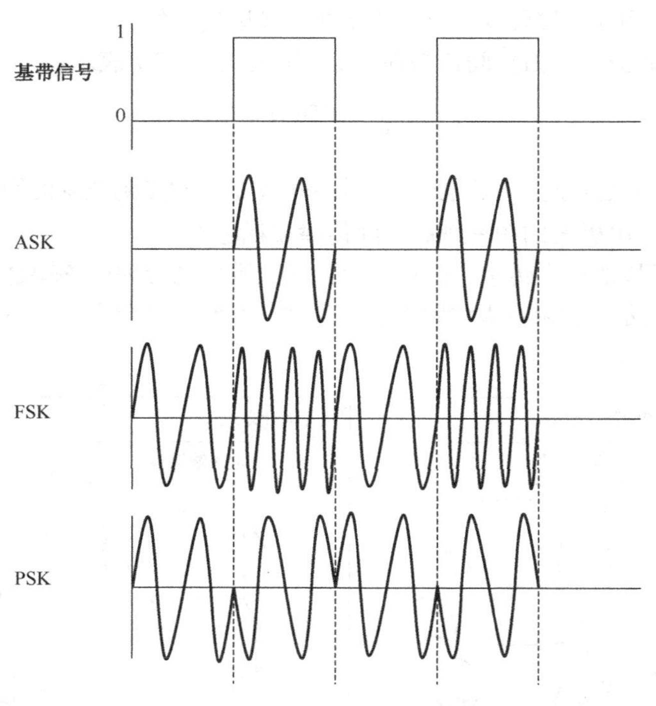

图 2–5　三种基本调制方式的波形原理图

振幅键控（ASK）：用数字调制信号控制载波的通断。例如，在二进制中传输信息 0 时不发送载波，传输信息 1 时发送载波。振幅键控实现简单，但抗干扰能力差。

移频键控（FSK）：用数字调制信号的正、负控制载波的频率。当数字信号的振幅为正时载波频率为 f，当数字信号的振幅为负时载波频率为 f^2。移频键控能区分通路，但抗干扰能力不如移相键控。

移相键控（PSK）：用数字调制信号的正、负控制载波的相位。当数字信号的振幅为正时，载波起始相位取 0；当数字信号的振幅为负时，载波起始相位取 180°。移相键控抗干扰能力强。

另外，在 RFID 的通信中，对于无源电子标签进行振幅键控（ASK）调制通信时，因为电子标签需要不断从读写器获得能源，须采用图 2-6 所示的方式，即用模拟信号调节振幅的方式来进行通信。已调波的振幅变小时对电子标签的能量供应也会变小。

解调是调制的逆过程。调制方式不同，解调方法也不一样，其分类与调制的分类是一一对应的。

RFID 电子标签同样需要把 ID 等信息传递给读写器，如果使用和读写器同样的频率信道进行传递则需要中断读写器的发送，这种接收和传送是在同一频率信道，在不同时间段进行收发切换的通信方式叫时分双工（Time Division Duplexing，TDD）方式。对无源电子标签来讲本身没有电源，需要不断从读写器获得电磁波，不能中断读写器的发送，这就需要电子标签使用不同的频率信道，这种采用两个对称的频率信道来分别发射和接收信号，发射和接收信道之间存在着一定的频段保护间隔的方式叫频分双工（Frequency Division Duplexing，FDD）方式，图 2-7 是 TDD 和 FDD 的工作方式对比示意图。

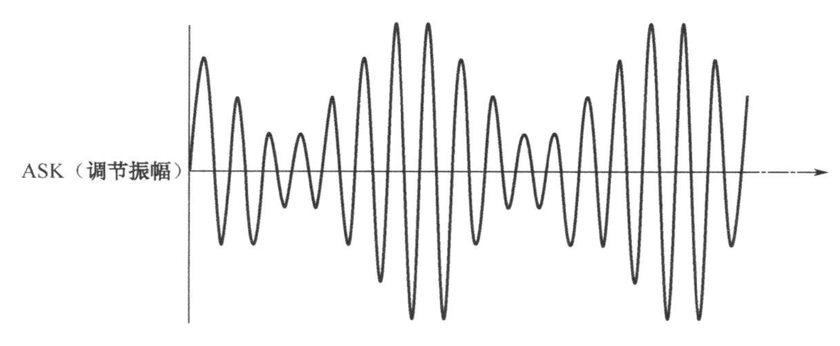

图 2-6　无源电子标签的振幅键控（ASK）调制

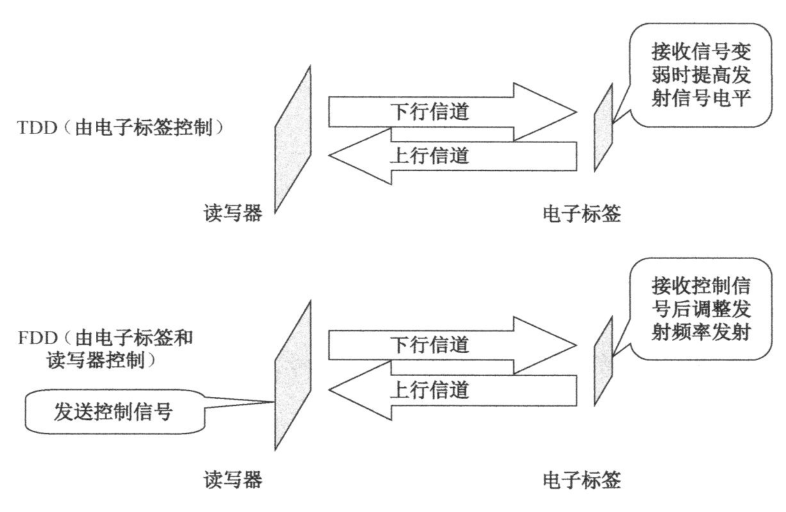

图 2-7　TDD 和 FDD 工作方式对比示意图

某些高频无源电子标签本身没有晶振，它利用接收到的读写器的载波频率（13.56MHz），通过分频器调制出 1/32 分频（423.75kHz）的变频信号，再对载波频率进行加或减的变频（13.56MHz ± 423.75kHz），以此作为上行信道的载波频率。

2.1.3　RFID 读写器和电子标签的基本工作流程

以高频（13.56MHz）RFID 的读写器和电子标签为例，说明它们的基本工作流程，无源电子标签和读写器的通信流程如图 2-8 所示。

（1）读写器把命令信号经过调制产生的载波信号通过天线向外发射，当电子标签进入读写器所发射的电磁波的有效覆盖范围内时，电子标签通过天线的电感耦合获得能量产生电流从而被激活。

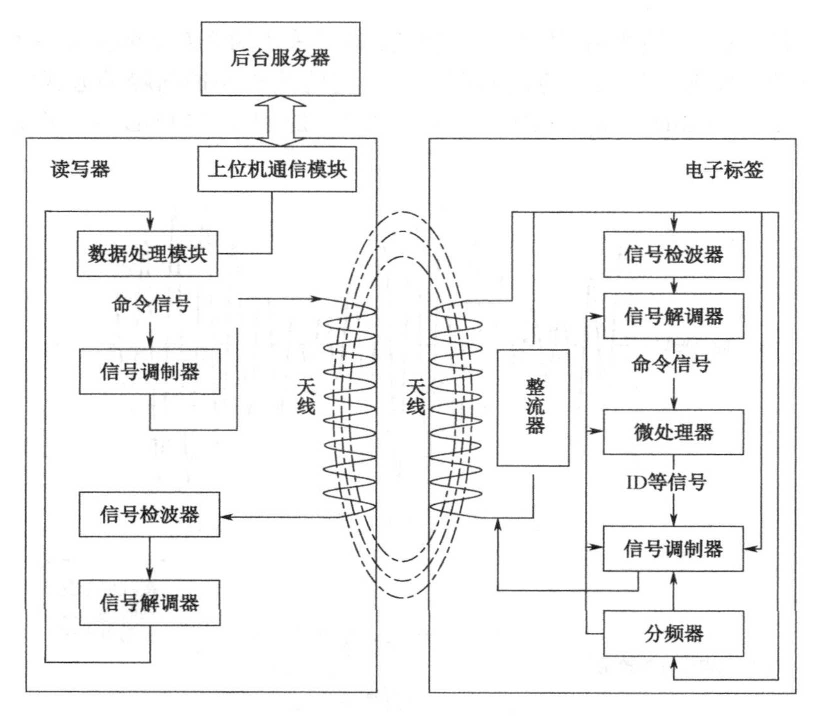

图 2-8　无源电子标签和读写器的通信流程

（2）激活了的电子标签通过检波解调获得读写器的命令，然后根据命令将自身存储的相关编码信息经调制通过天线发送给读写器，或者把接收到的编码信息写入自身的存储器中。

（3）读写器通过天线接收到电子标签的载波信号，经检波解调传送到读写器的数据处理模块。

（4）读写器的数据处理模块进行译码和解码，把获得的数据通过上位机通信模块传送至后台服务器。

（5）后台服务系统根据接收到的数据进行相应的处理和控制。

2.1.4　RFID 的数据编码基础

数字无线传输只需要传输二进制数据 0 和 1，通常低电平表示 0，高电平表示 1。在数字信道中传输数据时，需要对计算机中的数字信号重新编码进行基带传输，这是因为直接进行数据传送在很多情况下行不通。例如，当使用振幅键控（ASK）方式进行调制时，如果传送一长串数据 0，发送方信道将处于全关闭状态；如果传送一长串数据 1，发送方信道将处于等幅输出状态。这两种情况下接收方均无从判别发送方有没有发送数据及发送了什么数据。因此，为了产生电子电路能够识别的脉冲信号，必须对原始数据进行适当的编码，才能实现任意二进制数据的有效传输。

数据编码的种类很多，RFID 系统常用的编码方式也有十几种，下面介绍三种主要方式。

1. NRZ 编码（Non-Return-to-Zero）

NRZ 编码也称非归零码，用两种不同的电平分别表示位 1 和位 0，而不使用零电平。其信息密度高，但需要同步信号并有误码积累，通常用于 FSK 或 PSK 调制。

2. 曼彻斯特编码（Manchester Encoding）

曼彻斯特编码用半个比特时钟时的状态由高电平下降为低电平表示 1，反之为 0，通常用于电子标签到读写器的数据传输。

3. FM0 编码（Bi-phase space）

FM0 编码是在一比特时钟内没有电平的变化为 1，有变化为 0，如果和上一位数据相同需要反转电平。它在超高频段经常被使用。

图 2-9 为三种编码方式的比较，从图中可以看出在相同时间内传输同样的二进制数，曼彻斯特编码和 FM0 编码方式比 NRZ 编码需要更高的频率。也就是在同一频率的条件下，曼彻斯特编码和 FM0 编码的传输效率比 FM0 编码低，但在多个电子标签同时发送信息时可以检测出信号的冲突，NRZ 编码则不能。

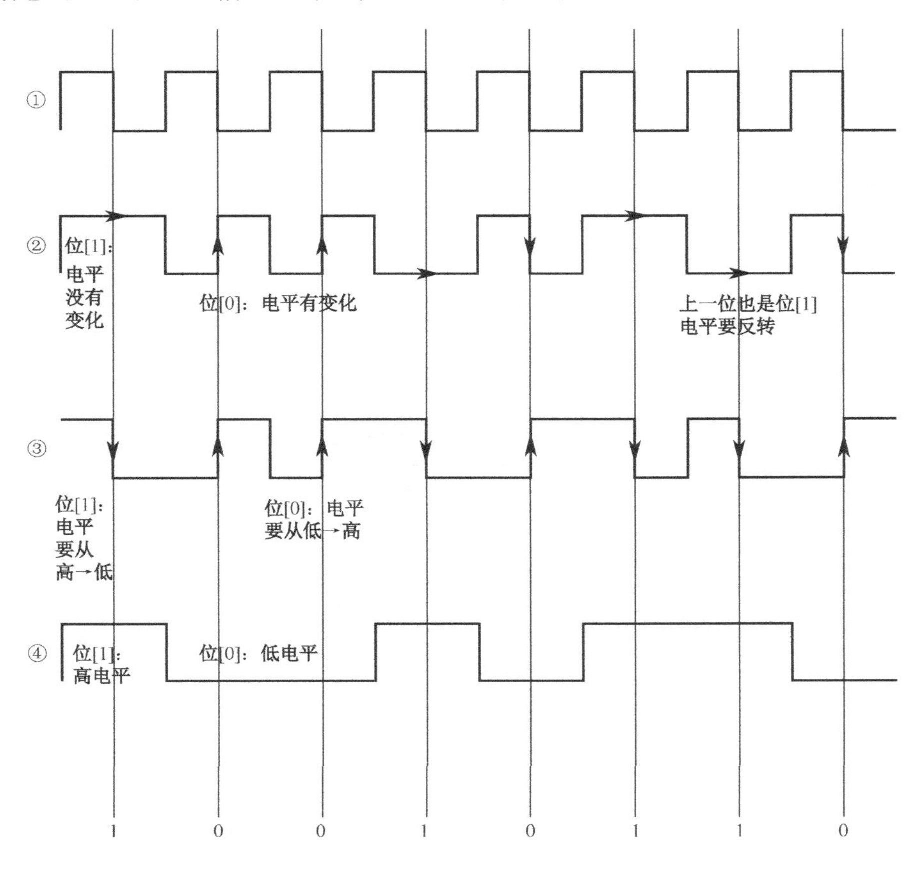

①信号时钟频率；②FM0编码；③曼彻斯特编码；④NRZ编码

图 2-9　三种编码方式的比较

2.1.5 RFID 的数据通信校验

在有线和无线通信的数据传输中不可避免地会产生数据传送错误，因此，要通过数据的完整性检验来判断数据传输的正确性，进一步对数据中的错误进行纠正。

数据的完整性检验方法很多，有代表性的是奇偶校验（Parity Check）、循环冗余校验（Cyclic Redundancy Check，CRC）等。由于 RFID 是无线通信，相对于有线通信更容易受到干扰，从而迸发数据位的连续错误，因此不适合应用奇偶校验，通常使用循环冗余校验（CRC 校验）。

CRC 校验是对传送的一个数据块（一字节或一串确定长度的二进制数据）附加一些检验位，而这些检验位由数据块算出，并随同数据块一并传送，接收方对收到的数据块和检验位通过 CRC 检验计算来判断数据的正确性，并进一步对数据中的错误进行纠错。

下面举一个传送 4 位二进制数据的例子来说明这一过程。设 4 位二进制数为 x1 ~ x4，附加 3 位二进制 CRC 检验位 c1 ~ c3，以 7 位二进制数据为一个单位来传送。这里的 c1 ~ c3 由 x1 ~ x4 算出。这里定义一个演算子 mod，A mod B 表示 A 与 B 的和除以 2 的余数。即：

0 mod 0=0

0 mod 1=1

1 mod 0=1

1 mod 1=0

检验位 cl ~ c3 用以下公式来计算：

cl = x2 mod x3 mod x4

c2 = xl mod x3 mod x4

c3 = xl mod x2 mod x4

表 2-1 列出了 4 位二进制数的所有数据及检验位排列。

表 2-1 4 位二进制数的所有数据及检验位排列

排 列	xl	x2	x3	x4	cl	c2	c3
0	0	0	0	0	0	0	0
1	0	0	0	1	1	1	1
2	0	0	1	0	1	1	0
3	0	0	1	1	0	0	1
4	0	1	0	0	1	0	1
5	0	1	0	1	0	1	0
6	0	1	1	0	0	1	1
7	0	1	1	1	1	0	0
8	1	0	o	0	0	1	1
9	1	0	0	1	1	0	0

续表

排　列	xl	x2	x3	x4	cl	c2	c3
10	1	0	1	0	1	0	1
11	1	0	1	1	0	1	0
12	1	1	0	0	1	1	0
13	1	1	0	1	0	0	1
14	1	1	1	0	0	0	0
15	1	1	1	1	1	1	1

接收方收到数据和检验位后计算检验 s1 ~ s3：

s1 = x4 mod cl mod c2 mod c3

s2 = x2 mod x3 mod c2 mod c3

s3 = xl mod x3 mod cl mod c3

如果 s1 ~ s3 的结果皆为 0，则说明数据传输没有错误；如果有不为 0 的，则说明传输有误。比如，收到 0110011 的数据，可算出 sl ~ s3 均为 0，表明数据正确；如果收到的数据是 0100011，此时 sl=0，s2=l，s3=l，表明数据传输有误，且其第 3 位 x3 发生了错误，可以进行纠错。通常检验位的长度决定纠错位数的长度，在本例中的 CRC 检验方法只能纠正 1 位错误，超过 1 位的错误就无能为力了。

2.1.6 RFID 的多标签读写防碰撞

在 RFID 系统工作时，经常会有多个电子标签同时处于读写器的作用范围内，如果这些电子标签同时给读写器发送数据，就会产生通信的碰撞，如图 2-10 所示。为了回避通信的碰撞，人们设计出了多种解决方案。

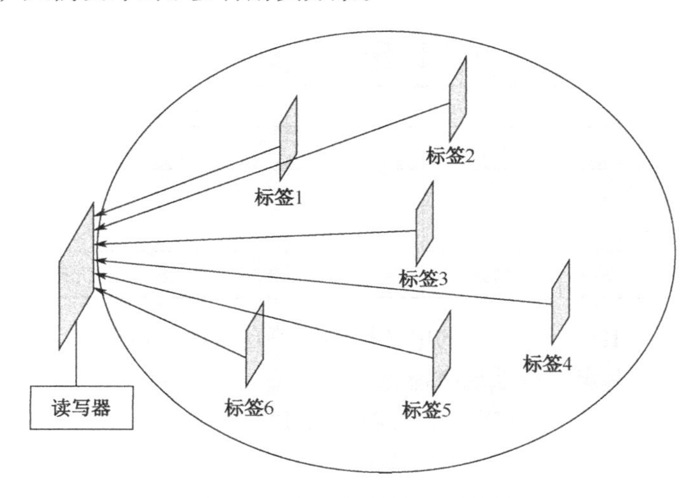

图 2-10 多标签对读写器的通信

在 RFID 的低频和高频段，由于读写器的作用范围狭窄，可读范围内的电子标签有限，不必采用复杂的手段来防止碰撞，可采用在读写器询问时插入随机延迟时间回答的方法来解决。而超高频频段，由于电磁波的辐射范围大，可读取的距离长，有时会有几十个甚至几百个电子标签在读写器的作用范围内，显然不能用简单的随机延迟回答的方法来应对。多标签防碰撞的手段和方法很多，这里只介绍应用最广泛的算法——二进制树形分解法。

简单来讲，二进制树形分解法是读写器先故意让通信产生碰撞，然后再调整询问条件，最终找出无碰撞条件的方法。下面举一个简单的模型说明其原理。

假设有四枚电子标签，ID 分别是 1001、1101、0001、0110，这些电子标签本身携有处理器和存储器，能够理解并执行读写器的命令。为读写器和电子标签之间设计如下三条命令。

- REQ“条件”：电子标签自身的 ID 如果满足“条件”，则要把 ID 传送给读写器。
- STOP“ID”：电子标签自身的 ID 如果和 STOP 命令中的“ID”一致，则不回答。
- START：解除电子标签的禁止回答状态。

表 2-2 是本模型中二进制树形分解法的命令流程。

表 2-2　本模型中二进制树形分解法的命令流程

命　　令	标签 1	标签 2	标签 3	标签 4	说　　明
	1001	1101	0001	0110	
START	READY	READY	READY	READY	
REQ <1111	1001	1101	0001	0110	4 个标签碰撞
REQ <0111	—	—	0001	0110	2 个标签碰撞
REQ <0011	—	—	0001	—	无碰撞，成功读取标签 3
STOP 0001			STOP		
REQ <1111	1001	1101		0110	3 个标签碰撞
REQ <0111	—	—		0110	无碰撞，成功读取标签 4
STOP 0110	—	—		STOP	
REQ <1111	1001	1101			2 个标签碰撞
REQ <1011	1001	—			无碰撞，成功读取标签 1
STOP 1001	STOP	—			
REQ <1111		1101			无碰撞，成功读取标签 2

（1）读写器命令 ID 小于 1111 的电子标签回答自身的 ID 信息，此时 4 个电子标签都回送信息，读写器判定上行信息碰撞。

（2）由于 4 个位数据都碰撞，读写器反转上一次 1111 的第一位，命令 ID 小于 0111 的电子标签回答自身的 ID 信息，此时标签 3 和标签 4 的返回信息除第一位的 0 外都碰撞。

（3）读写器再调整 0111，反转第二位，命令 ID 小于 0011 的电子标签回答自身的

ID 信息，此时只有标签 3 回答，上行信息无碰撞，完整读取标签 3 的 ID。

（4）读写器命令标签 3 禁止回答，之后继续按照表 2-2 的命令序列执行，最终完成对每个电子标签的一对一的通信。

2.1.7 RFID 的多读写器防冲撞

在智能物流、仓储、图书馆等较大规模的 RFID 应用系统中，通常需要几十个甚至几百个读写器组成一个网络，使大范围内的每一个电子标签至少和一个读写器进行通信。这样就不可避免地产生多读写器的冲撞问题。冲撞问题大致可分为多读写器对标签的干扰和读写器对读写器的干扰。多读写器对标签的干扰问题主要由标签自身的抗干扰能力来解决。本节主要讨论读写器对读写器的干扰问题及解决方法。

RFID 的读写器具有很高的灵敏度，它甚至可以接收空间里的 1nW 的能量。虽然在安装工程中会按读写器可识读范围不重叠的原则来安装，但问题是读写范围不重叠的相距较远的读写器之间也会发生读写器冲撞的问题。目前，多读写器防冲撞技术有时隙分配、信道分配、载波侦听、功率控制等很多种方法，这里介绍一种利用分频来规避冲撞的方法。

分频法是把分配到的频率带宽再细分为几个信道，读写器经过通信频率的跳转选择适当的信道进行通信来避免冲撞的方法。例如，美国的 RFID 超高频的频率范围是 902 ~928 MHz，带宽为 26 MHz，以 400 kHz 为单位再把这个 26 MHz 带宽细分成 63 个子信道来运营。为了说明分频法的工作原理，我们建立一个模型，假设有 4 台读写器（r1、r2、r3、r4），规定在 3 个信道（f1、f2、f3）上工作，其工作原理如图 2-11 所示。

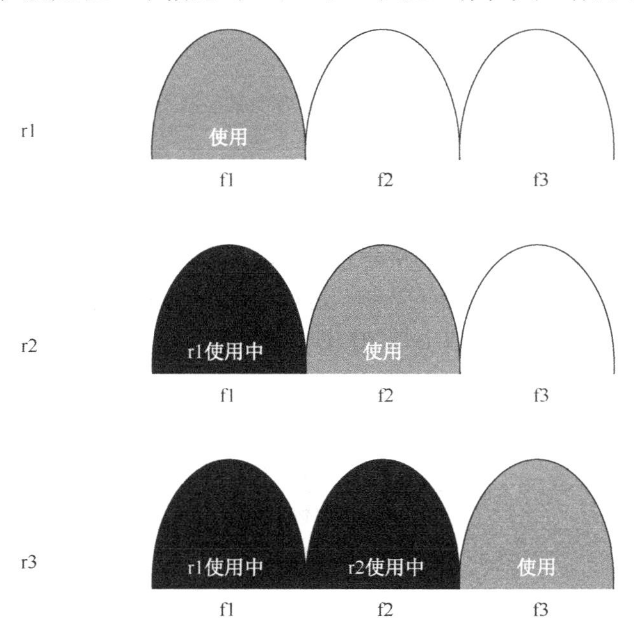

图 2-11 多读写器防冲撞的分频法工作原理

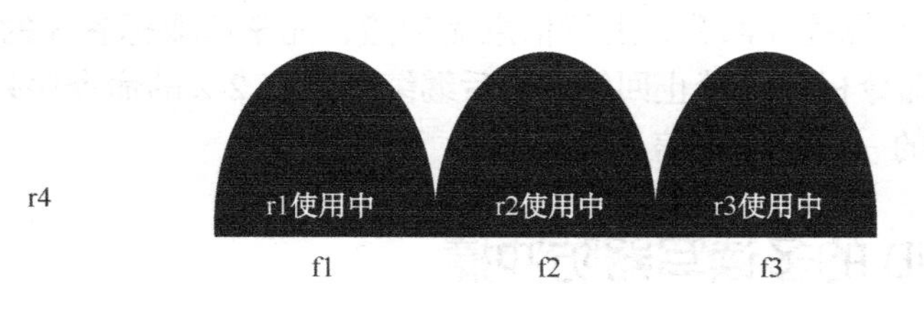

图 2-11 多读写器防冲撞的分频法工作原理（续）

（1）读写器 r1 直接使用 f1 信道。

（2）读写器 r2 检测到 f2 已被占用，跳转到 f2 信道并使用。

（3）读写器 r3 则跳转到 f3 信道并使用。

（4）读写器 r4 由于 f1 ~ f3 全被别的读写器占用，只能等待某个信道的让出。

在实际应用中为了解决某个读写器的无限等待，需要设定读写器的工作和停止时间段，另外，固定频率的电波根据周围环境的反射波的影响较易形成某个固定的信号盲点，采用分频法还可以在很大程度上消除这些信号盲点，如图 2-12 所示。

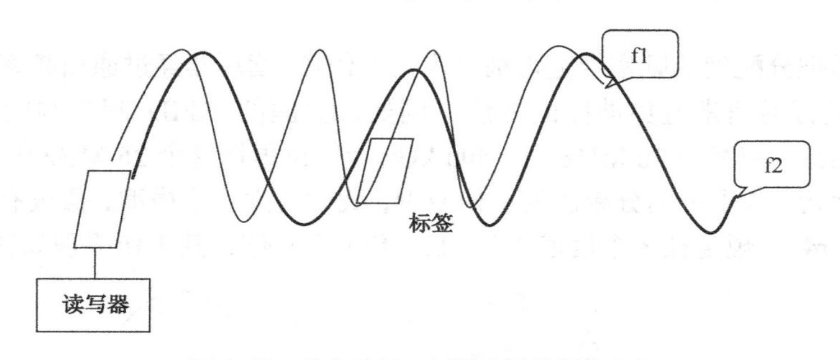

图 2-12 分频法还可以消除某些信号盲点

2.1.8 RFID 系统的识读率和误码率

识读率和误码率是 RFID 系统的重要系统指标，也是 RFID 系统应用中用户最关心的问题之一。需要澄清的是识读率和误码率不是对某一个读写器或某部分设备而言的，而是对整个 RFID 应用系统而言的。以下是 RFID 系统的识读率（ ρ_{OK} ）和误码率（ ρ_{ERROR} ）的定义。

$$\rho_{OK}=\frac{\text{正确识别标签数}}{\text{识别标签总数}} \tag{2-3}$$

$$\rho_{ERROR}=\frac{\text{误读标签数}}{\text{读取标签总数}} \tag{2-4}$$

RFID 系统的识读率和误码率由组成系统的众多因素和现场安装情况及使用环境决定，读写器的性能、天线的形状及安装位置角度、电子标签的性能及粘贴位置等，都对这两项指标有决定性的影响，另外，周围的物体及无线电波也会有干扰和影响，因此每一次 RFID 系统的构建都要进行反复的现场测试。

2.2 RFID 电子标签

第 1 章介绍过电子标签有被动式标签和主动式标签之分，本节着重讲解电子标签的组成和架构。

电子标签在构造上可分为天线部分和芯片部分，芯片如小米粒般大小，电子标签的绝大部分面积用于天线的布线，如图 2-13 所示。

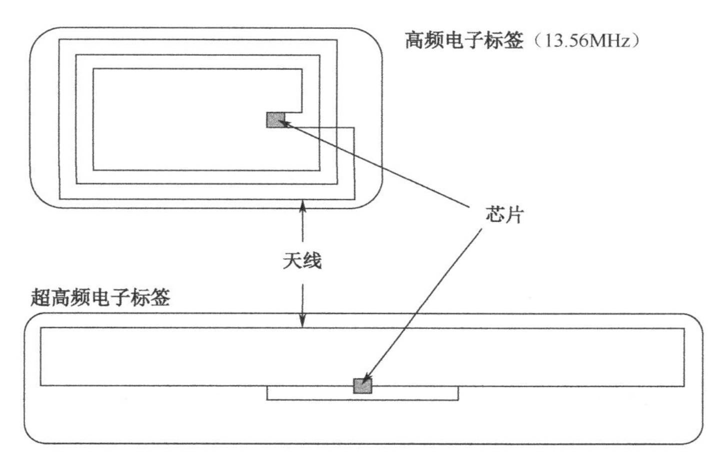

图 2-13 电子标签的组成

天线的大小及形状的设计很大程度上决定着电子标签的感度和性能，因此，天线的设计直接关系到电子标签厂商的技术竞争力。

2.2.1 电子标签芯片的系统构成

标签芯片主要包括射频前端（RF）、模拟前端、数字处理和存储单元等部分，如图 2-14 所示。如果是片上天线，则芯片还包括天线。

1. 射频前端（RF）

射频前端直接和标签天线相连，将标签天线端输入的射频信号整流为供标签工作的直流电流，同时对射频调制信号进行包络检波供模拟前端使用，标签返回给读写器的调制信号也通过射频前端经天线发射。

2. 模拟前端

模拟前端将从射频前端输入的模拟信号进行解调并数字化输出到微处理器进行处

理，同时产生标签芯片工作的参考电压、电流、时钟及上电复位信号。

3. 数字处理

进行数据通信协议处理，并对数据进行处理和存储，同时对其他各模块进行控制。前述的防碰撞算法逻辑运算也需要数字处理实现。

4. 存储单元

存储单元用来存储标签的信息，如标签的 ID 等。

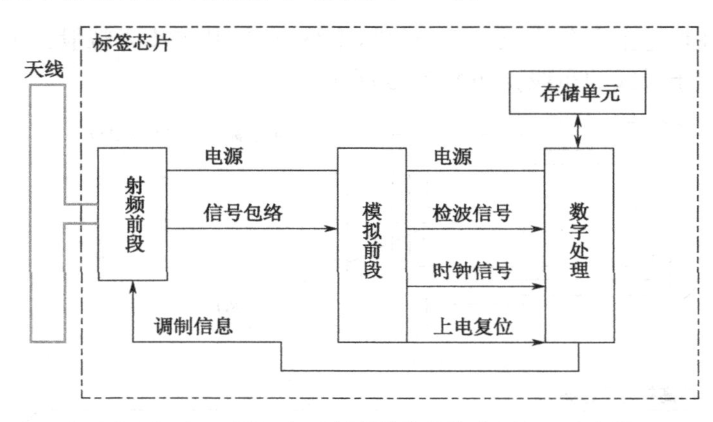

图 2-14　标签芯片的构成

半导体存储器的种类繁多，大体上可分为只读存储器（Read-Only Memory，ROM）、随机存取存储器（Random Access Memory，RAM）、电子可擦可编程只读存储器（Elec-trically Erasable Programmable Read-Only Memory，EEPROM）等。其中，ROM 存储器用户不能写入数据，RAM 存储器断电后数据丢失，因此电子标签上使用的存储器主要是 EEPROM 和 FRAM。FRAM（铁电存储器）是近年来商业化的存储器，可以克服 EEPROM 存储数据时需要较高电压（因为较高电压需要较大能量耦合，装有 EEPROM 存储器的电子标签只能在离读写器很近的位置才能写入数据）、存储数据所需时间长等弱点，被标签厂商相继采用。表 2-3 是 EEPROM 和 FRAM 的性能比较。

表 2-3　EEPROM 和 FRAM 的性能比较

性　　能	EEPROM	FRAM
数据保存期限	10 年	10 年
读取时间	200ns	<100ns
存储时间	5ms	<200ns
最大存取次数	10 万	100 亿
内部存储所需电压	～12V[①]	3.3V
和 CMOS 逻辑电路的混载	较难	容易

注①：近年来随着技术的进步，EEPROM 的内部数据存储所需电压已大幅下降。

2.2.2 电子标签存储空间的划分

存储器容量的大小根据用途和厂商的设计而变，但它们的逻辑空间结构是统一的，都遵循 ISO 标准，如图 2-15 所示。

UID	系统数据区域	用户数据区域

图 2-15 电子标签存储器逻辑空间的划分

1．UID（Unique Identifier）

UID 是电子标签的唯一标识符数据。

2．系统数据区域

系统数据区域中存有厂商写入的各种系统运行参数，一般用户可通过厂商提供的工具来改写这里的数据。

3．用户数据区域

用户数据区域是留给用户自由使用的存储区，有些系统也可以限制用户对某些存储块的写入。

2.3 RFID 读写器

RFID 读写器由控制部分和天线组成，天线发送和接收电磁波，控制单元控制信号的发送和接收，并保持对上位机系统（后台服务器或 PC）的通信。

RFID 读写器根据用途可分为桌面式、手持式、固定式，如图 2-16 所示。根据控制单元和天线的组合方式又可分为天线一体型和天线分离型，如图 2-17 所示。RFID 读写器的功率和天线的大小、形状等，在很大程度上会影响读写器的作用范围。读写器的功率一般是可调的。

（a）桌面式

（b）手持式

（c）固定式

图 2-16 RFID 读写器

(a) 天线一体型

(b) 天线分离型

图 2-17 RFID 读写器和天线的组合方式

天线一体型 RFID 读写器组件少、成本低、安装简单，但由于不能追加天线，系统的可扩展性不如天线分离型。天线分离型用同轴电缆连接控制器和天线，一台控制器可以连接几个天线并同时进行控制，大大提高了电子标签的识读范围和安装自由度，较适合应用于物流仓储等大规模的 RFID 应用系统。

2.3.1 RFID 读写器的系统构成

RFID 读写器基本构成如图 2-18 所示。

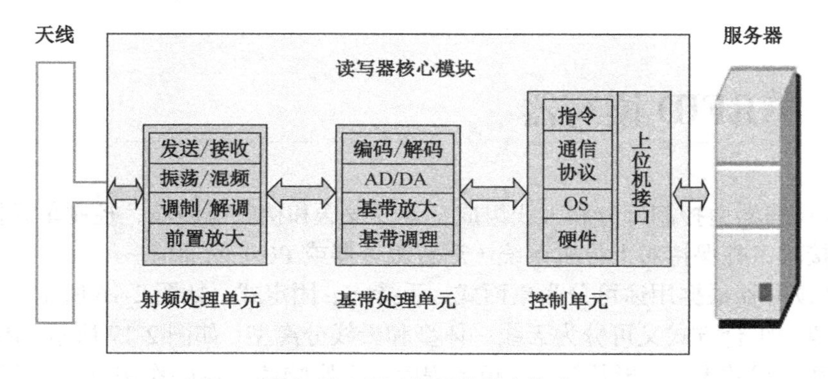

图 2-18 RFID 读写器基本构成

1. 射频处理单元

射频处理单元将读写器发往电子标签的命令调制到射频信号上，经发射天线发送出去，另一方面对天线接收到的电子标签的回波信号进行必要的解调处理以提取标签返回的数据。

2. 基带处理单元

基带处理单元将控制单元发出的命令加工为编码调制信息，另外，对射频处理单元处理的标签返回数据进行进一步的解码处理并送入控制单元。

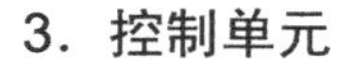

3. 控制单元

控制单元是读写器的控制核心，对读写器的各个硬件进行控制，通常采用嵌入式微处理器，通过内部程序进行与电子标签之间的信息收发及智能处理，并负责与后台服务器的通信。

2.3.2 RFID 读写器的用户接口

RFID 读写器一般配有 USB 接口、网口、串口等通信接口，用户根据需要选择读写器的某个通信接口连接到计算机，在计算机上运行通信软件或厂家提供的应用软件来控制读写器并获取信息，如图 2-19 所示。

图 2-19 RFID 读写器和计算机的连接

所有的 RFID 读写器都提供应用程序编程接口（Application Programming Interface，API），计算机通过发送 API 命令来控制 RFID 读写器。由于 API 命令由各个厂商独自开发和安装，因此每一套 RFID 读写器的 API 命令不尽相同。

一些 RFID 读写器为完成某项工作需要，从计算机向 RFID 读写器发送一系列有序指令。例如，要读取电子标签的信息，要分别向读写器发送 OPEN、READ 及 CLOSE 指令序列（不同读写器的指令序列会有所不同），如图 2-20 所示。

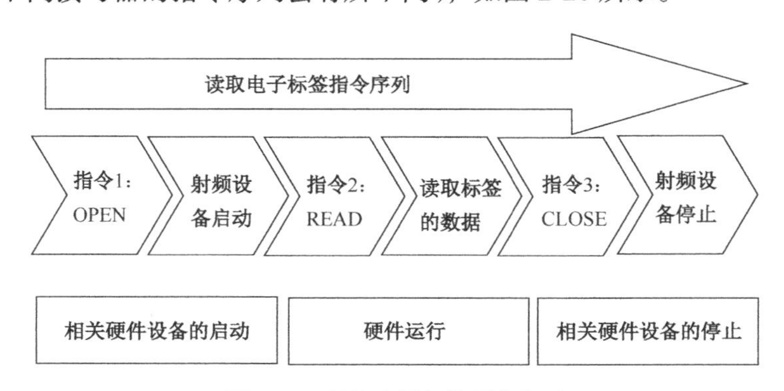

图 2-20 读取电子标签指令序列

读写器的指令集要参看 RFID 实验箱或 RFID 读写器的用户说明书，这里着重介绍 RFID 读写器的两种读写模式和两种读写方式。

RFID 读写器可选择两种读写模式：

（1）由用户发送命令来执行对电子标签的读写。

（2）只要电子标签进入读写器的通信范围就自动进行读写。

大部分 RFID 读写器还可以指定对电子标签的读写方式：

（1）对单个标签的读写。

（2）对多个标签的读写。

两种读写模式和两种读写方式的具体选择要由 RFID 系统设计者根据 RFID 应用系统的要求、现场设施布局和业务流程来决定。

2.3.3 RFID 天线包络图

构建 RFID 系统需要知道 RFID 读写器对电子标签的可读距离范围，当读写器的振荡电路和电子标签的振荡电路通过双方的天线的感应产生共振时，能量耦合效率最佳，要对 RFID 读写器和电子标签进行专业的测试需要屏蔽室、频谱分析仪等大量的昂贵设备和专业知识，为此在一般实验和工程条件下，可采用手工绘制读取效果包络图来近似反映 RFID 读写器或电子标签的实际读写性能与特点。这个读取效果包络图也称 RFID 天线包络图，如图 2-21 所示。

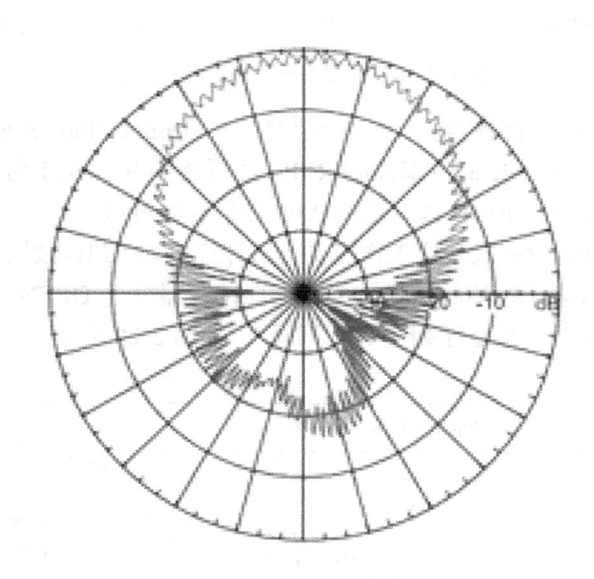

图 2-21　RFID 天线包络图

在图 2-21 中，中心点位置为 RFID 读写器天线的中心位置，通过圆心的射线表示测量点所在位置与天线的法向面所成角度，锯齿状的封闭曲线为各个角度的电子标签读取临界点连线，可以近似认为 RFID 读写器对电子标签的可读范围是锯齿状封闭曲线的内部。

2.4 低频卡的门禁系统综合应用

2.4.1 门禁系统的实验原理

门禁系统顾名思义就是对出入口通道进行管制的系统，它是在传统的门锁基础上发展而来的。传统的机械门锁仅仅是单纯的机械装置，无论结构设计多么合理，材料多么坚固，人们总能通过各种手段把它打开。出入人员很多的通道（如办公大楼、酒店客房）的钥匙管理很麻烦，钥匙丢失或人员更换都要把锁和钥匙一起更换。为了解决这些问题，就出现了电子磁卡锁，这从一定程度上提高了人们对出入口通道的管理程度，使通道管理进入了电子时代。最近几年随着感应卡技术的发展，门禁系统得到了飞跃式的发展，进入了成熟期，出现了感应卡式门禁系统，它在安全性、方便性、易管理性等方面优势显著，门禁系统的应用领域也越来越广了。

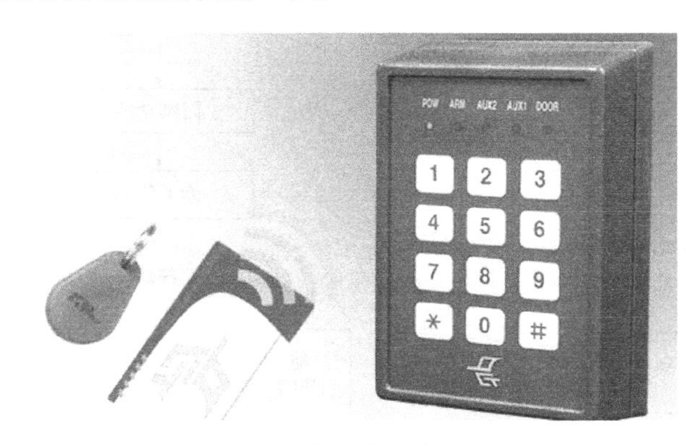

图 2-22 典型的门禁系统

2.4.2 门禁系统的组成

典型的门禁系统如图 2-22 所示，包括门禁控制器、读卡器、电控锁及其他设备。

1. 门禁控制器

它是门禁系统的核心部分，相当于计算机的 CPU，它负责整个系统输入、输出信息的处理、存储、控制等。

2. 读卡器

它是读取卡片中数据的设备。

3. 电控锁

它是门禁系统中锁门的执行部件。用户应根据门的材料、出门要求等需求来选取锁具，主要用电磁锁，并且电磁锁断电后是开的，符合消防要求。

4．其他设备

出门按钮：按一下打开门的设备，适用于对出门无限制的情况。
门磁：用于检测门的安全/开关状态等。
电源：整个系统的供电设备，分为普通和后备式（带蓄电池的）两种。
传输部分：传输部分主要包含电源线和信号线。

2.4.3　门禁系统逻辑框图、工作流程

门禁系统逻辑框图如图 2-23 所示。

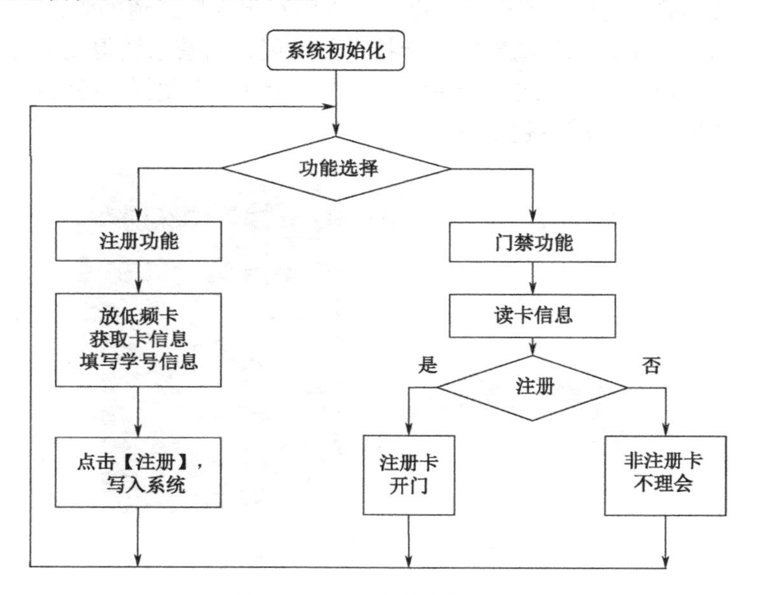

图 2-23　门禁系统逻辑框图

（1）门禁系统上电后进行初始化，等待功能选择。

（2）如果选择注册功能，放低频卡到读卡器上，获取卡信息，填写学号信息，写入系统。

（3）如果选择门禁功能，等待低频卡，有低频卡，获取低频卡信息，对比门禁系统中注册卡的信息，如果有则报告注册卡并开门，如果无则报告非注册卡（或报警）。

（4）继续等待。

2.4.4　实验步骤

步骤 1，连接硬件设备，将计算机串口与低频 RFID 设备的串口相连。
步骤 2，具体操作如下。
（1）双击 Visual Studio 图标，打开软件。

（2）单击“打开项目”，找到“实验 7 低频卡门禁系统综合实验”工程文件。

（3）单击“运行”按钮，其工作界面如图 2-24 所示。

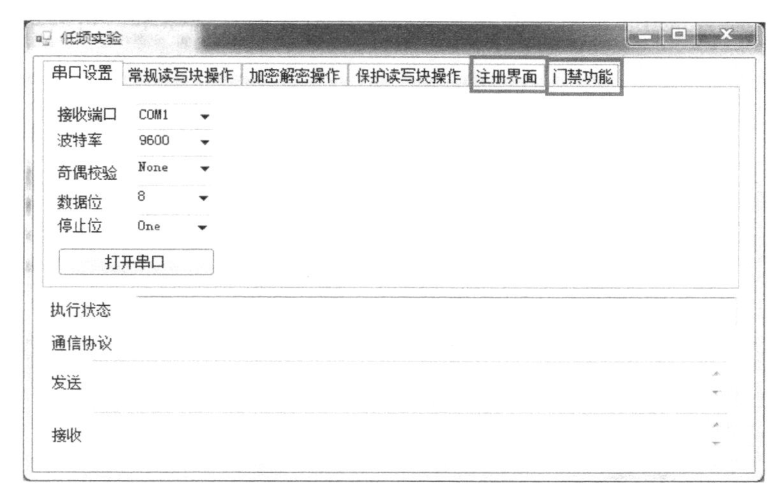

图 2-24 “低频卡门禁系统综合实验”工作界面

（4）根据实际连接情况，选择接收端口，波特率选择“115200”，数据位为“8”，停止位为“One”，奇偶校验为“None”，单击“打开串口”按钮，“执行状态”栏显示串口通信状态，如图 2-25 所示。

图 2-25 “低频卡门禁系统综合实验”串口设置

（5）如果需要，可进行以下操作。

单击“获取卡信息”，获取低频卡信息。

单击“初始化低频卡”，进行初始化低频卡操作。

单击“常规读”，进行常规读操作。

单击“常规写”，进行常规写操作。

单击“加密”，进行加密操作。

单击“解密”，进行解密操作。

单击“保护读”，进行低频卡保护读操作。

单击“保护写”，进行低频卡保护写读操作。

（6）将低频卡靠近 LF 射频模块，选择“注册界面”选项卡，可获取卡信息，如图 2-26 所示。

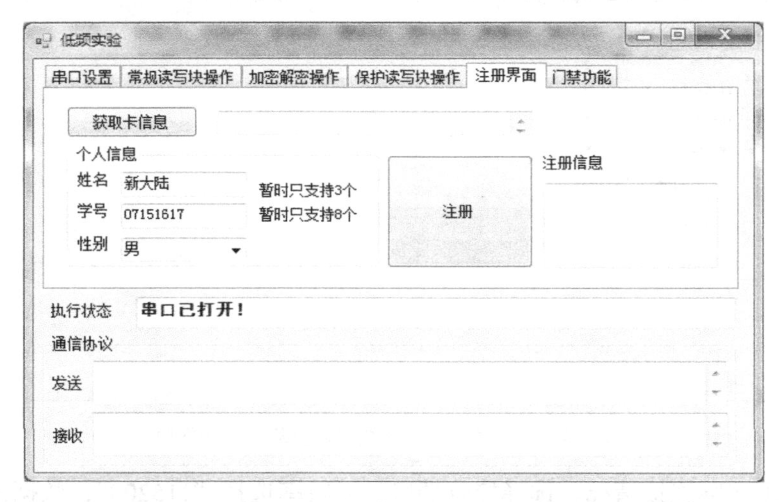

图 2-26 “低频卡门禁系统综合实验”注册界面

（7）将配置资料中的 mytxt1.txt 文件复制到 E:\mytxt 中，如果 E 盘中没有 mytxt 文件夹，就自己新建一个 mytxt 文件夹。

（8）将低频卡靠近 LF 射频模块，选择“注册界面”选项卡进行注册，如图 2-27 所示。

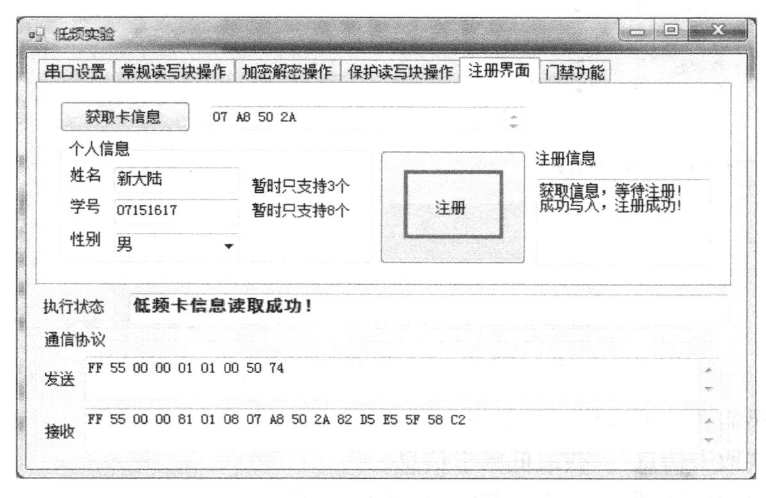

图 2-27 “低频卡门禁系统综合实验”注册功能

（9）将低频卡靠近 LF 射频模块，选择“门禁功能”选项卡，如图 2-28 所示，单击“门禁功能”，如果是注册卡，显示“注册卡，开门”，如图 2-29 所示。如果不是注册卡，显示“卡有问题!”，如图 2-30 所示。

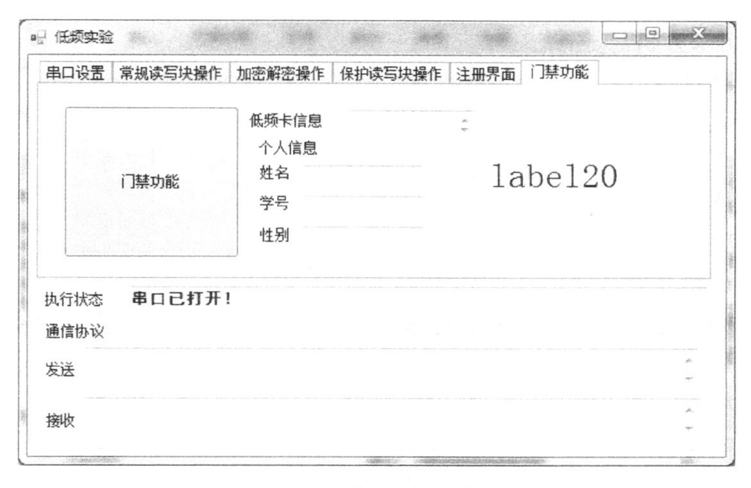

图 2-28 “低频卡门禁系统综合实验”门禁功能

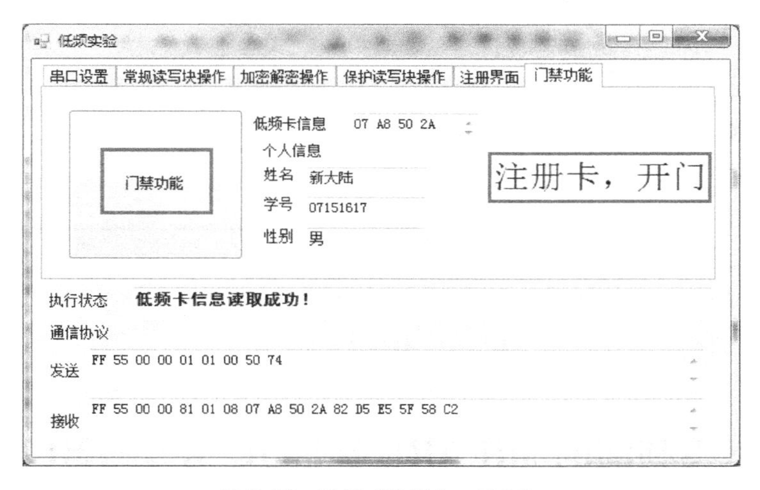

图 2-29 显示“注册卡，开门”

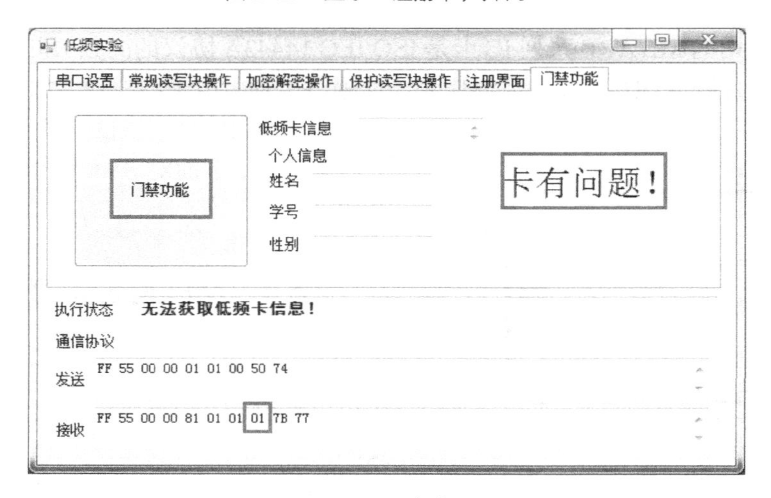

图 2-30 显示“卡有问题！”

步骤 3，结果分析。

（1）注册界面。

- 填写个人信息（姓名、学号、性别）。
- 将低频卡信息、个人信息（姓名、学号、性别）写入门禁系统。
- 如果注册成功，显示“注册成功”。

（2）门禁功能。

- 单击“门禁功能”。
- 如果低频卡已经注册，则显示低频卡信息、个人信息（姓名、学号、性别），提示“注册卡，开门”。

（3）存储功能。

- 建立文本文件。
- 注册时，将信息写入文件，如图 2-31 所示。
- 使用时，调出文件。

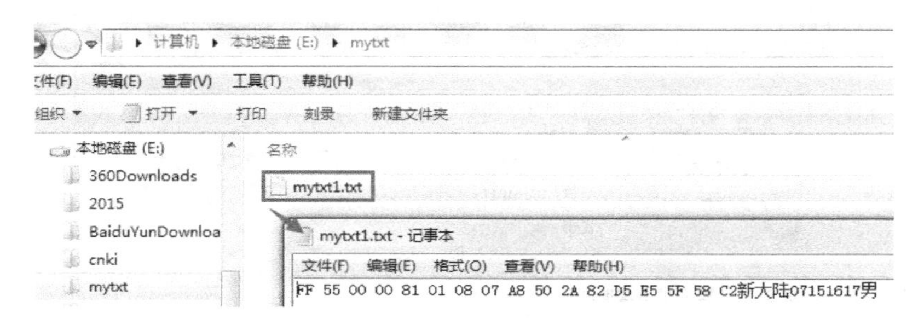

图 2-31　将信息写入文件

2.5 飞利浦的 MIFARE 标准 IC 卡——MF1 IC S50

飞利浦公司的 MIFARE 系列 IC 卡是 ISO/IEC 14443A 协议的高频 RFID 无源 IC 卡，其天线圈和芯片嵌入塑料卡中，广泛应用于交通一卡通、电子门票等，如图 2-32 所示。本书关于 RFID 高频段的实验大多以 S50 卡为实验对象，下面对 S50 卡的功能进行详细介绍。

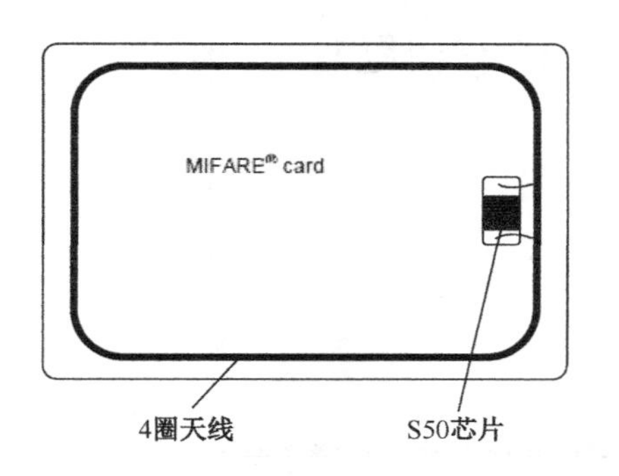

图 2-32　飞利浦的 MIFARE 标准 IC 卡 MF1 IC S50

2.5.1 MF1 IC S50 的性能特征

表 2-4 列出了 S50 卡的性能特征，从表中可以看出 S50 卡可以满足很多应用领域的实际需要，如企业/校园一卡通、公交储值卡、高速公路收费、停车场、小区管理、电子门票等。

表 2-4 S50 卡的性能特征

性 能	S50 卡特征参数
空中接口标准	ISO/IEC14443A
工作频率	13.56MHz
有源/无源	无源
工作距离	最高可达 100mm（由天线特性决定）
数据传输速率	106kb/s
数据可靠性	16 位 CRC/奇偶校验
多标签读写防碰撞	智能可靠
典型应用处理时间	购票处理<100ms
存储器容量	1K 字节分成 16 个区，每区又分成 4 段，每一段中有 16 字节
数据存取控制	用户可以定义每一个存储器段的访问条件
数据保存期限	10 年
数据可擦写次数	10 万次
天线厚度	0.2～1.2 mm
工作温度	-40～65℃
数据安全措施	需要通过 3 轮确认 ISO/IEC DIS9798—2 RF 信道的数据加密有重放攻击保护 每个区有两套独立的密钥 支持带密钥层次的多应用 每个设备有唯一的序列号 在运输过程中访问 EEPROM，有传输密钥保护

2.5.2 MF1 IC S50 芯片构成

S50 芯片的内部构成如图 2-33 所示，可分为射频处理单元、数据控制单元和 EEPROM 存储单元。在数据控制单元里将会对数据进行防碰撞、认证、加解密和存储控制等处理。

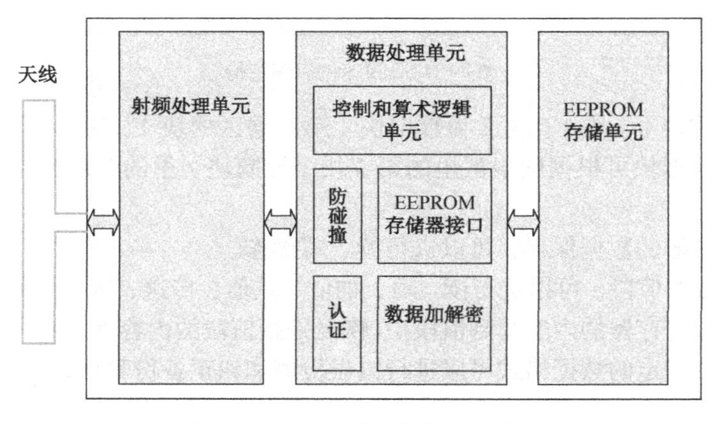

图 2-33 S50 芯片内部构成示意图

2.5.3 MF1 IC S50 存储器构成

S50 卡存储器分为 16 个扇区，每个扇区由 4 块（块 0、块 1、块 2、块 3）组成，将 16 个扇区的 64 个块按绝对地址编号为 0 ~ 63，每块有 16 字节，共 1024 字节，图 2-34 是 S50 卡的存储结构图。

第 0 扇区的块 0（即绝对地址 0 块）用于存放厂商段数据，它包含了 IC 卡序列号（ID），IC 卡厂商的数据。基于保密性和系统的安全性，厂商段在 IC 卡厂商编程之后被置为写保护，已经固化，不可更改，0 ~ 3 字节为 IC 卡的 ID，如图 2-35 所示。

		块内字节																
扇区	块	0	1	2	3	4	5	6	7	8	9	10	11	12	13	14	15	存储对象
15	3	Key A						Access bit				Key B						控制块
	2																	数据
	1																	数据
	0																	数据
14	3	Key A						Access bit				Key B						控制块
	2																	数据
	1																	数据
	0																	数据
⋮	⋮																	⋮
1	3	Key A						Access bit				Key B						控制块
	2																	数据
	1																	数据
	0																	数据
0	3	Key A						Access bit				Key B						控制块
	2																	数据
	1																	数据
	0																	厂商段

图 2-34　S50 卡的存储结构

每个扇区的块 0、块 1、块 2 为数据块（第 0 扇区的块 1、块 2 为数据段），可用于存储数据。数据块可根据同扇区里的第 3 块（控制块）里的存取控制位，可分配两种应用：

（1）用作一般的数据保存，可以进行读、写操作。

（2）用作数据值段，可以进行读、写、加值、减值、传送、恢复操作。这里的传送是指将内部数据寄存器的内容写到值段中，恢复是指值段的内容恢复到内部数据寄存器中。值段有一个固定的数据格式可以进行错误检测和纠正备份管理，如图 2-36 所示。值段只能在值段格式写操作时产生。

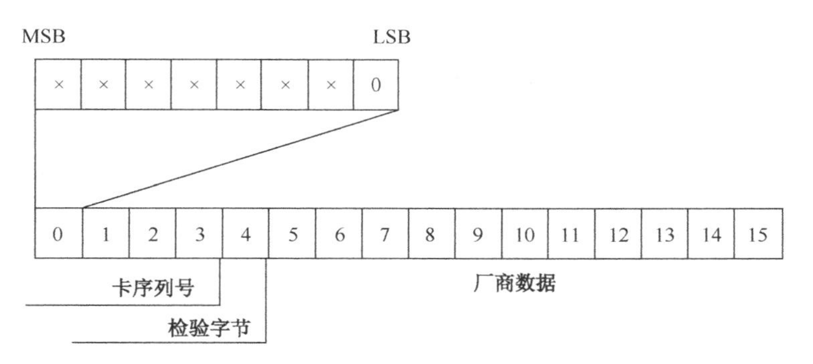

图 2-35 厂商段数据

0	1	2	3	4	5	6	7	8	9	10	11	12	13	14	15
Value				$\overline{\text{Value}}$				Value				Adr	$\overline{\text{Adr}}$	Adr	$\overline{\text{Adr}}$

Value：带符号的4字节值；$\overline{\text{Value}}$是Value的取反。

Adr：1字节地址，保存存储段的地址；$\overline{\text{Adr}}$是Adr的取反。

图 2-36 值段数据

Value 表示一个带符号 4 字节值，这个值的最低一字节保存在最低的地址中。为了保证数据的正确性和保密性，值被保存了 3 次，两次不取反保存和一次取反保存。

Adr 表示一个 1 字节地址，当执行备份管理时用于保存存储段的地址，地址字节保存了 4 次，取反和不取反各保存两次，在执行增减恢复传送操作时地址保持不变，它只能通过写命令改变。

每个扇区的块 3 为控制块，包括了密钥 A 和 B（可选），存取控制位（Access bits），结构如图 2-37 所示。存取控制位（Access bits）控制访问本扇区 4 个块的条件，也可以指定数据块的用途类型（一般的数据读写或数据值段）。

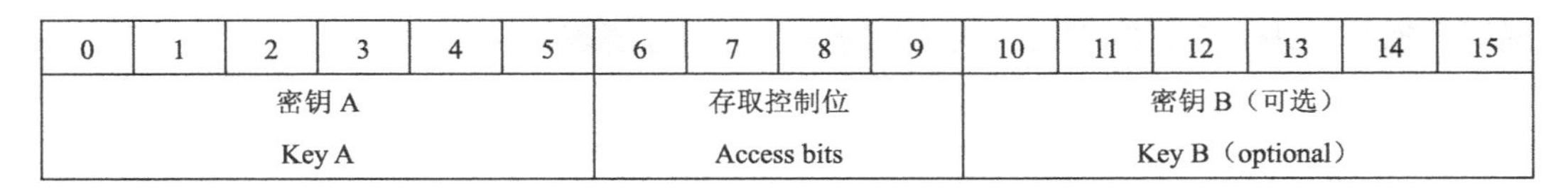

0	1	2	3	4	5	6	7	8	9	10	11	12	13	14	15
密钥 A Key A						存取控制位 Access bits				密钥 B（可选） Key B（optional）					

图 2-37 控制块数据结构

2.5.4 MF1 IC S50 存储器存取控制

每个扇区的数据块和控制块的访问条件由该扇区控制块的存取控制位（Access bits）的 3 个位来定义。访问条件存取控制位控制了使用密钥 A 和 B 访问存储器的权力，当知道相关的密钥和当前的存取控制位时，可以修改该存取控制位。

表 2-5 是相关块和对应的 3 个存取控制位。

图 2-38 是控制位 Cxx 在控制块存取控制位（4 字节）中的分布。其中，斜体字 *Cxx* 是 Cxx 的位取反，字节 9 为备用字节，默认值为 0x69。

表 2-5　块和对应的 3 个存取控制位

存取控制位	有 效 操 作	块	块 说 明
C13C23C33	读、写	3	控制块
C12C22C32	读、写、增、减、传送、恢复	2	数据块
C11C21C31	读、写、增、减、传送、恢复	1	数据块
C10C20C30	读、写、增、减、传送、恢复	0	数据块

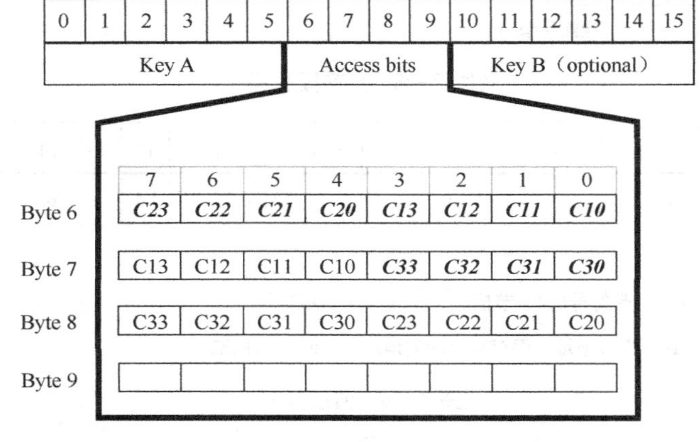

图 2-38　控制位 Cxx 在控制块存取控制位（4 字节）中的分布

数据块（块 0、块 1、块 2）和控制块（块 3）的存取控制有所不同，以下是具体控制位的访问条件。

1．控制块（块 3）的存取位—C13C23C33

控制块（块 3）的存取访问可分为“从不”“密钥 A”“密钥 B”“密钥 A|B”。“从不”表示任何条件下不可操作，“密钥 A”表示密钥 A 验证正确的情况下可操作，“密钥 B”表示密钥 B 验证正确的情况下可操作，“密钥 A|B”表示密钥 A 或密钥 B 验证正确的情况下可操作。表 2-6 是控制块（块 3）的存取访问位值表。

表 2-6　控制块（块 3）的存取访问位值表

存取控制位值			存 取 段					
			密钥 A		存取控制位		密钥 B	
C13	C23	C33	读	写	读	写	读	写
0	0	0	从不	密钥 A|B	密钥 A|B	从不	密钥 A|B	密钥 A|B
0	1	0	从不	从不	密钥 A|B	从不	密钥 A|B	从不
1	0	0	从不	密钥 B	密钥 A|B	从不	从不	密钥 B
1	1	0	从不	从不	密钥 A|B	从不	从不	从不
0	0	1	从不	密钥 A|B	密钥 A|B	密钥 A|B	密钥 A|B	密钥 A|B
0	1	1	从不	密钥 B	密钥 A|B	密钥 B	从不	密钥 B
1	0	1	从不	从不	密钥 A|B	密钥 B	从不	从不
1	1	1	从不	从不	密钥 A|B	从不	从不	从不

例如，当块 3 的存取控制位 C13C23C33 =100 时，表示：

密钥 A 不可读，验证密钥 B 正确后，可写（即可更改）；存取控制位在验证密钥 A 或密钥 B 正确后，可读不可写；密钥 B 不可读，验证密钥 B 正确后，可写。

2. 数据块（块 0、块 1、块 2）的存取位——C1xC2xC3x（x=0，1，2）

数据块（块 0、块 1、块 2）存取访问同样可分为“从不”“密钥 A”“密钥 B”“密钥 A|B”。“从不”表示任何条件下不可操作，“密钥 A”表示密钥 A 验证正确的情况下可操作，“密钥 B”表示密钥 B 验证正确的情况下可操作，“密钥 A|B”表示密钥 A 或密钥 B 验证正确的情况下可操作。表 2-7 是数据块（块 0、块 1、块 2）的存取访问位值表。

表 2-7 数据块（块 0、块 1、块 2）的存取访问位值表

存取控制位值（x=0，1，2）			数据存取控制			
Clx	C2x	C3x	读	写	加值	减值、传送、恢复
0	0	0	密钥 A | B	密钥 A | B	密钥 A | B	密钥 A | B
0	1	0	密钥 A | B	从不	从不	从不
1	0	0	密钥 A | B	密钥 B	从不	从不
1	1	0	密钥 A | B	密钥 B	密钥 B	密钥 A | B
0	0	1	密钥 A | B	从不	从不	密钥 A | B
0	1	1	密钥 B	密钥 B	从不	从不
1	0	1	密钥 B	从不	从不	从不
1	1	1	从不	从不	从不	从不

例如，当块 0 的存取控制位 C10C20C30 = 100 时，表示验证密钥 A 或密钥 B 正确后可读，验证密钥 B 正确后可写，不能进行加值、减值操作。

从存取控制位值表中可以看出，当 ClxC2xC3x =110 或 001 时，数据块用于数据值段，其他情况下为一般数据读写块。注意当 ClxC2xC3x=000 时，表示数据块用于传送配置。

2.6 飞利浦的 MIFARE 标准 IC 卡——MF1 IC S70

根据 ISO/IEC 14443A 标准，飞利浦除了开发了无线智能卡芯片 S50 外还开发出了芯片 S70。MIFARE S50 和 MIFARE S70 的区别主要有两方面：一方面是读写器对卡片发出请求命令，二者应答返回的卡类型（ATQA）字节不同，MIFARE S50 的卡类型（ATQA）是 0004H，MIFARE S70 的卡类型（ATQA）是 0002H；另一个区别就是二者的容量和内存结构不同。

2.6.1 MF1 IC S70的性能特征

表2-8列出了S70卡的性能特征，从表中可以看出S70卡跟S50一样也可以满足很多应用领域的实际需要，如企业/校园一卡通、公交储值卡、高速公路收费、停车场、小区管理、电子门票等。

表2-8 S70卡的性能特征

性　能	S50卡特征参数
空中接口标准	ISO/IEC14443A
工作频率	13.56MHz
有源/无源	无源
工作距离	最高可达100mm（由天线特性决定）
数据传输速率	106kb/s
数据可靠性	16位CRC/奇偶校验
多标签读写防碰撞	智能可靠
典型应用处理时间	购票处理<100ms
存储器容量	4K字节，分为40个扇区，前32个扇区每个扇区为4块，每块16字节，以块为存取单位，后8个扇区每个扇区为16个块
数据存取控制	用户可以定义每一个存储器段的访问条件
数据保存期限	10年
数据可擦写次数	10万次
天线厚度	0.2～1.2 mm
工作温度	-40～65℃
数据安全措施	需要通过3轮确认ISO/IEC DIS9798—2 RF信道的数据加密有重放攻击保护 每个区有两套独立的密钥 支持带密钥层次的多应用 每个设备有唯一的序列号 在运输过程中访问EEPROM，有传输密钥保护

2.6.2 MF1 IC S70存储器构成

每个扇区都有一组独立的密码及访问控制，放在每个扇区的最后一个Block，这个Block又称区尾块，S50是每个扇区的Block3，S70的前32个扇区也是Block3，后8个扇区是Block15，存储结构如图2-39所示。

扇区号	块号		块类型	总块号
扇区0	块0	厂商代码	厂商块	0
	块1		数据块	1
	块2		数据块	2
	块3	密码A 存取控制 密码B	控制块	3
…	…	…	…	…
扇区31	块0		数据块	124
	块1		数据块	125
	块2		数据块	126
	块3	密码A 存取控制 密码B	数据块	127
扇区32	块0		数据块	128
	块1		数据块	129
	…	…	数据块	…
	块14		数据块	142
	块15	密码A 存取控制 密码B	控制块	143
…	…	…	…	…
扇区39	块0		数据块	240
	块1		数据块	241
	…	…	数据块	…
	块14		数据块	254
	块15	密码A 存取控制 密码B	控制块	255

图 2-39 S70 存储结构

2.6.3 MF1 IC S70 存储器存取控制

S70 的前 32 个数据块结构和 S50 完全一致。后 8 个数据块每块有 15 个普通数据块和一个控制块。显然如果每个数据块都单独控制将需要 8 字节的控制字，控制块中放不下这么多控制字。解决的办法是这 15 个数据块分为三组，块 0～ 4 为第一组，块 5～9 为第二组，块 10～15 为第三组，每组共享三个控制位，也就是说每组控制位 C1C2C3 控制 5 个数据块的存取权限，从而与前 32 个扇区兼容。

2.7 飞利浦的 ICODE 标准 ICODE SLI 系列 SL2 ICS20 卡

飞利浦公司的 ICODE 标准 ICODE SLI 系列卡是 ISO/IEC 15693 协议标准的高频 RFID 无源 IC 卡，专为供应链与物品管理所设计，具有高度防冲突与长距离运作等优点，适合于高速、长距离应用，包括 ICODE SLI-S、SL2-S 等多系列产品，目前 ICODE 是高频（HF）RFID标签方案的业界标准。主要针对每年物流量高达数百万个的庞大数目应用，ICODE芯片的采用数量目前已经超过几个亿，是全球使用普遍、技术可靠的智能型标签，图2-40是卡片型SL2 ICS20电子标签。

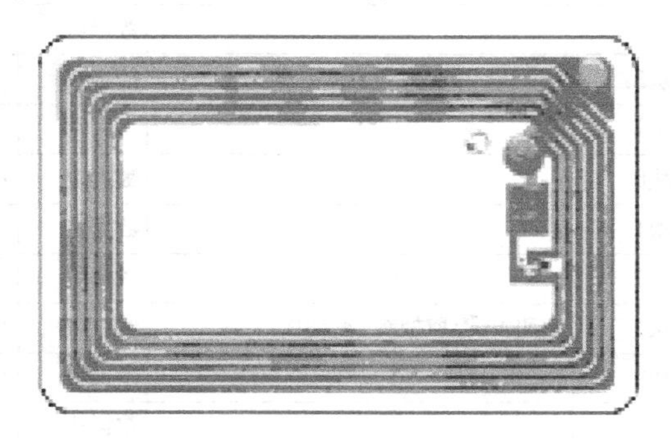

图2-40　卡片型SL2 ICS20电子标签

2.7.1　ICODE SLI系列SL2 ICS20卡的性能特征

表2-9列出了ICODE SLI系列卡的性能特征，从表中可以看出ICODE SLI系列卡可以满足很多应用领域的实际需要，比如供应链管理、物流仓储、图书馆、公共自行车免费租赁等。

表2-9　ICODE SLI系列卡的性能特征

性　　能	ICODE SLI特征参数
空中接口标准	ISO/IEC 15693
工作频率	13.56 MHz
有源/无源	无源
工作距离	最高可达150cm　（由天线特性决定）
数据传输速度	53 kb/s
数据可靠性	16位CRC/奇偶校验
多标签读写防碰撞	高度智能，可靠，快速
存储器容量	128字节分成32个块，每块4字节
数据保存期限	10年
数据可擦写次数	10万次
特殊功能	EAS，AFI，DSFID
数据安全措施	64位唯一ID序列号 对数据块、EAS、AFI、DSFID可加锁，防止篡改

2.7.2　ICODE SLI系列SL2 ICS20芯片构成要素

ICODE SL系列SL2 ICS20芯片的内部构成如图2-41所示，可分为射频处理单元、数据处理单元和EEPROM存储单元。在数据处理单元里对数据进行防碰撞、认证和存

储控制等处理。

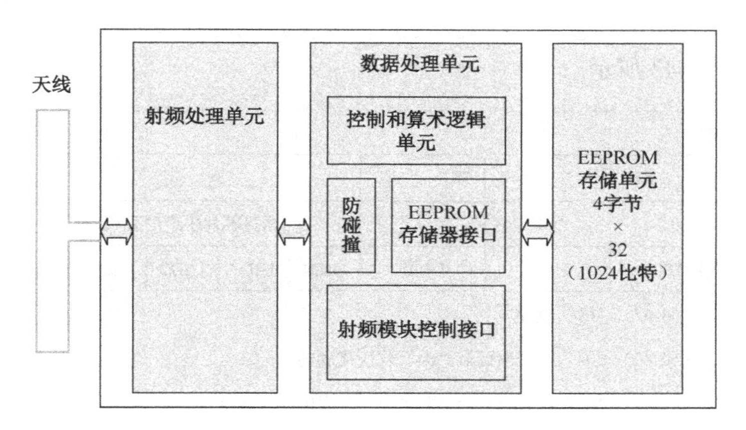

图 2-41 ICODE SLI 系列 SL2 ICS20 芯片内部构成示意图

2.7.3 ICODE SLI 系列 SL2 ICS20 存储器构成

SL2 ICS20 存储器分为 32 个块，每个块由 4 字节（32 位）组成，共 128 字节，图 2-42 是 SI2 ICS20 的存储结构图。上部 4 个块（块-4、块-3、块-2、块-1）分别用于 UID（64 位唯一 ID 序列号）、特殊功能（EAS、AFI、DSFID）和写入控制位，其他 28 个块为用户数据块。

	Byte 0	Byte 1	Byte 2	Byte 3	
-4	UID0	UID1	UID2	UID3	UID
-3	UID4	UID5	UID6	UID7	
-2	×	EAS	AFI	DSFID	特殊功能
-1	00	00	00	00	写入控制位
0	×	×	×	×	数据块
1	×	×	×	×	-
2	×	×	×	×	-
3	×	×	×	×	-
-	-	-	-	-	-
-	-	-	-	-	-
-	-	-	-	-	-
25	×	×	×	×	-
26	×	×	×	×	-
27	×	×	×	×	数据块

图 2-42 SL2 ICS20 的存储结构

UID占用块-4和块-3共8字节（64位），是厂商写入的世界唯一标签识别序列号，用户不可更改，在UID中包含厂商代码、产品分类代码和标签芯片生产序列代码，UID的代码构成如图2-43所示。

MSB							LSB
64　　57	56　　49	48　　41	40				1
“E0”	“04”	“01”	标签芯片生产序列代码				
UID7	UID6	UID5	UID4	UID3	UID2	UID1	UID0

UID7（64-67）：“E0”固定

UID6（56-49）：“04”，厂商代码，“04”代表飞利浦

UID5（48-41）：“01”，产品分类代码，“01”代表ICODE SLI

UID4-UID0（40-1）：标签芯片生产序列代码

图2-43　UID的构成

特殊功能（EAS、AFI、DSFID）分别占据块-2的Byte1、Byte2、Byte3三字节，Byte0字节用于内部，不对外开放。

块-1是写入控制位，具体分配如图2-44所示，它可以控制每个数据块的写入和块-2（特殊功能块）每字节的写入。写入位1代表写入保护，且不可再修改控制位。

	Block-1（-1块）															
	Byte 0								Byte 1							
	MSB							LSB	MSB							LSB
控制位	0	0	0	0	0	0	0	0	0	0	0	0	0	0	0	0
保护数据块号（字节）	3	2	2	2	-2（3）	-2（2）	-2（1）	-2（0）	11	10	9	8	7	6	5	4

	Block-1（-1块）															
	Byte 2								Byte 3							
	MSB							LSB	MSB							LSB
控制位	0	0	0	0	0	0	0	0	0	0	0	0	0	0	0	0
保护数据块号（字节）	19	18	17	16	15	14	13	12	27	26	25	24	23	22	21	20

注：Byte 0的灰色部分用来控制块-2（特殊功能）的字节写入保护

图2-44　块-1的写入控制位具体分配

特殊功能EAS（Electronic Article Surveillance，电子防盗系统）主要用来防止物品

被盗，标签管理者可以设置和清除 EAS 标识，当设置有 EAS 标识的标签通过读写器的作用范围时，读写器会识别 EAS 标识，发出警报。EAS 的数据结构如图 2-45 所示，EAS 的 LSB 的第 1 位（e 位）写 1 代表 EAS 标识有效，写 0 代表清除 EAS 标识，其他位无效。

Block-2（-2块）Byte 1							
MSB							LSB
×	×	×	×	×	×	×	e
							EAS

图 2-45 EAS 的数据结构

特殊功能 AFI（Application Family Idenfifier，应用族标识符）可事先规定应用族代码并写入 AFI 字节，在处理多个标签的时候进行分类处理。例如在物流中心处理大量货物时，可根据标签上的 AFI 应用族标识符来区分是出口货物还是内销货物。AFI 被编码在一字节里，由两个半字节组成。AFI 的高位半字节用于编码一个特定的或所有应用族，AFI 的低位半字节用于编码一个特定的或所有应用子族。子族不同于 0 的编码，有其自己的所有权。表 2-10 是 AFI 编码定义。

表 2-10 AFI 编码定义

AFI 高位半字节	AFI 低位半字节	定 义	举例注释
‘0’	‘0’	所有的族和子族	无特定应用
X	‘0’	X 族的全部子族	
X	Y	X 族的仅第 Y 个子族	
‘0’	Y	仅子族 Y 所有	
‘1’	‘0’,Y	运输	陆运、海运、航运
‘2’	‘0’,Y	金融	银行、零售
‘3’	‘0’,Y	标识	控制
‘4’	‘0’,Y	电信	电话、移动通信
‘5’	‘0’,Y	医疗	
‘6’	‘0’,Y	多媒体	
‘7’	‘0’,Y	游戏	
‘8’	‘0’,Y	数据存储	
‘9’	‘0’,Y	物品管理	
‘A’	‘0’,Y	快递包裹	
‘B’	‘0’,Y	邮政服务	
‘C’	‘0’,Y	航空包裹	
‘D’	‘0’,Y	备用	
‘E’	‘0’,Y	备用	
‘F’	‘0’,Y	备用	

特殊功能 DSFID（Data Storage Format Identifier，数据存储格式标识符）可用来标

识标签数据在存储器中的存储结构，具体内容可查 ISO/ IEC 15693—3 标准。

2.8 小结

✧ RFID 系统的软硬件基本组成

✧ 射频无线通信的一般工作原理

RFID 系统由服务器、RFID 读写器、RFID 天线及 RFID 电子标签四大部分构成，分别对 RFID 各个组成部分进行了详细讲解，又介绍了低频门禁卡综合系统的实验，以及飞利浦的 MIFARE 标准 IC 卡——MF1 IC S50 和 MF1 IC S70，飞利浦的 ICODE 标准 ICODE SLI 系列 SL2 ICS20 卡。

第3章

RFID 系统体系和标准

导学

◆ RFID 系统技术体系和标准

◆ EPC 系统的组成

◆ EPC global 组织制定的 EPC 技术体系标准概要

◆ 有源 RFID

本章主要讲述由 EPC global 组织制定的 EPC 技术体系标准。

3.1 EPC 技术

EPC 是 Electronic Product Code（电子产品代码）的简称，它不但统一了对全球物品的编码方法，而且对编码的管理分配、RFID 技术规范、网络系统的架构、软件的系统集成、信息处理及信息安全标准等众多领域进行了技术标准的制定和推广，是一个应用前景十分广泛的技术体系标准。

3.2 EPC 系统的组成

EPC 系统为每一个物品都建立了一个唯一的、全球性的、开放的标识，物品的标识 ID 被存储于电子标签并粘贴到物品上，数据网络处理系统通过读写器来识别物品电子标签的 ID 以对物品进行自动识别和智能化处理。图 3-1 是 EPC 系统的基本概念示意图，其中 ONS（Object Name Service）是对象名称解析服务器，EPCIS（EPC Information Service）是 EPC 信息服务器。中间件（Middleware）是一种独立的系统软件或服务程序，负责将原始的 RFID 数据转换为某种面向业务领域的结构化数据形式并通过网络发送到应用服务系统，也是连接读写器和应用系统的纽带。在 RFID 系统中标签数据校对、读写器的协调、数据过滤和传送等都是中间件的任务，其具体工作如下。

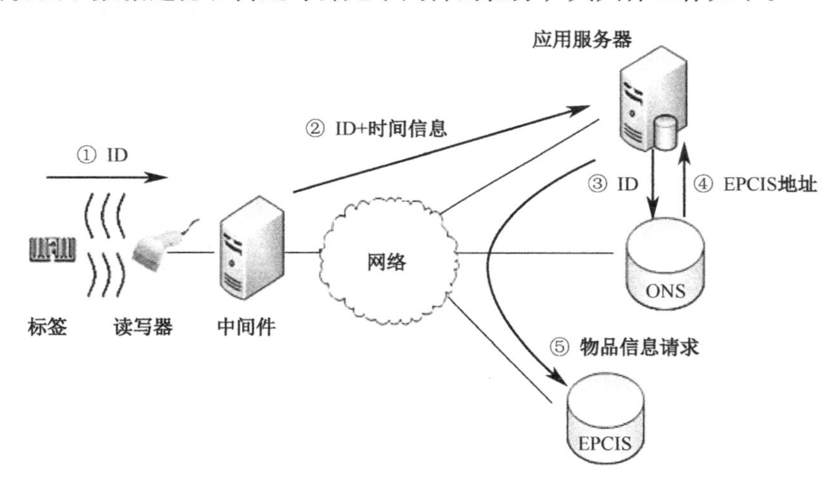

图 3-1　EPC 系统的基本概念示意图

（1）粘贴在物品上的电子标签的 ID 被 RFID 读写器读取并传送到中间件。

（2）中间件把标签的 ID 和读取时间通过网络传送给应用服务器。

（3）应用服务器根据 ID 数据，询问 ONS 服务器相关 ID 的物品信息在哪个地址的 EPCIS 服务器里。

（4）ONS 服务器收到应用服务器的请求，通过检索数据库，返回相关 ID 的 EPCIS 服务器地址。

（5）应用服务器根据 ONS 服务器返回的地址，向 EPCIS 服务器发送 ID 和读取时间并获取物品的详细信息。

EPC 技术体系标准由全球产品电子代码（EPC）的编码体系、射频识别系统及信息网络系统三部分组成，主要包括 6 个方面，见表 3-1。

表 3-1 EPC 技术体系标准的组成

系 统 构 成	名 称	注 释
PC 编码体系	EPC 代码	用来标识目标的特定代码
射频识别系统	EPC 标签	贴在物品上或 内嵌在物品中
	读写器	识读 EPG 标签
信息网络系统	EPC 中间件	EPC 系统的软件 支持系统
	对象名称解析服务（Object Name Service，ONS）	
	EPC 信息服务（EPCIS）	

3.2.1 EPC 编码体系

电子标签内存有识别每一件物品的电子产品代码（EPC），EPC 编码体系是新一代的与全球贸易项目代码（Global Trade Item Number，GTIN）兼容的编码标准，它是全球统一标识系统的延伸和拓展，是全球统一标识系统的重要组成部分，是 EPC 系统的核心与关键。

EPC 的编码长度有 64 位（EPC-64）、96 位（EPC-96）、256 位（EPC-256） 3 种，目前由于考虑成本等因素，实际采用的大多为 64 位和 96 位数据结构。EPC 代码是由标头（Header）、厂商识别代码（Domain Manager）、对象分类代码（Object Class）和序列号（Serial Number）等数据字段组成的一组数字。EPC-96 的编码结构见表 3-2。

表 3-2 EPC-96 的编码结构

EPC-96	标头 （Header）	厂商识别代码 （Domain Manager）	对象分类代码 （Object Class）	序列号 （Serial Number）
	8	28	24	36

EPC 编码体系具有唯一性、兼容性和安全性。

1. 唯一性

EPC 编码具有足够的编码容量组织保障，可以对物品实现唯一编码。例如，EPC-96 编码数据结构中厂商识别代码段可以容纳 2.68 亿家厂商，对象分类代码段可以容纳 1677 万种产品，序列号段可以容纳 687 亿个单品。在管理和编制的组织上，由 EPCglobal、各国 EPC 管理机构（中国的管理机构称为 EPCglobal China）、被标识物品的管理者分段管理、共同维护、统一应用，具有合理性和可靠性。

2．兼容性

EPC编码标准与目前广泛应用的EAN.UCC编码标准是兼容的，GTIN是EPC编码结构中的重要组成部分，目前广泛使用的GTIN、SSCC、GLN等都可以顺利转换到EPC中，即可以保证条形码等既存代码向EPC代码的过渡和联合运用。EPC编码结构的标头（Header）段用来进行兼容方面的标识，例如EPC-96的标头（Header）数据为“0011 0000”时表示后续的数据是GTIN代码。

3．安全性

EPC编码通过加密与认证技术的结合，可以使EPC系统获得较好的信息安全机制。

3.2.2 EPC射频识别系统——EPC标签和读写器

EPC标签存储的唯一信息是EPC代码，EPC标签基本上是无源标签。EPCglobal的前身Auto-ID中心按标签的功能级别分为6级，如图3-2所示。

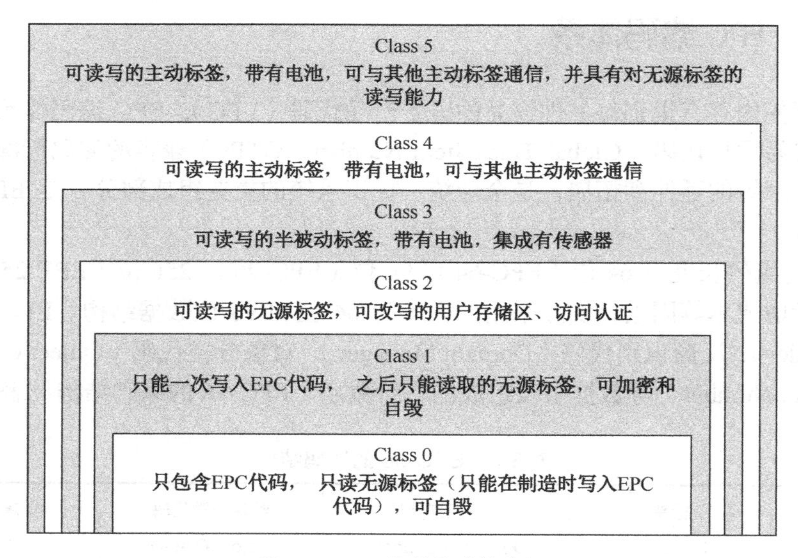

图3-2 EPC标签的功能分级

事实上功能级别标准在目前只有Class0和Class1已确定，其他级别的标准尚在讨论确定中。EPCglobal组织主要进行超高频（UHF）段的Class0和Class1的标准制定，先后制定了第一代（Gen1）和第二代（Gen2）标准。第一代（Gen1）由于存在兼容和安全性等问题，现在的主流标准为在Class1超高频标签基础上发展起来的第二代标准EPC Gen2（又称C1G2标准），3.3节将单独介绍EPC Gen2标准。

EPC读写器相应的标准和要求如下。

（1）EPC读写器必须支持和EPC标签相同的空中通信协议，能够读写不同厂家的

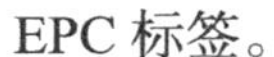

EPC 标签。

（2）必须采取措施防止读写器的碰撞，防止 EPC 系统多个读写器的干扰。

（3）必须具有网络连接功能，应该具有独立网络设备的功能，独立支持局域网、无线网、Internet 等有关协议，无须经过计算机的中介就可以连接到网络上。

3.2.3 EPC 信息网络系统——中间件、EPCIS、ONS

EPC 信息网络系统由本地网络和全球互联网组成，是实现信息管理、信息流通的功能模块。EPC 系统的信息网络系统在全球互联网的基础上，通过 EPC 中间件、对象名称解析服务（ONS）和 EPC 信息服务（EPCIS）来实现全球“实物互联”。

1. EPC 中间件（EPC Middleware）

EPC 中间件是具有一系列特定属性的“程序模块”或“服务”，并被用户集成，以满足他们的特定需求。以前 Auto-ID 中心称 EPC 中间件为 SAVANT。EPC 中间件是加工和处理来自读写器的所有信息和事件流的软件，是连接读写器和企业应用程序的纽带，主要任务是在将数据送往企业应用程序之前进行标签数据校对、读写器协调、数据过滤、数据传送、数据存储和任务管理。

2. EPCIS（EPC Information Service）

EPCIS 提供了一个模块化、可扩展的数据和服务的接口，使得 EPC 的相关数据可以在企业内部或企业之间共享。它处理与 EPC 相关的各种信息。EPCIS 有两种运行模式，一种是 EPCIS 信息被已经激活的 EPCIS 应用程序直接应用；另一种是将 EPCIS 信息存储在资料档案库中，以备今后查询时进行检索。

3. ONS（Object Name Service）

ONS（对象名称解析服务）是一个自动的网络服务系统，类似于域名解析服务（DNS）。ONS 给 EPC 中间件指明了存储产品相关信息的服务器。ONS 服务是联系 EPC 中间件和 EPC 信息服务的网络枢纽，并且 ONS 设计与架构都以 Internet 域名解析服务（DNS）为基础。因此，ONS 可以使整个 EPC 网络以 Internet 为依托，迅速架构并顺利延伸到世界各地。

3.3 EPC Gen2 概述

EPC Gen2 是 EPCglobal 制定的 Classl UHF 频段射频识别空中接口的第二代标准，又称 C1G2 标准。在 EPC Gen2 协议下的标签可以重复读写，并且增加了保密性能。此后 EPCglobal 和国际标准化组织合作以该标准为基础出台了 ISO18000—6C 国际标准。目前几乎所有的标签厂商都已停止第一代 Gen1 协议的超高频芯片的开发和生产，超高频领域市场上主流产品均为符合 C1G2 标准的产品。

目前协议的最新版本为 1.2.0 版，协议规范有 108 页之长，详细表述了第二代 RFID 标签、读写器，以及信息网络系统的通信和信息网络处理。下面将介绍规范的要点和特点。

3.3.1 EPC Gen2 规范的要点

EPC Gen2（C1G2）的规范要点可以归纳为以下几点。

（1）RFID 系统必须能够在 860 ~ 960 MHz 间的任何频率上通信，不同国家和地区对 UHF 段的频率分配有所不同，EPC Gen2 要求 RFID 读写器应能够在这个范围内的任何频率进行工作。

（2）RFID 标签和读写器之间能够实现高速通信，要实现读写器到标签 40 ~ 160kb/s、签到读写器 5 ~ 640 kb/s 的传输速率，提高读取标签的效率（理论上每秒能够读取 1500 枚标签）。

（3）可支持读写 256 位的 EPC 代码。

（4）RFID 电子标签必须具备自毁命令“kill”，具备密码保护数据的功能。

3.3.2 EPC Gen2 规范的特点

EPC Gen2 规范的特点可以归纳为以下几点。

1．兼容性

C1G2 标准综合考虑了 UHF 频段 RFID 在全球的分布，适用谱较宽（860 ~ 960MHz），符合各国 UHF 频段的规范，保证了不同生产商的设备之间具有良好的兼容性，也保证了 EPCglobal 网络系统中的不同组件之间的协调工作，从而推动 C1G2 标准 RFID 产品在全球广泛使用。

2．开放性

C1G2 标准对签订了 EPCglobal IP 协议的企业免收专利费。在标准的制定过程中，Alien 和 Matrics 等 60 余家 RFID 公司签署了 EPCglobal 无特权许可协议，鼓励 C1G2 标准的免版税使用，这将有利于 RFID 产品的市场推广。

3．安全性

安全和隐私一直是 RFID 产品所关注的问题之一。C1G2 标准在芯片中具有特定的口令，可以有效地防止芯片被非法读取。同时 C1G2 采用简单的安全加密算法，协议允许两个 32 位的密码，一个密码（Access Password）用来控制标签的读写权，在读写器与标签的通信中采用加密保证，使在读取信息的过程中，不会把敏感数据扩散出去。另一个密码（Kill Pass word）用来控制标签的销毁权，采用“灭活”的方式（kill），即当标签收到读写器的有效灭活指令后，标签自行永久销毁。

4. 可靠性

标签具有高识别率，在较远的距离测试具有接近 100%的读取率。容许标签延时后进入识读区仍能被读取，这是 Gen1 标签所不能达到的。抗干扰性强，更广泛的频谱与射频分布提高了 UHF 的频率调制性能，减少了与其他无线设备之间的干扰。

5. 读取速度

C1G2 标准采用基于 Aloha 防碰撞算法，能快速适应标签数量的变化。在阅读批量标签时能避免重复阅读。其标签阅读速度是第一代 EPC 标准的 10 倍，能够满足高速自动作业需要，适用于大批量标签阅读的应用场合。

6. 实用性

C1G2 标签的芯片尺寸可以缩小到现有版本的一半到三分之一，降低了 RFID 标签的制造成本，从而进一步扩大了它的使用范围，满足了多种应用场合的需要。标签的存储能力也得到了增加，芯片中有 96 字节的存储空间，可满足各种 RFID 应用对数据存储的需要。

3.3.3 EPC Gen2 电子标签的存储结构

Class1 及以上的 RFID 标签芯片内部带有一定容量的非易失性存储器，对于每个厂商生产的电子标签，其存储结构是相同的，但会存在容量大小的差别。按照 EPC Global Class1 Gen2 协议（C1G2 协议），标签存储器分为 Reserved（保留内存）、EPC（电子产品代码存储）、TID（标签识别号存储）和 User（用户存储）4 个独立的存储区块（Bank）。图 3-3 为 EPC Gen2 标签的存储结构。

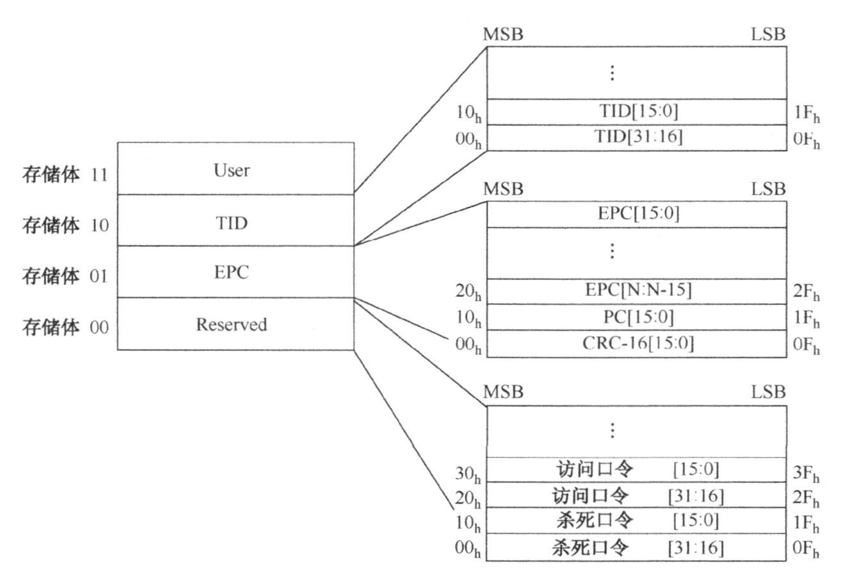

图 3-3 EPC Gen2 标签的存储结构

1. Reserved（保留内存）区

保留内存是存储电子标签密码（口令）的部分。包括杀死口令（Kill Password）和访问口令（Access Password）。杀死口令和访问口令都占 4 字节。其中，杀死口令的地址为 00h ~ 1fh，访问口令的地址为 20h ~ 3fh。

2. EPC（电子产品代码存储）区

EPC 区存储电子标签的 EPC 号、PC（协议-控制字），以及这部分的 CRC-16 校验码。其中，CRC-16 的地址为 00h ~ 0fh，2 字节，CRC-16 为本存储区块存储内容的 CRC 校验码。PC 的地址为 10h ~ 1fh，2 字节，16 位。PC 表明电子标签的控制信息。

10h ~ 14h 位：电子标签的 EPC 代码数据长度

$=00000_2$：为 0 个字，0 位 EPC 代码

$=00001_2$：为 1 个字，16 位 EPC 代码

$=00010_2$：为 2 个字，32 位 EPC 代码

$=00011_2$：为 3 个字，48 位 EPC 代码

$=00100_2$：为 4 个字，64 位 EPC 代码

$=00101_2$：为 5 个字，80 位 EPC 代码

$=00110_2$：为 6 个字，96 位 EPC 代码

...

$=11111_2$：为 31 个字，496 位 EPC 代码

15h ~ 16h 位（保留位，00_2 表示 Class1 标签）：RFU $=00_2$

17h ~ 1fh 位（保留位）：$=000000000_2$

EPC 代码：若干个字，由 PC 的 10h ~ 14h 位值来指定，EPC 为识别标签对象的电子产品代码。EPC 存储在以 20h 地址开始的 EPC 存储器内，MSB 优先。每类电子标签（不同厂商或不同型号）的 EPC 号长度可能会不同。用户通过读 EPC 区命令来读取 EPC 代码。

3. TID 区

该存储区存储标签识别号码，每个 TID 号码都在标签出厂时设定，是全世界唯一的。每个生产厂商的 TID 号都不同。一般来说，TID 存储区的长度为 4 个字，8 字节。但有些电子标签的生产厂商提供的 TID 区为 2 个字、5 个字或更多。用户在使用时，须根据自己的的需要选用相关厂商的产品，标签 TID 在标签出厂时已不可改写，所以在该区域进行锁定等操作并无影响。

4. User 区

该存储区用于存储用户自定义的数据。用户可以对该存储区进行读、写操作。该存储区的长度由各个电子标签的生产厂商确定。每个生产厂商提供的电子标签其用户存储区的容量会有所不同。存储容量大的电子标签会贵一些。用户根据自身应用的需要，来选择适当存储容量的电子标签，以降低标签的成本。

3.3.4 EPC Gen2 电子标签的信息安全机制

EPC Gen2 电子标签的信息安全通过密码、锁、加密三种措施来保证。

1. 密码保护

在 Reserved（保留内存）区存储电子标签密码（口令），包括杀死口令（Kill Password）和访问口令（Access Password）。

1）杀死口令（Kill Password）

杀死口令也叫灭活口令，在有些情况下为了保证信息和隐私的安全，需要启动电子标签的自损功能。例如在服装行业等领域，由于涉及顾客的安全隐私，可以在适当环节（例如购物结算时）使用 kill 命令，将标签永久性灭活。

要永久性灭活电子标签，必须首先保证"kill"密码为非默认值（默认为 32 位全 0），并且输入正确的灭活口令（Kill Password）才可以执行"kill"命令。对标签执行"kill"操作后标签进入"killed"（失效）状态。该状态标签不再产生调制信号，从而永久失效，并不可逆转，如图 3-4 所示。

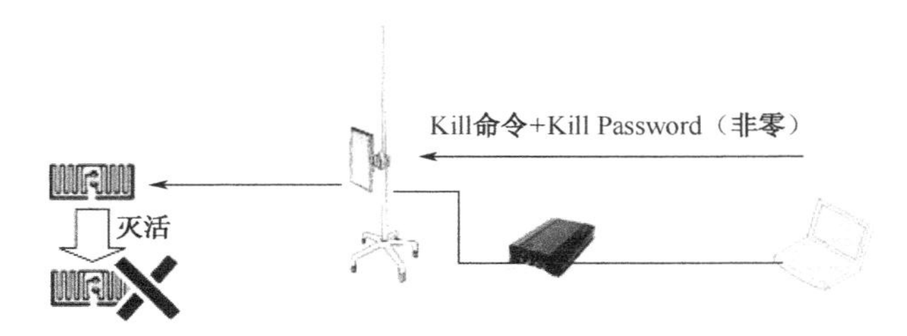

图 3-4 用灭活口令（Kill Password）来灭活电子标签

如果标签的灭活口令为默认值（32 位全 0），此时主机尽管发送"kill"命令，但标签本身不执行"kill"灭活操作，不执行灭活口令的标签仍然可以起作用。注意如果其密码为全 0 且被永久读写锁定，标签就无法实现灭活功能。

2）访问口令（Access Password）

在用户输入访问口令（Access Password）正确的情况下，用户可以对标签各个区域进行锁定（lock）、解锁（unlock）、永久锁定（perma-lock）、永久解锁（perma-unlock）操作，如图 3-5 所示。

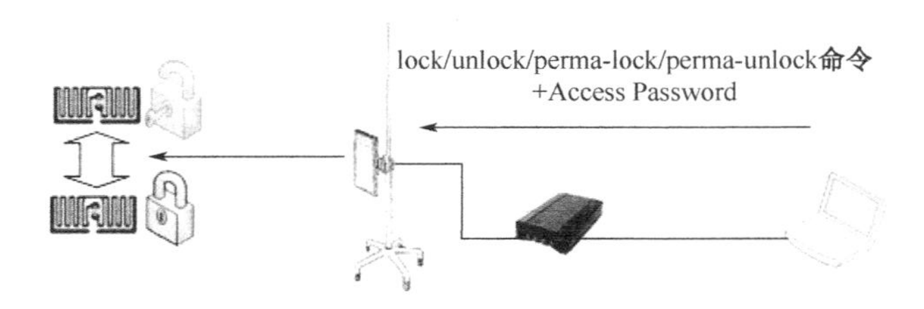

图 3-5 访问口令（Access Password）用来加锁和解锁电子标签

访问口令（Access Password）的非 0 和全 0 对标签的数据读写有着较大的影响。首先根据访问口令的全 0 和非 0，标签状态可分为保护状态（secured）和开放状态（open），当访问口令为全 0 时，标签处于保护状态（secured）。当访问口令非 0 时，标签处于开放状态（open）。根据标签区域的锁类型，有的读写访问要求标签处于保护状态（secured）。要从开放状态（open）迁移到保护状态（secured）需要输入正确的访问口令，如图 3-6 所示。

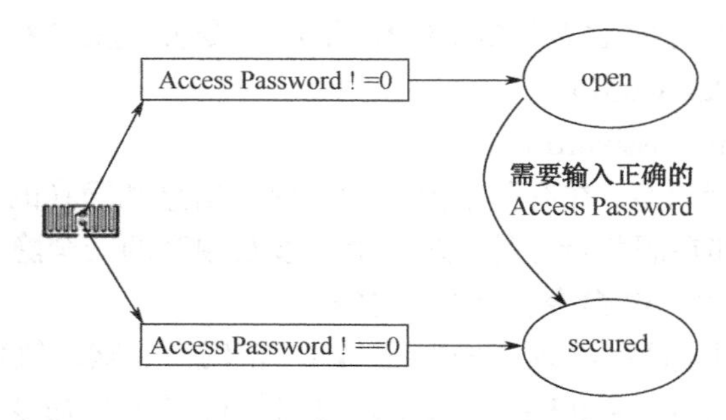

图 3-6　开放状态（open）要迁移为保护状态（secured）需要输入正确的访问口令

2．标签的锁类型

标签锁类型分为解锁（unlock）、锁定（lock）、永久解锁（perma-unlock）、永久锁定（perma-lock）4 种类型。

标签锁类型和标签各个存储区块之间的可读写关系见表 3-3。

表 3-3　标签锁类型和各个存储区块之间的可读写关系

存储区域	锁类型	读写控制
EPC 区 TID 区（只读） User 区	解锁（unlock）	无需访问口令，可以对存储器进行读写
	锁定（lock）	标签保护状态下（即访问口令全 0）无需访问口令可以进行读写；开放状态下（即访问口令非 0）不可写，需要输入正确的访问口令迁移到保护状态
	永久解锁（perma-unlock）	无需访问口令可以对存储器进行读写，而且处于永久可改写状态，无法再执行其他任何锁操作，即该状态不可逆
	永久锁定（perma-lock）	可读但永久不可写，无法再执行其他任何锁操作，即该状态不可逆
Reserved 区 （Kill Password） （Access Password）	解锁（unlock）	无需访问口令可以对存储器进行读写
	锁定（lock）	标签保护状态下（即访问口令全 0）无需访问口令可以进行读写；开放状态下（即访问口令非 0）不可写，需要输入正确的访问口令迁移到保护状态
	永久解锁（perma-unlock）	无需访问口令，可以对存储器进行读写，而且处于永久可改写状态，无法再执行其他任何锁操作，即该状态不可逆
	永久锁定（perma-lock）	永久不可读不可写，无法再执行其他任何锁操作，即该状态不可逆

3．数据的加密

从表 3-3 中可以看出标签 EPC 信息及 TID、User 区数据始终可以被读取，而标签本身没有数据的加解密功能。所以，如果不希望有人读取数据并分析窃取信息，可以在写入和读出信息时由主机进行数据的加解密操作。

要实现 EPC Gen2 电子标签的最高信息安全状态，可执行如图 3-7 所示操作。

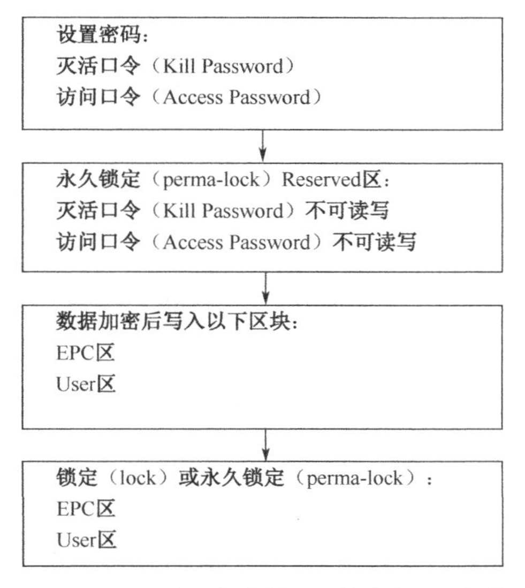

图 3-7 EPC Gen2 电子标签的最高信息安全状态的设置

3.4 有源 RFID

根据电子标签供电方式可以分为有源电子标签（Activetag）和无源电子标签（Passivetag）。有源电子标签内装有电池，无源射频标签没有电池。对于有源电子标签来说，根据标签内电池供电情况不同又可细分为有源电子标签（Activetag）和半无源电子标签（Semi-passivetag）。RF-CARD 如图 3-8 所示。

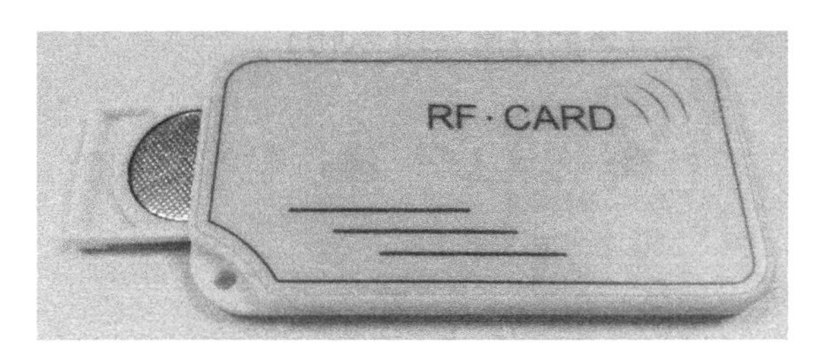

图 3-8 RF-CARD

3.4.1 有源 RFID 的应用

1. 有源 RFID 技术在 ETC 系统上的应用

将存储有车型、车号、金额、有效期等信息的射频电子标签卡安装在汽车前方挡风玻璃内侧的左下角。当持卡车辆进入不停车收费车道时，车辆感应器会感应到来车的信号，然后激发 RFID 的读写器来读取此车的射频标签信息，同时系统会自动检测来车的实际车型，利用微波自动识别技术，可以利用系统用来自动交费而不需要人工进行操作（图 3-9）。

图 3-9　RFID 技术在不停车收费上的应用

从射频识别卡中采集到的数据送到车道控制计算机进行分析比较。当识别卡的车号不在黑名单内、识别卡中记录的车型与设备判别的车型一致、车辆通过时间在识别卡的有效范围内、剩余的金额比应缴的金额大，则该卡被认为是有效卡，如果有一项不符合，此卡被认定为无效卡。如来车所持卡为有效卡，则通行信号灯由红色变为绿色，信号灯呈绿色直行标志，自动栏杆抬起。当来车离开 EXIT LOOP 的检测范围后，通行信号灯由绿色变为红色，信号灯熄灭，自动栏杆关闭。若来车所持卡为无效卡，则通行信号灯呈红色，自动栏杆关闭。如果来车无卡驶进 ETC 专用车道时，系统判别是无卡车，信号灯熄灭，自动栏杆关闭，当强行驶进时，系统自动报警。

ETC 是 RFID 中的一个分支。现在一般用有源 2.45GHz，这个频段的特点是识别距离远，缺点是标签带有电池，成本较高，需要定期更换电池。

2．有源 RFID 技术在物流中的应用（图 3-10）

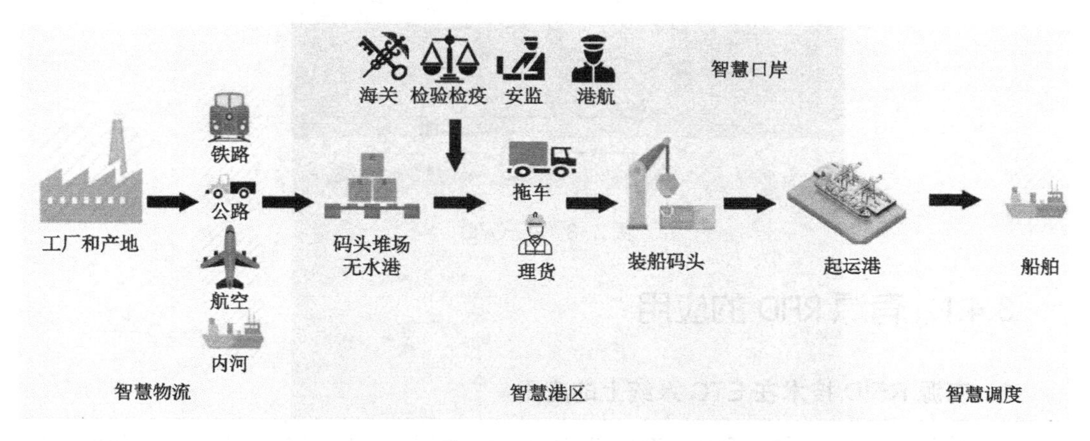

图 3-10　有源 RFID 技术在物流中的应用

佐治亚港务局目前正在实施一个基于 RFID 技术的自动码头资产管理系统项目，在自动码头资产管理系统中，佐治亚港务局将购买 7500 个 RFID 标签，分别分发给进入港口的当地货运公司。这些标签编有唯一的 ID 号，货运公司将这些标签粘贴在他们卡车的驾驶室内，通过应用软件将这些标签的 ID 号与他们卡车的 ID 号关联起来。当卡车进入 RFID 识别入口时，RFID 读写器从标签中采集卡车的信息，并将这些信息传给后台系统，然后卡车将通过 RFID 标签感应入口，在这里读取集装箱号，通过中间件与后台系统进行通讯。在自动码头资产管理系统中，信息被前后对照与校验。然后在道口处打印出一张给司机指示说明的票据。以前，这个过程都是人工操作，道口的工作人员看集装箱号，通过对讲机与卡车司机进行沟通来完成这个过程。没有实现自动化以前，一般需要 10 到 15 分钟一辆卡车才能通过道口。一旦应用自动码头资产管理系统，一辆卡车可以以 10km/h 的速度通过 RFID 识别入口，然后道口工作人员开始对卡车进行核准，减少了在道口的口头交流，因此卡车可以很快地折返，同时提升了道口卡车处理的能力。

在通过道口后，司机将车开到指派的集装箱操作设备处（例如一个轮胎吊），安装在吊车上的读写器读取集卡驾驶室中的标签，卡车的 ID 号与后台系统中准确的集装箱号相对应，进一步给出指示，通过驾驶室中的数据终端将该集装箱应该放在什么位置告知轮胎吊的驾驶员。集装箱被存放在堆场内，它的最终位置将在系统后台中进行升级。RFID 读写器或标签被安装在各种不同的吊车、叉车上，这些装置将集装箱运送到火车上或船上，所有校验集装箱的过程都不可缺少 RFID 设备的帮助。

3.4.2 有源 RFID 相关技术

1. 有源 RFID 系统组成

有源 RFID 系统主要由读写器、有源电子标签、计算机管理系统组成（图 3-11）。

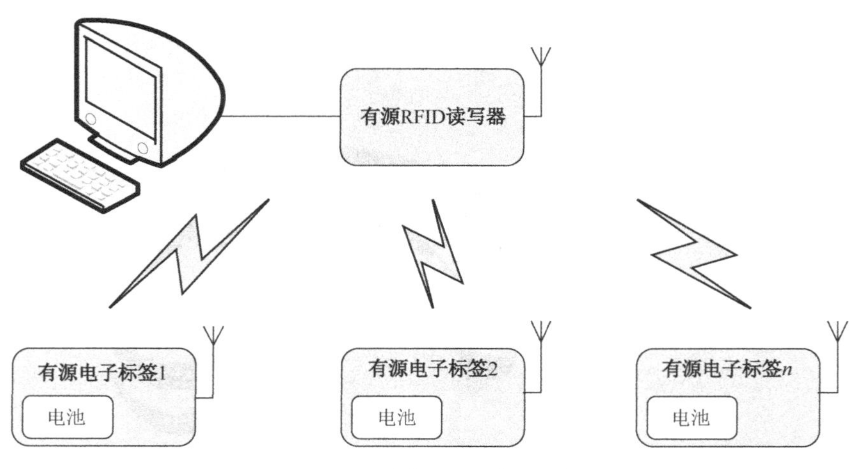

图 3-11 有源 RFID 系统组成

1）有源 RFID 读写器（图 3-12）

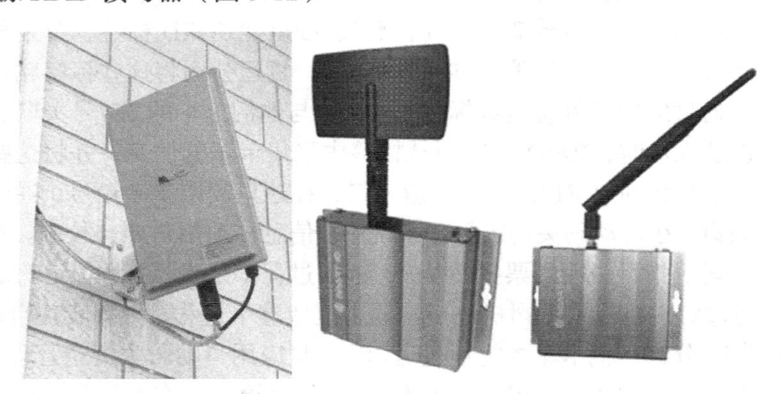

图 3-12　有源 RFID 读写器

读写器是对 RFID 标签进行读写操作的设备，主要包括射频模块和数字信号处理单元两部分。读写器是 RFID 系统中最重要的基础设施，一方面，RFID 标签返回的电磁信号通过天线进入读写器的射频模块中转换为数字信号，再经过读写器的数字信号处理单元对其进行必要的加工整形，最后从中解调出返回的信息，完成对 RFID 标签的识别或读写操作；另一方面，上层中间件及应用软件与读写器进行交互，实现操作指令的执行和数据汇总上传。在上传数据时，读写器会对 RFID 标签原子事件进行去重过滤或简单的条件过滤，将其加工为读写器事件后再上传，以减少与中间件及应用软件之间数据交换的流量，因此在很多读写器中还集成了微处理器和嵌入式系统，实现一部分中间件的功能，如信号状态控制、奇偶位错误校验与修正等。

有源 RFID 读写器分类如下：

（1）有源 RFID 读写器一般按照接口的方式进行划分，可分为串口型、网口型、CAN 总线型等。

（2）按照有源 RFID 读写器的形式可以分为固定式 RFID 读写器、手持式 RFID 读写器、天线 RFID 读写器一体机。

2）有源电子标签（图 3-13）

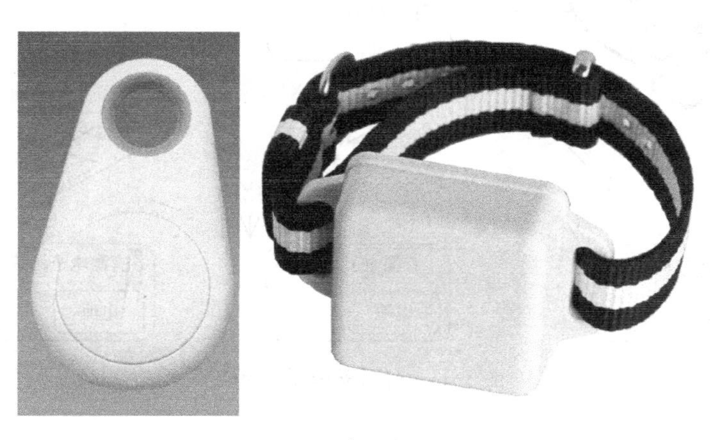

图 3-13　有源电子标签

有源电子标签又称主动标签，标签的工作电源完全由内部电池供给，同时标签电池的能量供应也部分地转换为电子标签与阅读器通讯所需的射频能量。

半无源射频标签内的电池仅对标签内要求供电维持数据的电路或标签芯片工作所需电压提供支持。标签未进入工作状态前，一直处于休眠状态，相当于无源标签，标签内部电池能量消耗很少，因而电池可维持几年，甚至长达 10 年；当标签进入读写器的读出区域时，受到读写器发出的射频信号激励，进入工作状态，标签与读写器之间信息交换的能量支持以读写器供应的射频能量为主（反射调制方式），标签内部电池的作用主要在于弥补标签所处位置的射频场强不足，标签内部电池的能量并不转换为射频能量。

无源电子标签（被动标签）没有内装电池，在读写器的读出范围之外时，电子标签处于无源状态，在读写器的读出范围之内时，电子标签从读写器发出的射频能量中提取其工作所需的电源。无源电子标签一般均采用反射调制方式完成电子标签信息向读写器的传送。

有源电子标签划分如下：

（1）有源电子标签按照工作频率可以分为 433MHz、900MHz、2.45GHz。

（2）按照通讯方式可以分为单向标签、双向标签。

（3）按照封装方式可以分为卡式标签、腕式标签、封条标签、钥匙式标签等。

2. 有源 RFID 的频段选择

众所周知，相同发射功率下，低频电磁波比高频电磁波的传播距离长。电磁波在媒质中传播时的衰减与其波长有直接关系，波长越短衰减越大。

例如，信号 A 传播 10m 后其功率衰减 10%，信号 B 的频率如果只有 A 的一半，则传播 20m 后，功率才衰减 10%。

因此，频率在 100MHz 以下的应该作为首选。尽管这样，100MHz 在使用上还存在许多实际因素的制约。使用低频的系统，如使用 13.56MHz，其信息的交互主要依靠电感耦合，但电感耦合的距离非常有限，最多只能达到 6m。当然，可以考虑一些能够支持远距离传输的电感耦合设备，但它们在抗噪方面不够理想。在复杂环境中，电磁波的传播与它的波长和频率有关。在仓库、车站和码头等地方，RFID 信号在有障碍物时能否有效地传播是非常重要的。更特别的是，这些障碍物大多都是金属的，如汽车和金属架等，电磁波通常无法穿透这些障碍物，只能依靠衍射来绕过它们。衍射的效果与电磁波的波长和障碍物的物理尺寸两者的比例有关系。

例如，选用 433MHz 的频段，其波长大约为 1m，能够较容易地绕过汽车和集装箱等大型的障碍物。如果选用 2.4GHz 的频段，其波长仅为 0.1m 左右，相应的衍射能力就有限多了，较使用前者的系统可能会多一些盲点，有效范围也会小一些。

尽管从纯理论角度看，100MHz 至 1GHz 频段内最适合用于 RFID，但 RFID 频段的选择还受各国无线管理规定的约束。

（1）功率限制：虽然与无源标签相比，有源标签的发射功率小很多，但采用不同频率时其发射功率仍然相差较大。例如，选用 433MHz 时，如果有效距离设定为 100m，那么发射功率要求 1mW 左右；若选用 900MHz，大致需要 100mW。

（2）工作时间：无源 RFID 的标签没有电源，依靠对读写器发射信号的反射来实现通信，所以必须连续工作。而有源 RFID 用自身的电池供电，可以支持远距离通信，因而标签和读写器的通信方式比较灵活。有源 RFID 数据通信的时间可以控制在 10%左右，当然也可以根据数据的传输速率和系统可靠性等指标的需要灵活调整。

（3）调制方式：调制方式在不同的频段的具体要求都不同。例如在 2.4GHz 频段，大多要求采用扩频通信。这些都会在一定程度上增加标签和整个系统的成本。根据我国在无线频段管理上的相关规定，能够使用的频段在 2.4GHz，且应该采用扩谱的调制方式，从而达到低功率的要求。

3. 有源 RFID 的通信方式

在有源 RFID 系统中，通信方式是最重要的一个环节，几乎左右了整个系统的性能，下面以 2.4GHz 频段为例，分别从调制方式、通信机制和数据帧结构三个方面对其进行讨论。

1）调制方式

因为 RFID 的数据量要求不高，一般而言，以每秒 20 个标签的阅读能力为限，假定阅读一次每个标签大约需要 1000 比特的数据量，那么总共的数据传输速率为 20kb/s，属于低速率通信的范畴。因此，传输时不需要使用调制效率很高的方式（如 16QAM 等）。另外，鉴于我国在 2.4GHz 频段（即 ISM 频段）上对于发射功率的要求，所以选择扩频的方式是最佳的。

2）通信机制

在通信机制的设计中需要兼顾两个问题：可靠性高和通信时间短。前者是由其应用的范围所决定的，因为 RFID 通常用于门禁、物流和交通收费等应用，其差错率要求在极小的范围内。后者主要是从功耗和检测速度上考虑的，如果通信时间长，势必标签的电池消耗大，将缩短标签的使用寿命；再者，通信时间短也能够提高单位时间内访问标签的数量，增强其实用性。为此，设计如下的标签工作机制。

该工作机制中定义了标签的四种工作状态：休眠态、信道查询态、半休眠态和通信态。

（1）休眠态：是指除定时器外，标签的所有部件均停止工作。

（2）信道查询态：是指标签被某事件唤醒后，查询信道上的有效阅读器信号。

（3）半休眠态：如果与其他标签发生碰撞，暂时休眠一段时间。

（4）通信态：建立了与读写器有效的连接，实现数据的传输。

大多数情况下，标签处在休眠状态。此时，标签上几乎所有的部件均停止工作，但定时器正常工作。当其计数到休眠唤醒时间后，将标签唤醒，进入信道查询态。处在信道查询态的标签，查询可能的信道，检测是否存在读写器发出的有效信号。如果存在，且 ID 检测标志为 0，则在相应的信道上发送申请信号，申请与读写器通信。当收到读写器返回的确认信号后，即建立了有效的连接，进入信道查询态。如果在一定的时间内没有收到读写器的回应，则认为与其他标签发生碰撞，根据一定的算法，休眠一段时间，即进入半休眠状态，等待再次唤醒。由此可见，半休眠态与休眠态之间的差别是两者的唤醒时间间隔不同，前者较短，而后者较长。如果读写器信号存在，且 ID 检测标志为 1，表示它已经被读写，立即返回休眠态。如果读写器信号不存在，则认为在读写器有效范围之外，立即进入休眠态。当半休眠态的标签被唤醒时，依然进入信道查询态。当标签进入通信态后，按照读写器所发送的命令，传送所携带的信息供读写器访问。通信结束后，标签进入休眠态。标签按照上述机制，便能够实现一次完整的通信。检测后，再进入休眠态的标签相应的 ID 检测标志为 1，这将阻止它与读写器之间通信。这种措施，主要是为了减少一个读写器对于同一个标签的多次访问，但如果该标志一直不变，将影响其他读写器对该标签的访问。因此，在休眠一定时间后，必须强行地将 ID 检测标志清 0。在通信态，如果在一定的时间中无法收到读写器的合法命令，通信失败，立即返回休眠态。

3）数据帧格式

在通信时，数据的帧格式如下：前导码用于接收机同步，接下来是数据部分，包括数据长度、数据负荷和校验数据。对读写器而言，数据负荷是状态、命令和相应的参数；对标签而言，数据负荷是其存储的信息。读写器的状态主要表示是否在进行标签数据传输，当读写器和标签建立起通信，该状态为 1，反之则为 0，这样可以在一定程度上减少碰撞。命令包含两大类：读数据命令和编辑数据命令，读数据命令在大多数情况下发送，完成数据查询功能；编辑数据命令仅在一些特定情况下使用，完成标签信息的生成。

4. 低功耗的设计

在有源 RFID 系统中，如何降低标签的功耗是一个关键技术。总结前面内容中相关的部分，大致有以下几点。

（1）信号的调制方式是 O-QPSK 且 I、Q 通道同时使用，在相同信息的条件下，传输时间缩短了，减小了功耗。

（2）采用扩频技术缩短了同步时间。

（3）采用半双工的工作方式，减少了功耗。

（4）由于调制方式相对简单，所以相应的电路功耗较小。

3.5 小结

- ✧ RFID 系统技术体系和标准
- ✧ EPC 系统的组成
- ✧ EPC global 组织制定的 EPC 技术体系标准概要
- ✧ 有源 RFID

本章主要讲述由 EPC global 组织制定的 EPC 技术体系标准，对其中的规范要点、规范特点、电子标签的存储结构、电子标签的信息安全机制进行了详细介绍，还介绍了有源 RFID 的应用及相关技术。

第4章

RFID 系统的时间策略与方法

导 学

- ◆ RFID 系统实践成败的要素
- ◆ RFID 系统的现场因素
- ◆ RFID 系统的规划、设计、实施

实施 RFID 系统是一个复杂的过程，这一过程大体上可分为 RFID 系统规划、RFID 系统设计、RFID 系统实施和 RFID 系统优化，基于 RFID 技术固有的技术特性，RFID 系统优化部分单独放到下一章来进行较详细的阐述，本章主要讨论 RFID 系统的规划、设计、实施的策略和方法。

4.1 RFID 系统成败的几个因素

失败是成功之母，总结 RFID 系统失败的案例，分析原因，可以很好地指导 RFID 系统的实践策略和方法。RFID 系统失败的主要因素可以归结为以下几点：

（1）系统硬件的选配不合适；

（2）系统可行性的调查和验证不充分；

（3）设备安装位置、场所不合适；

（4）系统构成设计不合理；

（5）系统设计数据量过大。

RFID 系统失败的原因也许很多，但主要问题一定和上述 5 个因素有关，下面详细分析这几个因素。

1. 系统硬件的选配不合适

很多情况下 RFID 系统失败的原因是没有恰当地选定适合系统的电子标签、读写器及配套设备。在没有充分分析和验证业务需求、RFID 对象物、使用形态和环境干扰的情况下，匆忙选择低成本容易购买的硬件设备，往往会导致整体 RFID 系统的失败。

2. 系统可行性的调查和验证不充分

系统可行性大致分为两部分，一部分是成本-效益分析，如果没有合理、缜密的成本-效益的预期，企业绝不会投入资金进行 RFID 系统的建设；另一部分是技术可行性分析，如果没有经过充分的现场实验和验证就进行系统设计是很危险的，RFID 的标签、读写器等设备很容易受使用环境的影响，如果仅凭厂家发表的性能指标就进行系统设计和配置，则注定要导致系统的失败。

3. 设备安装位置、场所不合适

RFID 读写器位置、天线的方位、电子标签的粘贴位置及粘贴方式等都对 RFID 系统的可靠性有很大的影响，如果导致识读率偏低、误码率偏高，则用户不会接受这样的 RFID 系统。

4. 系统构成设计不合理

天线和读写器的组合方式等系统构成，会影响系统的识读率和误码率，RFID 系统的对象物大多是移动物体，其位置和方位会不停变化，如果一根天线难以胜任可靠性要求，就可以考虑改变系统的构成，增加另一根天线，从物品的左右两侧读取标签，会改善系统的识读率、降低误码率。

5. 系统设计数据量过大

如果电子标签的设计数据量大，则会影响系统的可靠性，特别是写入数据需要对存储器进行块单位的消除和写入，时间要远远长于读取数据，而管理物品大多是移动物体，停留在读写器作用范围内的时间有限，容易造成数据写入失败，应尽量简化数据，缩短写入时间和读取时间。

分析 RFID 系统成败的原因，可以总结出 RFID 系统规划设计实施的关键要素，如图 4-1 所示。

从图 4-1 可以看出 RFID 系统有别于其他系统的一大特点是现场因素极大地影响整体系统的效能，无论是在系统实践的哪个阶段（规划、设计、实施、优化），都要认真考虑现场因素，因此在阐述 RFID 系统的各个实践过程之前，先考察一下 RFID 系统的现场因素。

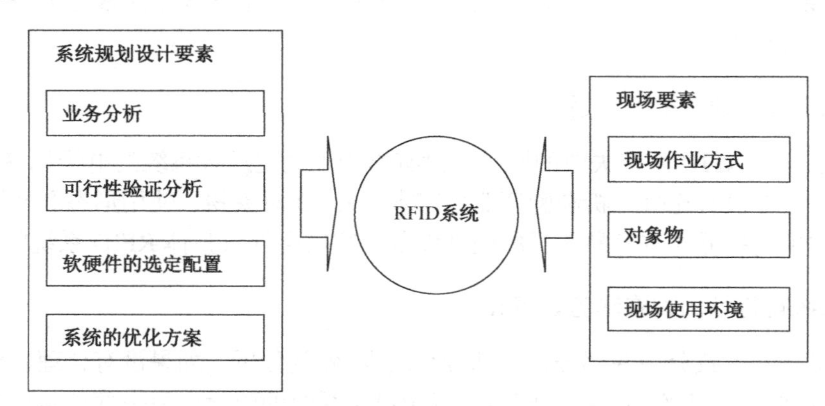

图 4-1　RFID 系统规划设计的关键要素

4.2　RFID 系统的现场因素

RFID 系统的现场因素可从 RFID 对象物、现场使用环境、现场作业方式这三方面来进行分析和考察。

4.2.1　RFID 对象物

RFID 对象物指的是直接粘贴 RFID 电子标签的物品，例如一个玩具商品，RFID 电子标签可以直接粘贴到玩具上，也可以粘贴到装有玩具的盒子上，也可能粘贴到玩具的货物托盘上，这时 RFID 对象物分别是玩具、盒子和托盘，构建 RFID 系统要从业务等方面考虑，首先要决定 RFID 电子标签的粘贴对象物品，即 RFID 对象物。

RFID 对象物的关键在于对象物的构成材料，特别是 RFID 的通信质量易受金属、水汽、温度的影响。

1. RFID 对象物为金属材料

RFID 射频信号极易受金属的影响，如果把普通电子标签直接粘贴到金属物品上，则完全不能读取标签信息。如果碰到必须要把电子标签粘贴到金属物品上的情况，则可以用以下两种方法（图 4-2）：

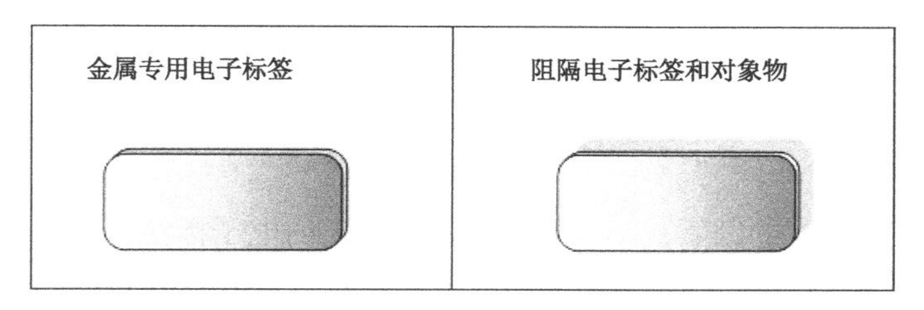

图 4-2 针对金属对象物的两种方法

（1）金属专用电子标签；

（2）电子标签和 RFID 对象物之间填塞阻隔物。

金属专用电子标签采用特殊材料和工艺制成，比普通的电子标签厚，成本较高。无法读取粘贴在金属物品上的电子标签信息的原因是金属会强烈反射电磁波，造成电磁波的紊乱，因此金属专用电子标签都做了特殊设计来减低电磁波的反射。

在电子标签和 RFID 金属对象物之间用塑料、电木等不易反射电磁波的材料进行阻隔或采用标签悬空方式也有一定效果。实际上，由于金属专用电子标签成本高，利用阻隔方法的用户很多，但在这种情况下，标签的粘贴会增加用工成本。

2. 水汽对 RFID 的影响

RFID 除了受金属的影响之外还易受到水汽（液体）的影响。如果 RFID 的对象物浸没到水里，就不能读取电子标签的数据。水汽的影响大致分为两种情况，一种情况是下雨或湿度大，电子标签和读写器的天线被滴上水滴，另一种情况是对象物本身含有较高水分。前一种情况比较好判断，可以用干布擦拭等办法进行处理，但后一种情况较难判断，比如对象是木制品，水分的含量可能随时变化，而这种变化工作人员难以发现。水汽影响 RFID 的主要原因是水滴会吸收超高频段以上电磁波（图 4-3），因此对于第二种情况也可采用在电子标签和 RFID 对象物之间利用塑料、电木等不易吸收水分的材料进行阻隔或标签悬空方式。

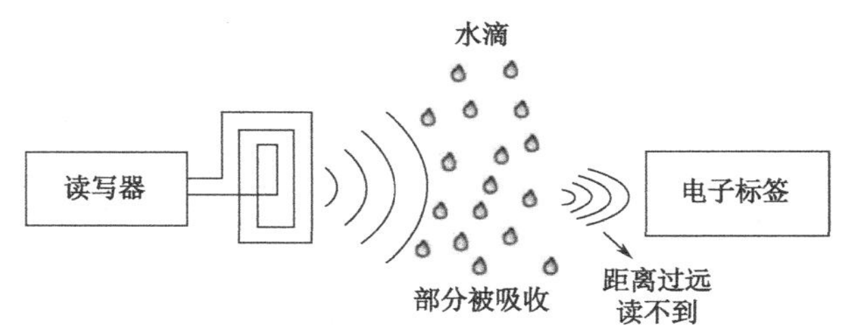

（a）电磁波被水分吸收（868～956MHz及2.45GHz、5.86GHz）

图 4-3 水滴会吸收超高频段电磁波

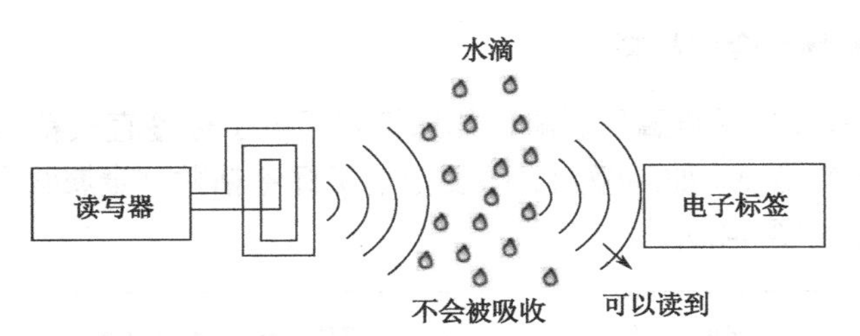

（b）电磁波不会被水分吸收（13.56MHz及小于135kHz）

图 4-3　水滴会吸收超高频段电磁波（续）

人们往往忽略温度的因素，一些廉价的塑料加工的电子标签虽然在-30～50℃条件下不会损坏，但和读写器进行正常通信的温度可能是0～50℃，如果这种标签用在冰箱或气温较低的地区就会出现问题。因此不但要和标签、读写器制造商确认产品的温度指标，而且还要进行标签在各个流通环节、环境温度下的性能验证。

4.2.2　RFID 现场使用环境

和 RFID 对象物一样，RFID 现场的周围物品、环境对系统的影响也不容忽视，如金属物品对电子标签有影响一样，把读写器天线安装到带有金属材料的墙壁上也会产生信号的衰减。甚至系统使用环境中的地板、墙壁、屋顶、周边仪器、周围电波、空间构造等都可能对 RFID 的通信产生影响和干扰。问题是这些影响和干扰很难找出确定的原因，这些影响因素的根源大致可分为以下两类：

（1）现场周围物体的电磁波反射；

（2）周围仪器的电磁波发射。

现场周围物体的电磁波反射最难分析原因，有时它会加强 RFID 的通信效能（如开阔的地板），有时反而会干扰 RFID 的通信，产生干扰的时候可用一些吸收电磁波的材料来遮挡，也可以改变布局来解决问题。

由周围仪器的电磁波发射引起的干扰比较容易找到原因，比如在微波频段的 RFID，很容易受到周围微波炉或无线网（WLAN）的干扰（其原因是它们使用的频率接近），只要搬走这些仪器，问题就能得到解决。

下面再考察一下 RFID 对人体的影响，虽然目前 RFID 还没有对人体影响的标准，但可以参考手机等无线通信设备领域的研究和限制条例。一些较大功率的超高频（UHF）段 RFID 读写器的输出功率可达到 4W，远远大于一般手机的 0.8W，手机因为对心脏起搏器等一些医疗器械有影响，在一些医院禁止使用，因此 RFID 也要注意在有些特殊区域不能使用。

另一方面人体对 RFID 也会产生影响，对 RFID 来说，人体就是一个巨大的水体，如果电子标签利用在人体上就要注意人体对 RFID 的影响，有趣的是人体的个体差异对 RFID 也会产生不同影响，肥胖的人影响大些，消瘦的人影响会小一些。因此 RFID 利用在人体或动物身体上的时候也要进行反复的测试和验证。动物管理 RFID 一般利用不易受水汽影响的低频或高频 RFID。

4.2.3 RFID 现场作业方式

现场作业方式中最重要的是业务流程对 RFID 标签的读写时间和读写方式的要求：

（1）对电子标签读写时间的要求。

（2）单标签、多标签读取要求。

物流、仓储、生产制造线等都是流水线作业，每个环节都有固定的时间限制，如果 RFID 电子标签的读写不能在固定时间内完成，就会影响流水线的作业效率。在这种情况下，就要考虑改善电子标签和读写器的性能配置，也可以考虑尽量简化读写数据，使得每一次通信的数据量减小，提高速度。

根据业务流程的不同，有些业务要求读写器能够同时读取多标签，比如智能商店的结账系统，商家希望顾客推购物车走出结账柜台时，读写器能够读取购物车内所有商品的电子标签来迅速结账，对于这种业务要求，必须要对标签、读写器的选定和现场进行测试，否则 RFID 系统只能成为摆设。

另外一个不得不提的问题是随着全球化的推进，必须要考虑 RFID 系统的跨国利用，由于不同国家的无线电频谱管制法的限制，RFID 的频率规定也有差异，如果利用 EPC Gen2 技术标准来采购设备和构筑系统，就可以满足 RFID 的跨国跨地区的使用，这也是 EPCglobal 积极推进 RFID 技术标准的目的。

在 RFID 系统规划设计之前，一定要进行 RFID 现场因素的调查分析，见表 4-1。

表 4-1 RFID 现场因素的调查

系统使用范围调查	➢ 是企业内部系统吗 ➢ 是国内系统吗 ➢ 是跨国系统吗
对人体的影响调查	➢ 医院等敏感场所吗 ➢ 电子标签载体是人或动物吗 ➢ 有相关法律的限制吗
使用现场温度调查	➢ 现场温度范围是多少 ➢ 标签保存温度要求是什么 ➢ 标签工作温度要求是什么
RFID 对象物调查	➢ RFID 对象物的材料是什么 ➢ 是金属物品吗 ➢ 是含水分的物品吗
使用环境调查	➢ 周围有金属物品吗 ➢ 周围有电波发射源吗 ➢ 现场空间格局是什么
工作流程要求	➢ 标签读写时间有要求吗 ➢ 是单标签还是多标签处理

4.3 RFID 系统的规划

建立 RFID 系统首先要明确系统建立的业务目标、分析技术可行性和成本，对设备提供商和系统集成商进行评估。所有这一切首先应从业务流程分析开始。

4.3.1 业务流程分析

企业和社会需要 RFID 系统的原因很多，比如提高管理运作效率、优化供应链结构、商品防伪、交通智能化等。总之，建立 RFID 系统的目的是实现业务的自动化和智能化。业务流程分析的方法通常采用画业务流程图的方法。

例如某连锁零售企业的商品配送业务描述如下：

这个连锁企业的仓库每天早上收到公司总部发来的商品配送指令，从仓库里分拣出要配送的商品，在下午四点之前完成配送商品的捆包。捆包完的商品放入纸箱，按不同店铺进行划分，放到货盘上。从下午四点开始进行货物配送，离仓库较近的店铺当天送到，较远的次日早上送到。

从这个描述中我们可以分解出两种业务流程，即仓库出货流程和店铺进货流程，如图 4-4 所示。

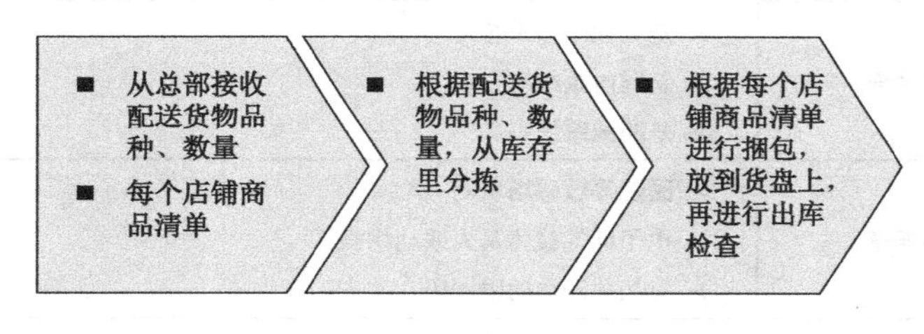

（a）仓库出货流程图

（b）店铺进货流程图

图 4-4 仓库出货/店铺进货业务流程图

如果把这个商品配送业务流程导入 RFID 系统，会有怎样的效果呢？业务流程会有哪些变化呢？同样可以画一个流程图来分析，如图 4-5 所示。

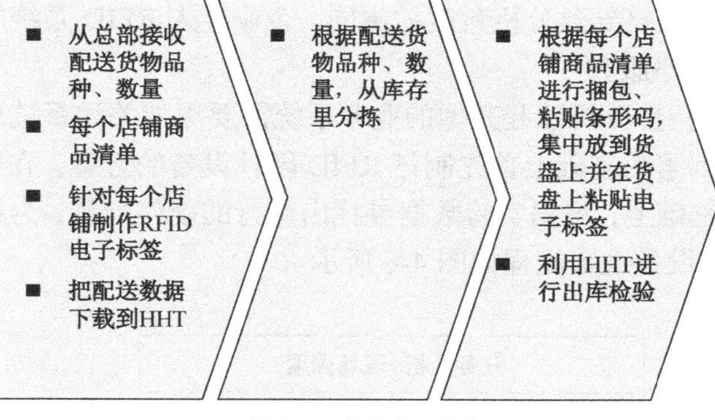

（a）利用RFID的仓库出货流程图

■ 向总部发送要补充的商品的清单
■ 把要进货的商品数据下载到HHT

■ 利用HTT，读取货盘电子标签和捆包的条形码，快速准确地检查配送的商品

■ 商品上货架

（b）利用RFID的店铺进货流程图

HHT是手持终端（Hand Held Terminal），这里指的HHT为进出货物检查仪，具有RFID、条形码的读取功能、数据存储能力、计算能力和通信能力

（c）HHT

图 4-5　利用 RFID 的仓库出货/店铺进货业务流程图

仓库和店铺对商品配送业务的核心要求是商品种类、数量的准确性和时效性，总部可能更多考虑配送业务的总体运输成本，虽然导入 RFID 系统需要一定投入，但会大幅度提高仓库的商品分拣准确性和店铺的进货检查效率，从而节省运输时间和成本。

通过业务流程图，可以明确系统业务目标，清晰地分解某个业务的技术节点，为进一步讨论和验证每个技术细节提供参考和细致的图表。

4.3.2　可行性分析

有了业务流程图，下一步就可以进行可行性分析了。可行性分析大体上可分为技术的可行性分析和成本-收益的分析。成本-收益的分析可在技术可行性分析之后或同时进行。

RFID 系统的成本-收益分析可把成本和收益单独列算，最后进行综合评估。

相比成本的核算，有时收益的核算往往更困难，因为收益核算方法和企业的经营战略有关，不同的经营战略导致分析角度的不同。企业导入 RFID 系统的最终目的是改善业务效率为其经营战略服务。

RFID 的技术可行性分析比起其他的业务系统需要更加关注系统现场因素的分析与评估。在分析现场因素的基础上首先制订 RFID 硬件设备的方案，在进行现场测试（或模拟测试）评估的基础上，根据实验数据寻找出可行的硬件配置，为系统的成本核算提供依据。RFID 硬件设备选定流程如图 4-6 所示。

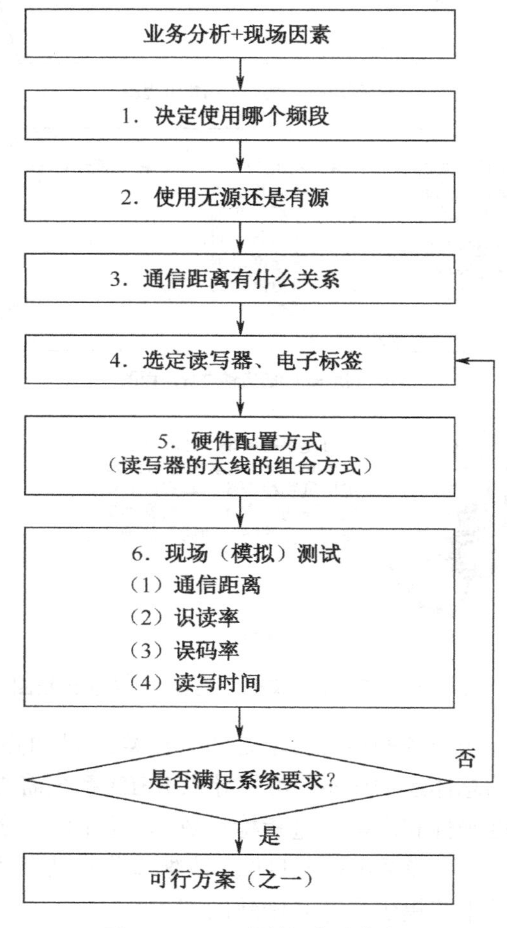

图 4-6　RFID 硬件设备选定流程

在实际选定过程中还有很多因素要考察和评估，例如设备的成本、RFID 设备供应商的服务支持能力等。4.3.1 节提到的连锁零售企业商品配送业务的 RFID 技术可行性分析流程如图 4-7 所示。

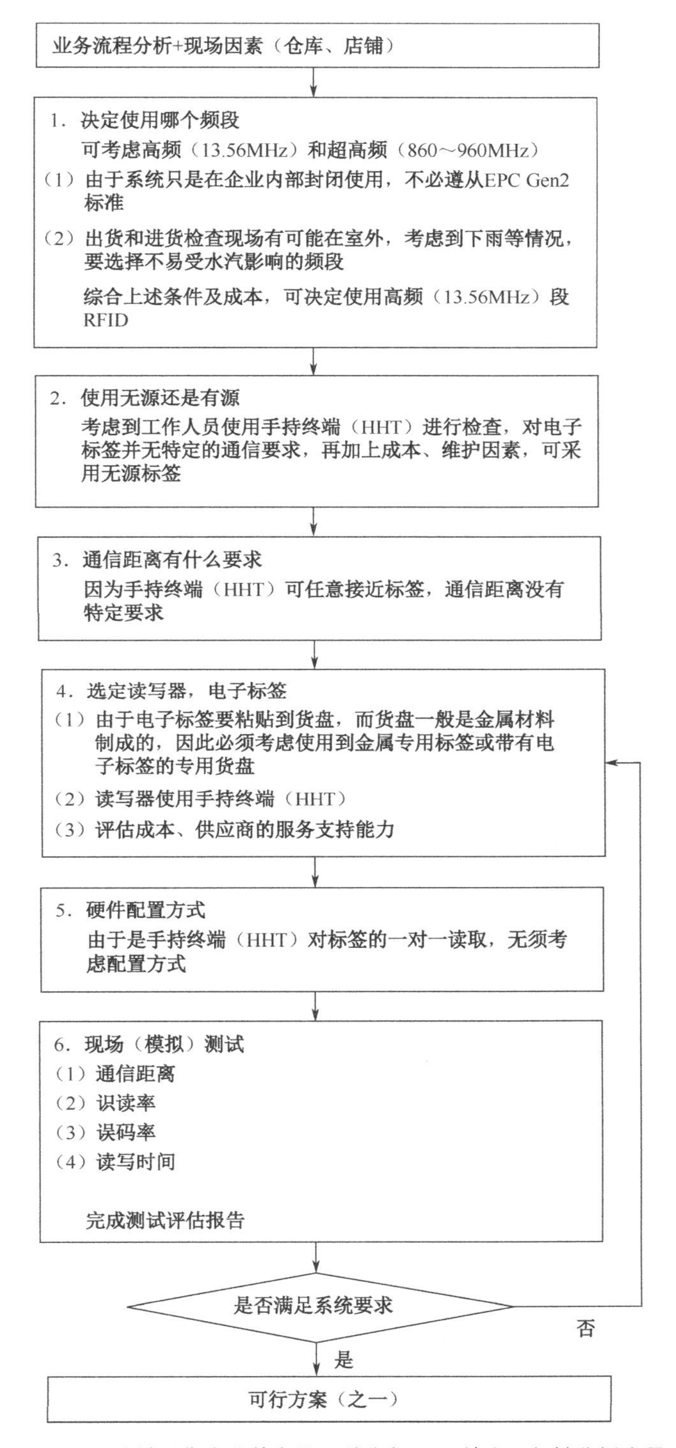

图 4-7 连锁零售企业的商品配送业务 RFID 技术可行性分析流程

4.4 RFID 系统的设计

RFID 系统的规划获得批准后，就可以进行 RFID 系统的设计，RFID 系统的设计过程大致分为需求分析、概要设计和详细设计。

需求分析需要在系统规划的基础上对业务流程和用户需求进行更加细致的分析（表 4-2），将用户的需求转化为完整的需求定义，再将需求定义转换为相应形式的规格说明。需求分析决定系统的基本功能、特点、属性，因此需要和用户一同收集、编写、协商和修改。现阶段大多数用户对 RFID 技术还是比较陌生的，和用户沟通必须要对 RFID 技术特点进行说明。

表 4-2　RFID 系统设计的需求分析

1. 需求采访	■ 决策领导、部门领导的要求 ■ 使用人员、维护人员的想法 ■ 现场业务的流程 ■ 要改善的业务关键点 ■ 对系统识读率、误码率的要求 ■ 系统安全性、跟踪性的要求
2. 流程分析与重组	■ 对现有流程进行细致的分析 ■ 以 RFID 的视角重组业务流程
3. 数据流的分析	■ 完成业务需要怎样的数据 ■ 电子标签里写入什么数据 ■ 数据的流向
4. RFID 对象物的仔细分析	■ 对象物的材质、形状、大小 ■ 对象物的移动速度、方向 ■ 对象物的作业方式
5. 使用环境的详细调查	■ 作业现场的周边环境、电器设备 ■ 作业现场的空间结构 ■ 温度、湿度 ■ 设备的安装空间
6. 与现有系统的融合	■ 与现有系统的融合时机 ■ 与现有系统的数据统一

概要设计的主要任务是决定系统的技术标准（ISO/EPC），把在需求分析中得到的需求定义转换为软硬件结构和数据结构，建立目标系统的逻辑模型。

（1）选择技术标准的依据是业务的需求和对标准的评估，如果 RFID 系统是企业或部门内部的封闭系统，就没有必要采用国际标准 ISO/EPC。

（2）设计软件结构的具体任务是将一个复杂业务系统按功能进行模块划分，建立模块的层次结构及调用关系，确定模块间的接口协议及人机界面等。

（3）硬件结构的具体任务是确定 RFID 标签、读写器、天线、网络设备的具体型号、数量，设计它们的拓扑结构和数据接口。

（4）数据结构设计包括 RFID 标签数据结构、中间件数据结构、应用程序数据结构及数据库的设计。

详细设计是对概要设计的软硬件结构和数据结构的细化，是系统开发人员和安装测试人员进行具体作业的依据。

（1）软件结构的细化：对软件系统进行详细的系统架构、模块算法设计，制订处理单元之间的输入输出格式，设计具体的人机交互界面等。

（2）硬件结构的细化：设计读写器、电子标签安装配置的具体参数，例如读写器天线的高度、方位、功率等，还包括硬件设备的设定、电源配置、安装尺寸、配套设备等。

（3）数据结构的细化：对标签、中间件、应用服务程序数据和数据库进行确切的物理结构定义。物理结构主要指数据库的存储记录格式、存储记录安排和存储方法。

如果没有实际的系统设计开发经验，会难以理解概要设计和详细设计的区别，下面举一个数据结构设计的例子来说明。如图 4-8 所示，这是一个管理学生个人信息的数据结构，图 4-8 左边是概要设计的内容，图 4-8 右边是对概要设计的细化，不难看出，概要设计只要设计出数据的关键因素即可，而详细设计要设计出详细的数据物理存储结构。

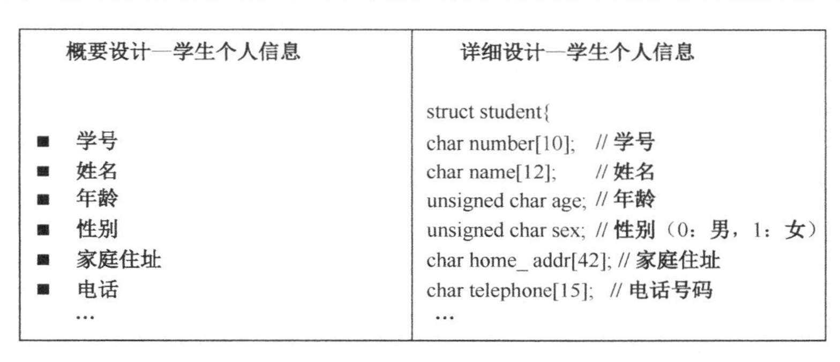

图 4-8 概要设计和详细设计

在 RFID 系统的详细设计过程中，相对于其他系统费工费力的环节是读写器天线的安装配置，配置几个天线、如何组合安装是影响系统可靠性的关键问题。图 4-9 是物流分拣线的几种天线组合安装方式的例子。

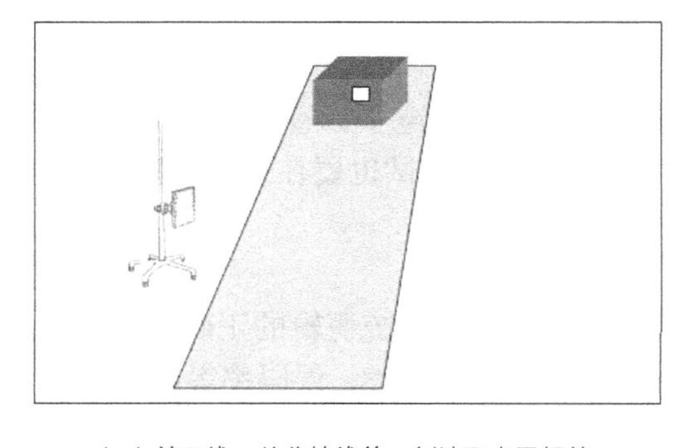

（a）单天线，从分拣线的一侧读取电子标签

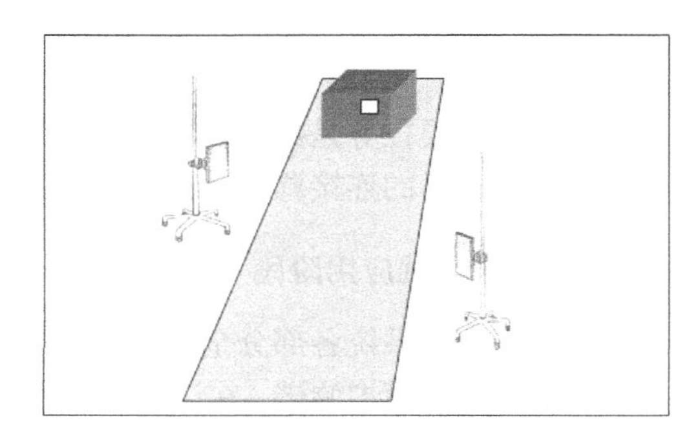

（b）单天线，从分拣线的两侧读取电子标签

图 4-9 物流分拣线的几种天线组合安装方式的例子

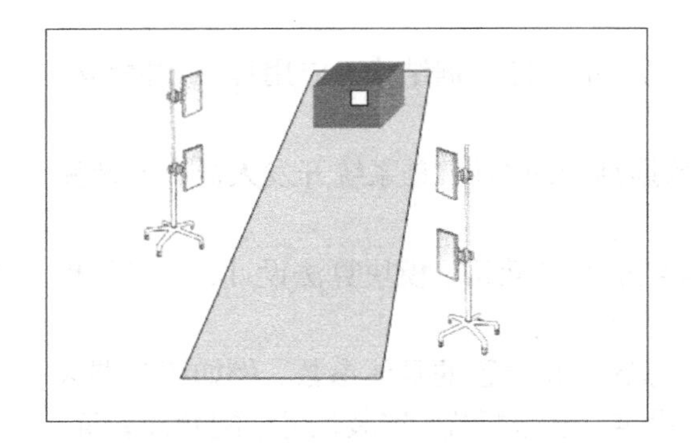

（c）四天线，从分拣线两侧的不同高度读取电子标签

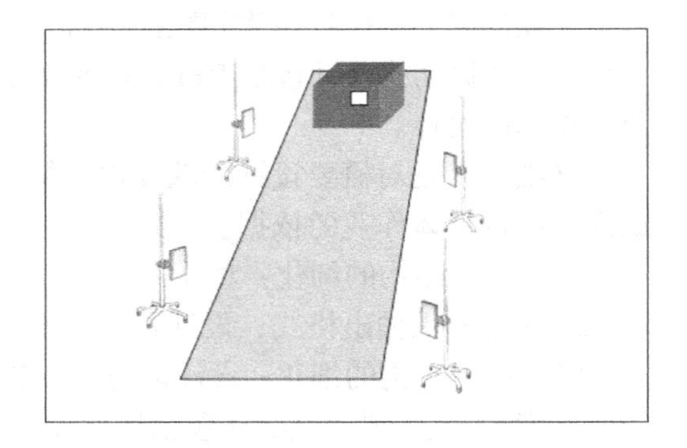

（d）四天线，从分拣线的两侧重复读取电子标签

图 4-9　物流分拣线的几种天线组合方式的例子（续）

具体哪种方式可靠性高，必须经过反复的现场模拟测试才能得出结论。实际上除了天线的组合安装因素，电子标签的粘贴位置、分拣线的移动速度、对象物的放置方向、天线到分拣线的距离及方向都会影响到 RFID 系统的识读率和误码率。

4.5 RFID 系统的实施

RFID 系统实施是一个复杂的工程，整体工程可分为三个阶段，如图 4-10 所示为 RFID 系统工程实施流程。

1. 系统规划设计阶段

该阶段主要任务是进行业务分析、需求分析、可行性分析和概要设计。在这个阶段系统设计人员一方面要广泛接触用户单位的领导、业务人员、技术人员和现场作业人员，听取他们的需求并进行协商，另一方面要详细了解系统的现场使用环境并进行实地测试，提取测试数据。在充分的业务需求分析和可靠的试验数据的支撑下，完成电子标签、读写器、网络设备的选定，确定 RFID 系统的总体设计方案。

2. 实际的开发制造阶段

该阶段主要任务是数据和算法的具体设计和程序的编写，电子标签数据的烧写，读写器、网络设备的连接调试都在这个阶段完成。单体模块的测试也要在这个阶段完成。

3. 系统测试应用阶段

该阶段要把系统各部分全部连接起来进行综合测试，确认系统逻辑的正确性。RFID 系统一定要进行模拟测试，在试验室里模拟现场环境，进行识读率、误码率等数据的提取，还应注意在模拟测试通过后把设备移到现场安装，首先进行现场测试和优化，确认系统运行正常后才能把现行业务切换到 RFID 系统中实施上线。

有关 RFID 系统的规划、设计和实施，在本书的第 7 章里有典型案例。

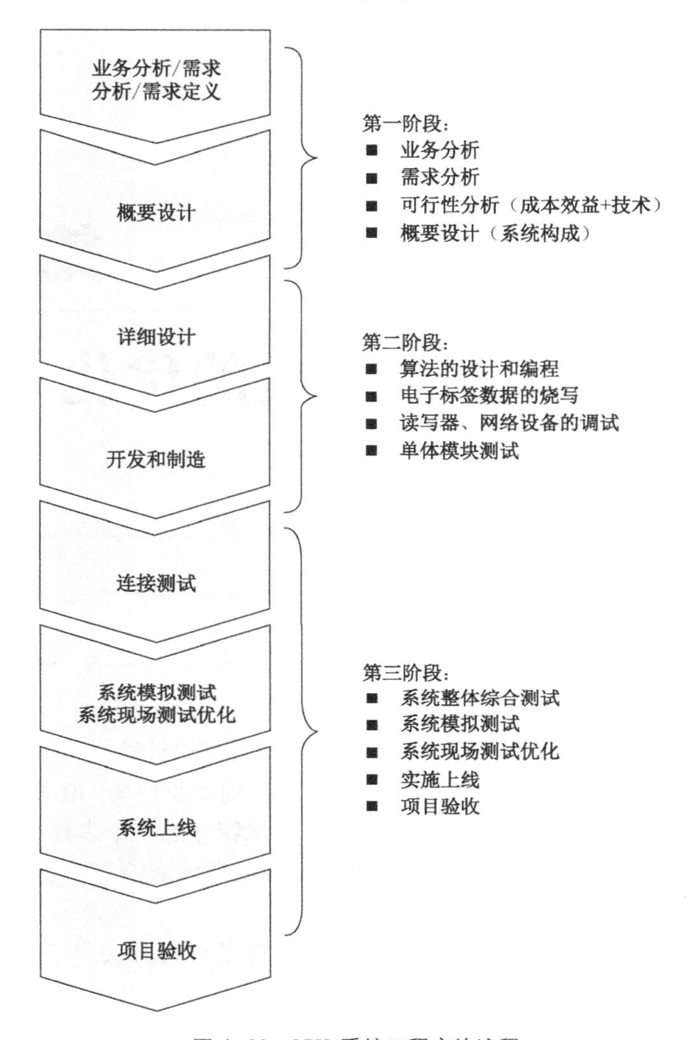

图 4-10　RFID 系统工程实施流程

4.6 小结

✧　RFID 系统实践失败的主要因素

✧　RFID 系统的现场因素可从 RFID 对象物、现场使用环境、现场作业方式这三方面来进行分析和考察

✧　RFID 系统的规划、设计、实施等

实施 RFID 系统是一个复杂的过程，这一过程大体上可分为 RFID 系统规划（业务流程分析和可行性分析）、RFID 系统设计（RFID 系统的设计过程大致分为需求分析、概要设计和详细设计）、RFID 系统实施（系统规划设计阶段、实际的开发制造阶段、系统测试应用阶段）。

第 5 章

RFID 系统的优化

导 学

- ◆ RFID 系统的优化
- ◆ RFID 系统的性能评价

RFID 系统易受现场环境的影响，在 RFID 系统规划设计阶段，虽然进行了技术可行性分析和测试，但往往会出现一旦把整体系统安装到作业现场，电子标签和读写器的通信性能达不到设计要求的现象，这也是 RFID 技术特点的一个表现。RFID 系统优化是使系统较好地和现场环境相协调，尽可能减少现场环境影响和干扰的工程手段和方法，是 RFID 系统实施的一个重要环节。

本章将从以下三方面来介绍优化手段和系统性能的评价方法。

（1）硬件系统的优化；

（2）软件系统的优化；

（3）其他优化技术手段。

5.1 RFID 硬件系统的优化

一旦出现根据系统规划和设计开发的系统到现场性能达不到设计要求时，首先要考虑硬件系统的优化。

RFID 硬件系统的优化可以从以下三方面进行：

（1）读写器、天线的组合方式及安装位置的优化；

（2）电子标签的粘贴方式和粘贴位置的优化；

（3）读写器的输出功率的优化。

实行 RFID 硬件系统优化的目的：

（1）获得最佳通信距离和通信范围；

（2）提高识读率、降低误码率。

5.1.1 读写器、天线的组合方式及安装位置的优化

在系统的详细设计阶段通过模拟测试，设计出读写器、天线的组合方式，但到具体的现场环境由于标签粘贴位置、对象物的方位、移动速度等微小变化会给 RFID 通信造成影响，需要进行优化调整。

读写器、天线的组合方式及安装位置的优化，可按以下步骤进行。

1. 调整天线的位置和朝向

调整天线位置和朝向的方法是左右移动天线的支架，调整天线的朝向使天线的正面正对电子标签正面的时间较长，每一次移动和调整要详细记录数据，最后进行总体数据分析，找出最佳位置和朝向，如图 5-1（a）和图 5-1（b）所示。

2. 改变天线的组合方式

如果调整天线位置和朝向的方法还不能满足系统性能的要求，就要考虑改变天线的组合方式，例如增加天线等，如图 5-1（c）所示。

3. 查找读写器和服务器（计算机）之间的通信情况

读写器和服务器（计算机）之间的通信情况往往容易被忽略，实际上如果读写器和服务器（计算机）的连接线屏蔽性能不好，也会受到 RFID 的电磁波的干扰。如果认为所有问题都在读写器和电子标签上，就有可能难以查到真正的原因。RFID 读写器和服务器（计算机）的连接线应注意采用屏蔽性能好的连接线，如图 5-1（d）所示。

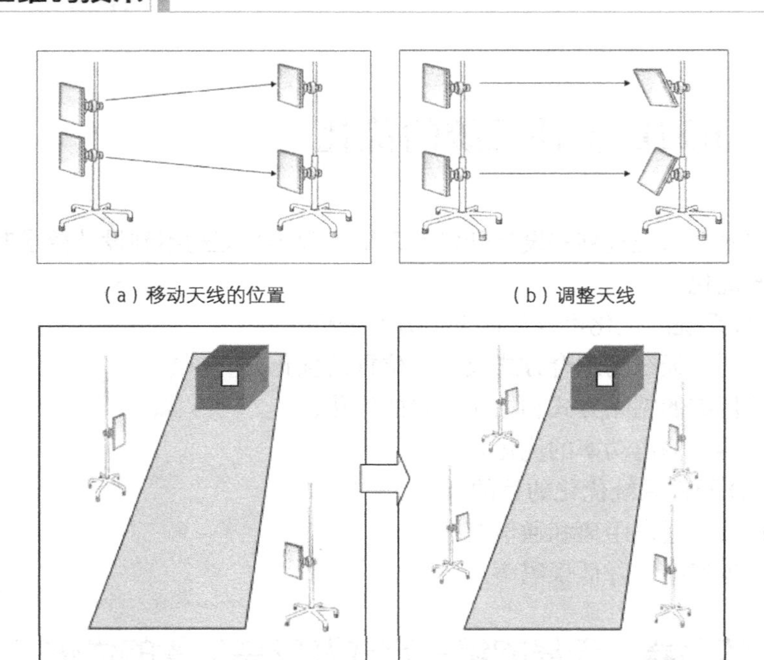

（a）移动天线的位置　（b）调整天线

（c）改变天线的组合方式

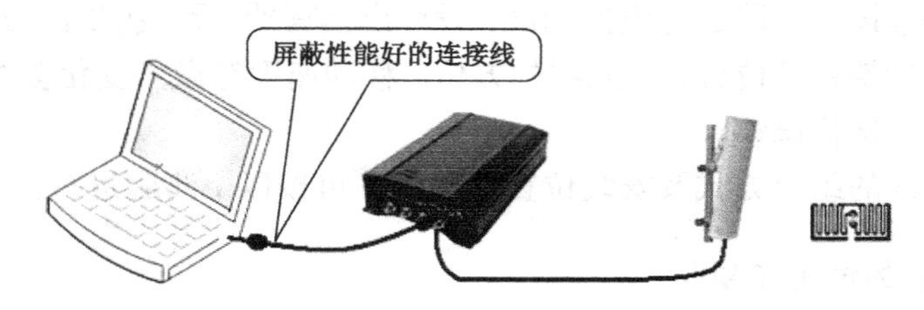

（d）读写器和计算机的连接要采用屏蔽性能好的连接线

图 5-1　读写器、天线的组合方式及安装位置的优化

5.1.2　电子标签的粘贴方式和粘贴位置的优化

电子标签的粘贴方式和粘贴位置会影响通信效果。特别是对象物为金属材质或含有水分的物品。电子标签的粘贴方式大体上可划分为以下几种（图 5-2）：直接粘贴、垫上垫圈固定、用细绳挂住及其他方式（内嵌等特殊方式）。

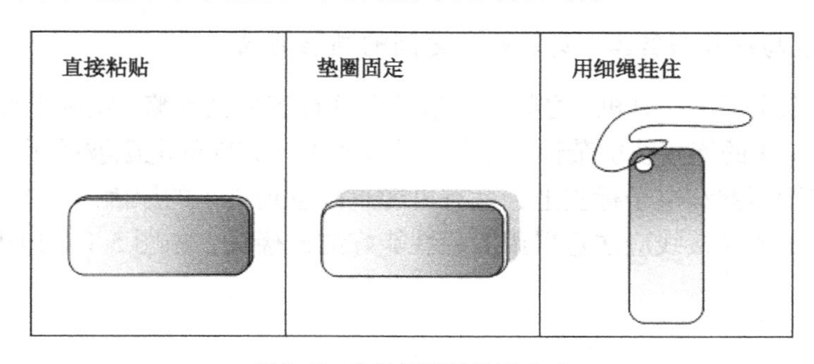

图 5-2　电子标签的粘贴方式

如果电子标签的通信效果不理想,则首先要仔细分析粘贴对象物的材质(金属成分、含水分等),重新检查标签粘贴方式。采用垫圈固定的电子标签,要仔细分析垫圈的厚度和大小,如果垫圈的厚度过薄或尺寸过小,则其阻隔作用就不明显。

调整粘贴方式后,如果效果还不够理想,则可以考虑调整电子标签的粘贴位置,把电子标签粘贴到对象物的不同位置,使用读写器测试通信效果,查找出最佳粘贴位置,如图 5-3 所示。

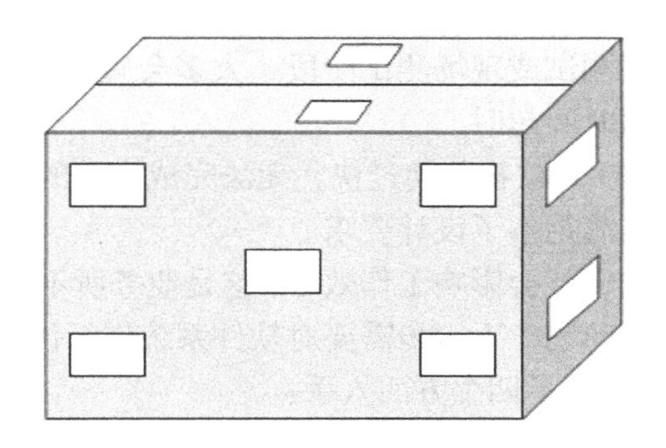

图 5-3 标签的粘贴位置会影响通信效果

理论上讲,最佳标签粘贴位置应满足以下条件,即标签正对读写器天线正面的时间最长,标签在读写器作用范围内的时间最长。

但在实际粘贴过程中很难用肉眼来判断,只能用不同位置的测试结果进行比对。

如果是多标签读写的情况,则会更复杂一些。读写器的多标签读取功能一般都有标签数量的限制,要注意检查现场标签的数量是否超过读写器读取的限度。

5.1.3 读写器输出功率的优化

读写器的输出功率可通过厂商提供的设置软件工具进行设置。在同一环境下,输出功率越大读写器的作用范围也越大,如图 5-4 所示。但并不是说输出功率越大其通信效能就强,如果周围有金属材质的物品,读写器输出功率的增大会增强反射波,反而导致通信效能的降低。通信范围的扩展也会对其他设备产生不必要的干扰,另外值得注意的是某些特大功率的读写器(如功率为 4W)如果长时间以最大功率发射电磁波,有可能损害周围工作人员的身体健康。因此调节输出功率的原则是在满足系统运行所需通信效能(距离、范围)的前提下,尽量选择小功率输出。

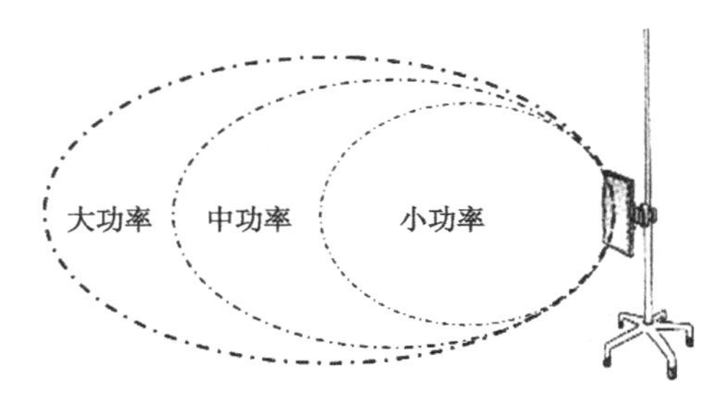

图 5-4 读写器的输出功率和作用范围

5.2 RFID 软件系统的优化

通过硬件系统的优化可以调整和改善 RFID 的通信距离和读写器的作用范围。但要改善和提高系统整体效能，需要在硬件系统优化的基础上对软件系统进行优化。硬件系统优化可以理解为系统物理层面的优化，而通信方式和流程控制是由软件来完成的。

事实上，在系统模拟测试或现场测试阶段，大多会碰到如下的棘手问题：

（1）电子标签的读写时间超时；

（2）流水线上的 RFID 对象物移动过快，无法完成完整的读写；

（3）多标签读写性能满足不了设计要求。

如果把流水线速度调慢就会影响工作效率，这是业务所不允许的。硬件系统的单独优化往往不足以解决全部问题，下一步需要对软件系统进行优化。

RFID 软件的优化可从以下四个方面入手：

（1）读写器读写模式和方式的优化；

（2）命令序列的优化；

（3）读写重试次数的优化；

（4）读写数据格式的优化。

其中，前三项的优化可通过读写器厂商提供的 API 命令来进行设置和编程，读写数据格式的优化需要认真分析业务需求和电子标签的存储结构后进行详细设计。

5.2.1 读写器读写模式和方式的优化

在 2.3 节简要介绍了读写器的两种读写模式和两种读写方式。下面详细讨论这两种读写模式和两种读写方式的区别及适用范围。值得注意的是有些教育机构配备的 RFID 实验箱的读写器模块可能没有选择读写模式和方式的功能，但企业级 RFID 读写器一般都具备这些功能，特别是 EPC Gen2 标准的读写器一定具备相关功能。

读写器的两种读写模式分别为：

（1）由用户发送命令来执行对电子标签的读写；

（2）只要电子标签进入读写器的通信范围就自动进行读写。

有时称第一种模式为手动模式、第二种模式为自动模式，手动模式并非一定是人工的操作干预，计算机通过对读写器发送 API 命令也可以完成手动模式的标签读写。具体选择哪一种工作模式取决于业务的作业方式。手动模式适合于已知 RFID 对象物运动规律或人工操作，例如上海市公交专线汽车的售票员用手持 RFID 读写器给乘客刷公交卡，另外由计算机程序来控制读写时也会选择手动模式。自动模式一般用于不可知 RFID 对象物运动规律或非人工操作，例如上海市公交车的自动刷卡机等，如图 5-5 所示。

读写器的两种读写方式分别为：

（1）单个电子标签的读写；

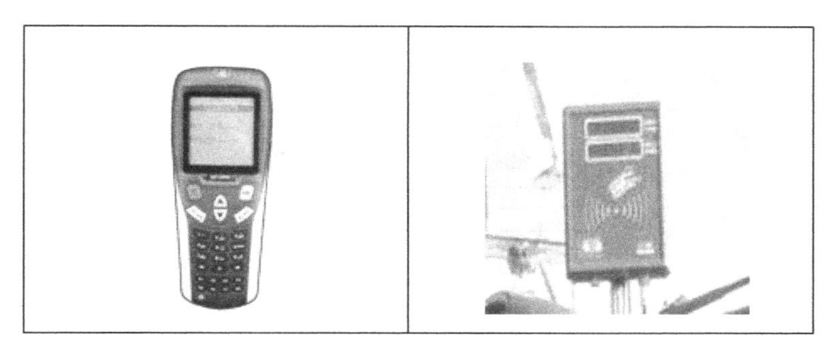

图 5-5 交通费用和距离相关时需要人工操作，固定时不需要人工操作

（2）多个电子标签读写。

如果业务上需要一对一的读写，建议选择单个标签读写方式，因为相对于多个标签读写方式，单个标签读写方式有较好的可靠性。例如商店结账柜台的点货方式是单品点货，可选择单个标签读取方式，这样可以减少其他标签的干扰和影响。智能商店的结账柜台一般要求读写器迅速读取购物车里所有商品的电子标签，需要选择多个标签读取方式，如图 5-6 所示。

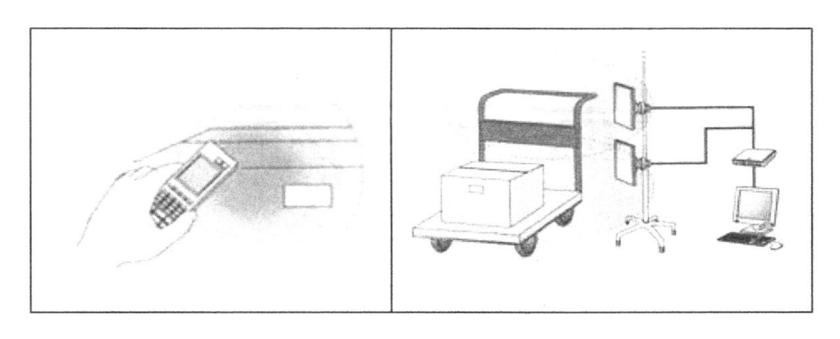

图 5-6 读写器的两种读写方式（单个标签、多个标签）

5.2.2 命令序列的优化

RFID 系统对读写器的控制由读写器的上位计算机程序——API 命令序列来完成，如图 5-7 所示。

命令序列是完成某项工作时一系列有序命令的组合搭配，有时命令序列的搭配方式会影响读写器的工作效率。比如要读取 ISO 标准的无源标签用户区数据，可用以下两种命令序列方式：

（1）先发送读取电子标签 ID 的命令，再发送用户区数据读取命令；

（2）如果预先知道电子标签 ID，只要发送用户区数据读取命令即可。

显然，后者的读取效率要高，如果计算机程序内已存有标签的 ID，就没有必要利用前一种命令序列。不同厂商的读写器 API 命令集不尽相同，设计命令序列要仔细分析命令的内涵和效率并进行效能测试。

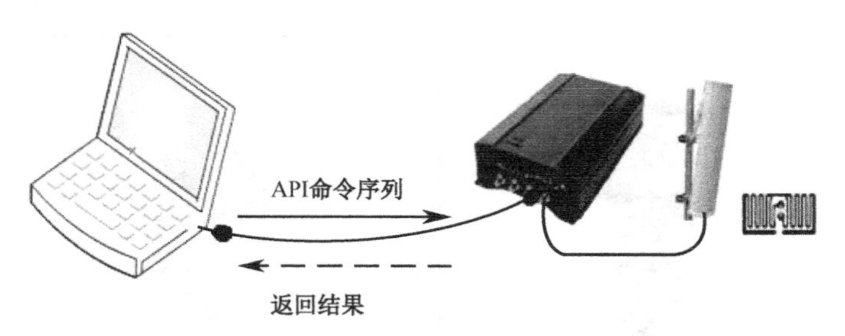

图 5-7　由上位计算机发送命令序列控制读写器

5.2.3　读写重试次数的优化

上位计算机发送命令对电子标签进行读写，对上位计算机来说是一次命令序列的执行，但读写器和电子标签之间可能要进行多次重复通信，因为无线通信很难保证一次通信就成功，无线局域网也同样要进行数据包的重试传送，如图 5-8 所示。

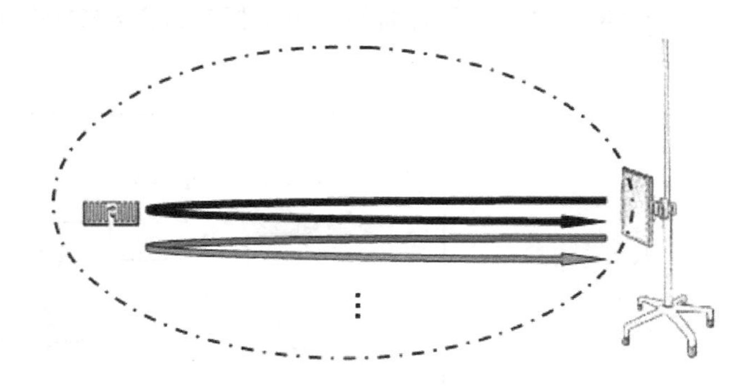

图 5-8　电子标签和读写器之间的读写重试

商用读写器一般都可以设置重试次数，如果使用环境中干扰因素较多，标签识读率较低，则可以考虑增加重试次数，再进行测试。如果使用环境中干扰因素较少，标签识读率较高，则可以考虑适当减少重试次数，减小系统的负荷。需要注意的是读写器的重试算法可能随读写器的型号而不同，重试次数优化前必须详细阅读读写器的技术说明。

5.2.4　读写数据格式的优化

根据业务需要，有时需要对电子标签的用户区进行数据的读写，例如持卡顾客的来店次数、本次购买物品金额、兑奖积分等。本书第 2 章讲过电子标签的存储单元一般采用掉电后数据不丢失的存储芯片 EEPROM 或 FRAM。这种芯片的特点是整个存储空间分成几个块单元，数据写入某个块单元，必须先要把这个块单元的数据全部消除后再进行写入，数据的写入时间往往是读取时间的几十倍，如图 5-9 所示。

基于电子标签存储器的块操作特点，数据存储格式的设计会影响数据通信的效率。例如某个数据跨两个存储块存储，那么它的写入时间大约是写入一个存储块的两倍，如

图 5-10 所示。

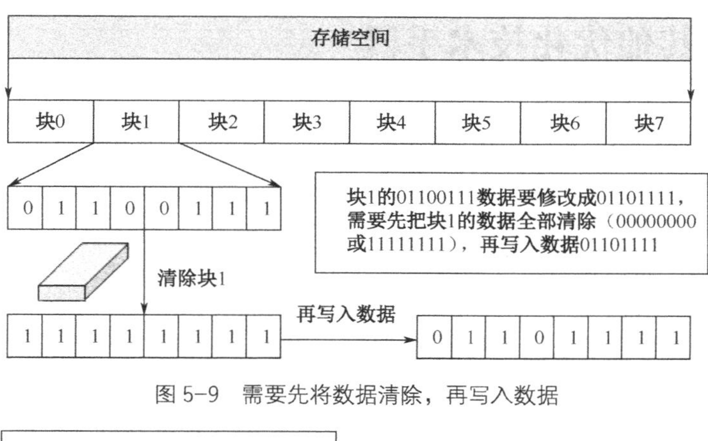

图 5-9　需要先将数据清除，再写入数据

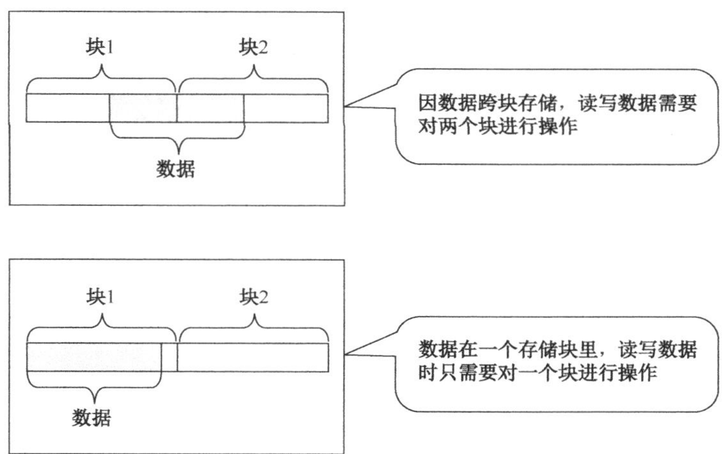

图 5-10　数据存储块分配会影响读写时间

数据的块分配原则是尽量把一个数据存储到一个块内，对于经常同时使用的数据应尽可能放到同一个块内存储，这样会改善系统的读取效率，如图 5-11 所示。

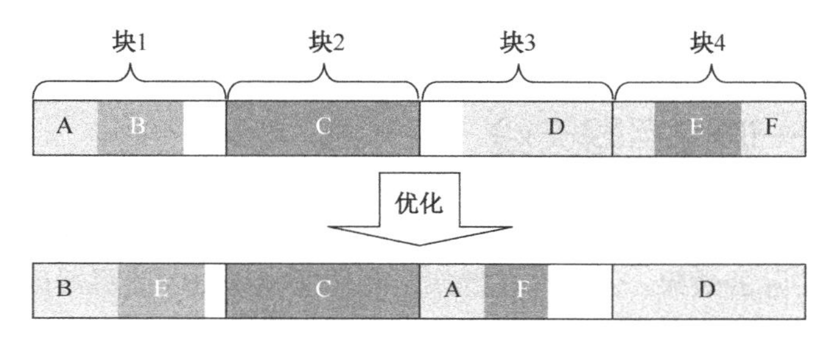

图 5-11　数据存储块分配的优化

图 5-11 中，假设数据 B 表示顾客的本次购买物品金额，数据 E 为兑奖积分，这两项数据会经常同时使用，因此把 B 和 E 优化到一个数据块 1 内，把数据 D 优化到一个数据块 4 内，这样会提高数据的读写效能。

5.3 其他优化技术手段

RFID 硬件系统和软件系统的优化虽然可以有效解决大部分现场问题，但有些情况下还是会出现意想不到的问题，下面介绍几种实用的现场技术手段。

5.3.1 晃一晃 RFID 对象物

在作业现场遇到读不出标签数据的情况，可以挪动一下物品位置或改变一下物品的朝向，通常能解决问题。这和超市的收款员在读不出条形码的时候试着把商品朝扫码器晃动几下的行为相似。读不出标签数据的原因大部分是标签的朝向和位置正好处在读写器的盲点或受到别的标签的干扰，因此在天线面前晃动几下会改变标签相对于读写器的朝向和位置，通常会成功读取数据。这种晃动几下的方法看起来笨拙，但确实是一个处理现场问题的有效办法。当多标签读取产生读漏现象时采用这种方法会更有效，如图 5-12 所示。

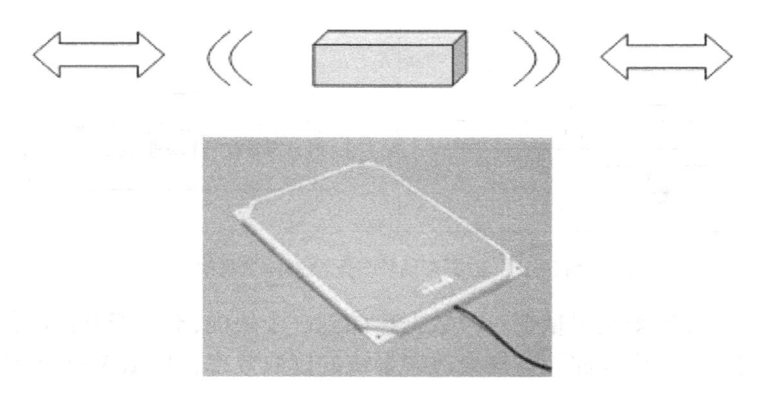

图 5-12　晃一晃 RFID 对象物，标签可能被读取

5.3.2 调一调读写器天线

和晃一晃 RFID 对象物的方法一样，当 RFID 对象物不方便挪动时调一下读写器的天线也可以获得实际的效果。公共汽车售票员利用手持 RFID 读写器读取顾客的一卡通时如果机器没有反应就会调整 RFID 读写器的角度和距离，这是在实际工作中得出的行之有效的办法。在物流、仓储等较大规模 RFID 系统中，经常用到天线分离型读写器，当标签的读写出现问题时，可以尝试轻微转动天线或挪动天线位置的办法来解决问题，如图 5-13 所示。

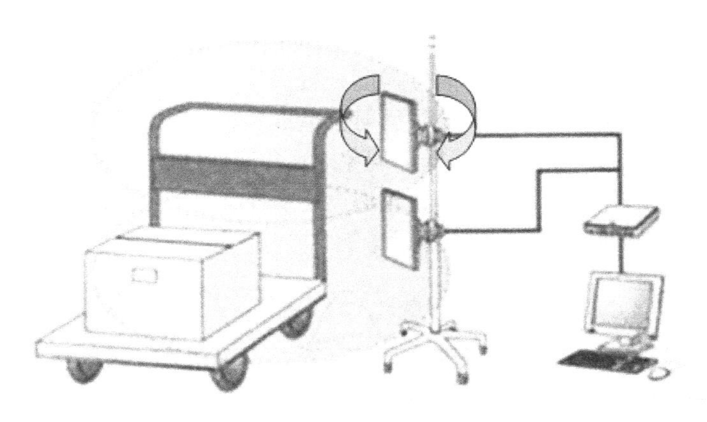

图 5-13 轻微转动天线，标签可能被读取

5.3.3 规避射频信号盲点

有时虽然电子标签处于读写器的作用范围内，但读不出标签数据，这可能是恰好遇到了射频信号的盲点。射频信号的盲点是指射频信号受电磁波反射等影响在其作用范围内形成的通信盲点。射频信号盲点的形成原因很难断定，可能是频率固有原因或反射原因，也可能是厂商制造的原因。

如果距离读写器天线较近的某位置不能读取标签，但比此点更远的周边范围内标签读取没有问题，就说明这个位置可能是射频信号的盲点。要规避盲点首先要在系统规划和设计阶段进行充分的性能评价，找出确切的信号盲点，在安装方案里进行详细的调整，如图 5 -14 所示。如果在现场系统运作中遇到盲点问题，需要立即采取措施，可采用调整天线、防电磁波反射等方法。

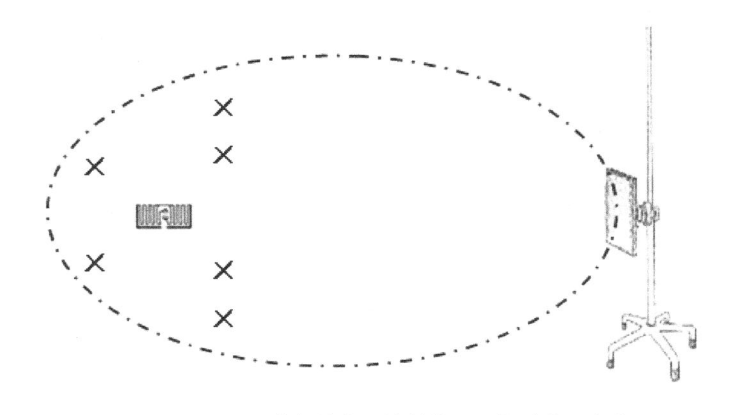

图 5-14 调整标签和天线的位置，规避信号盲点

5.3.4 防电磁波反射

电磁波的反射会影响 RFID 的通信，其反射机理极其复杂，分析电磁波的反射需要电波暗室、频谱分析仪等昂贵的设备和专业人员。电磁波的反射有时会干扰 RFID 的通

信，造成通信距离的缩短、信号盲点的形成等负面影响（这种现象尤其在超高频段较常见），而有时反而会增强 RFID 通信信号强度，提高通信效能（利用主动标签的情况下较常见）。总之，根据周围环境的差异，反射会造成负面或正面影响。

当反射波和通信波相遇产生相互抵消现象时，会使通信距离的缩短，形成信号盲点等，如图 5-15 所示。当反射波和通信波相遇产生叠加现象时，会产生增强 RFID 通信信号强度，提高通信效能，如图 5-16 所示。

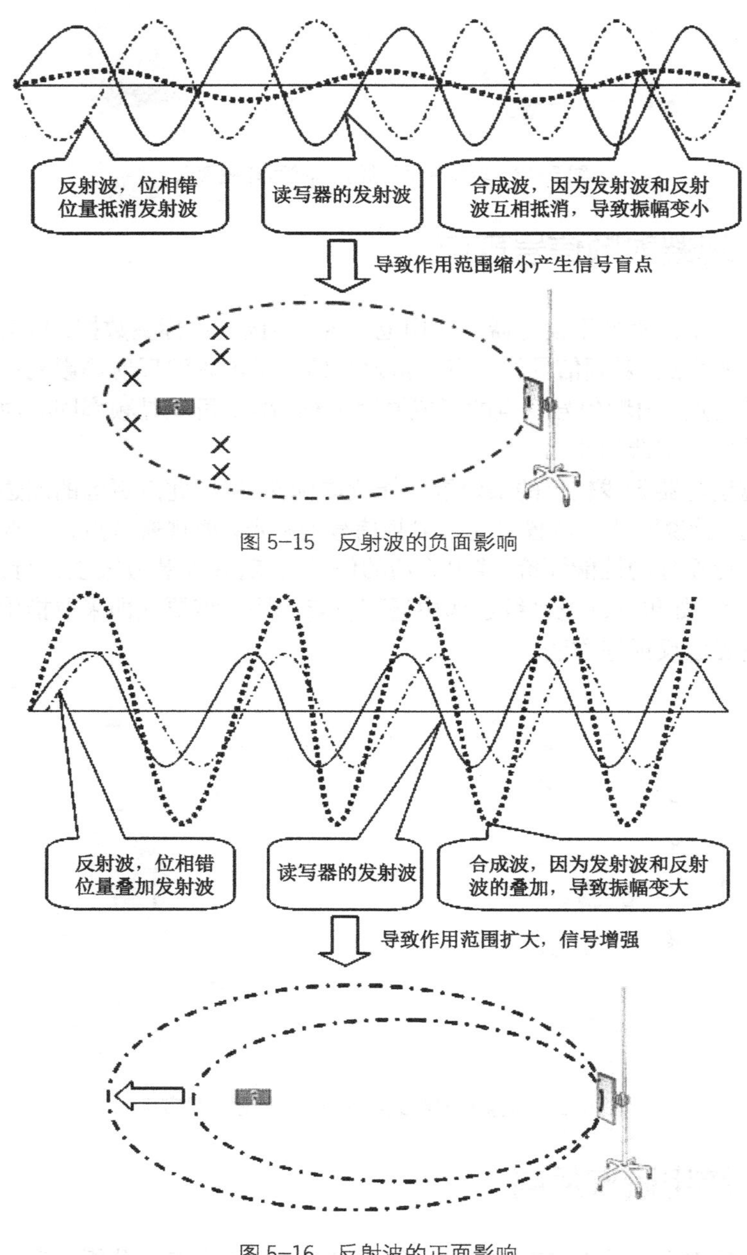

图 5-15 反射波的负面影响

图 5-16 反射波的正面影响

对于反射波的负面影响，先要分析周边环境，找出可能存在的反射面，例如墙壁、隔断等，再用吸波材料织成的布片遮住。而面积较大的墙壁可考虑用吸波涂料涂覆等方法。如果实在找不出防反射的办法，可以考虑聘请专业人员来进行分析和指导。

对于反射的正面影响，如果能保证周边环境（温度、湿度、建筑物布局、设备的安装布置等）长时间不会有大的变化，甚至可以利用这种正面效应进行运作，但要注意一旦周边环境发生变化，正面影响有可能瞬时变化为负面影响。

本章前半段的内容是 RFID 系统优化的局部手段和方法，在现实的 RFID 系统实施过程中还要考虑中间件、上位机、服务器及网络设备的优化。如果经过所有的优化还是满足不了业务的需求，作为最后的手段可调查一下业务流程能不能进行变更，使业务流程反过来适应 RFID 系统。当然，这需要和用户协商，找到 RFID 系统和业务流程的平衡点，如图 5-17 所示。

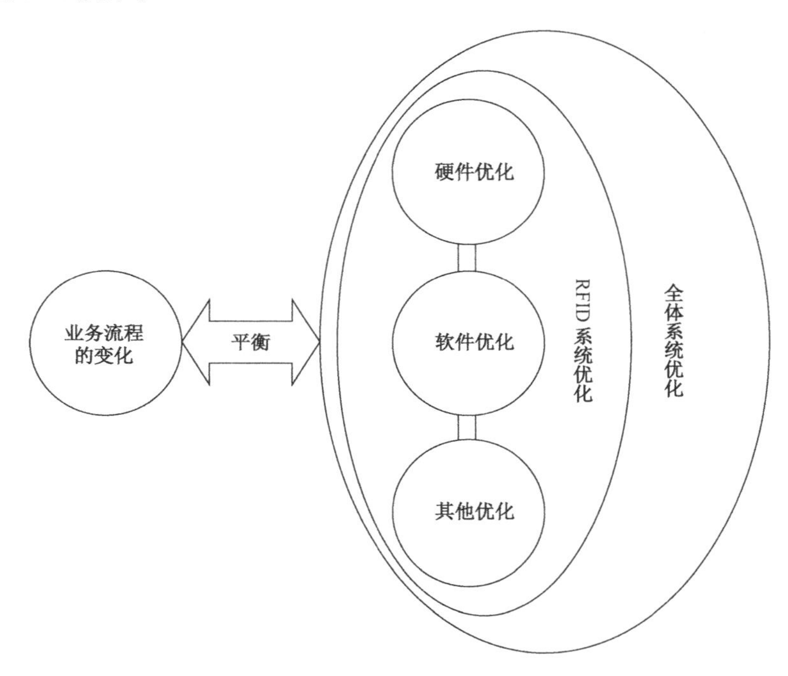

图 5-17　掌握业务流程和技术的平衡点

5.4 RFID 系统的性能评价

RFID 系统的性能评价是系统规划设计和优化的依据，也是用户最关心的问题。RFID 系统的最基本的性能测试评价包括以下三方面：

（1）通信范围的测定；

（2）识读率、误码率的测定；

（3）读写时间的测定。

其他性能评价还包括多标签读取（标签碰撞）测定、系统负荷耐久性测定、系统逻辑性测定等，如果业务流程中设计有多标签读取的环节（例如智能商店的自动结账），那么多标签读取（标签碰撞）测定是关键的性能评价，需要测出一次可读最大标签数量，所需时间、识读率和误码率等。系统负荷耐久性测定需要进行大负荷的长时间测试，测出系统的最大负荷量（例如单位时间内最多能够识别和处理物品的数量）及耐久性。系统逻辑性测定是系统交付使用之前的再一次逻辑验证，验证系统整体数据流的准确性和可靠性。

5.4.1 通信范围的测定

要精确测定 RFID 通信范围需要电波暗室、频谱分析仪等专业设施和设备，对于一般的工程技术人员来讲很难备齐这种专业环境和设备。这里介绍一种简易实用的画天线包络图的方法，它不需要专业环境和专业设备，只要具备计算机、读写器、电子标签和一些简单的辅助材料就可以完成测定，如图 5-18 所示。

进行通信范围测定要选择周围没有发射电波的电子仪器和家用电器，空间宽敞的场所，安装读写器、天线、计算机和标签，实际操作最好由两个人来配合进行，一个人负责计算机的操作和数据记录，另一个人负责移动电子标签。以下是测定的具体步骤：

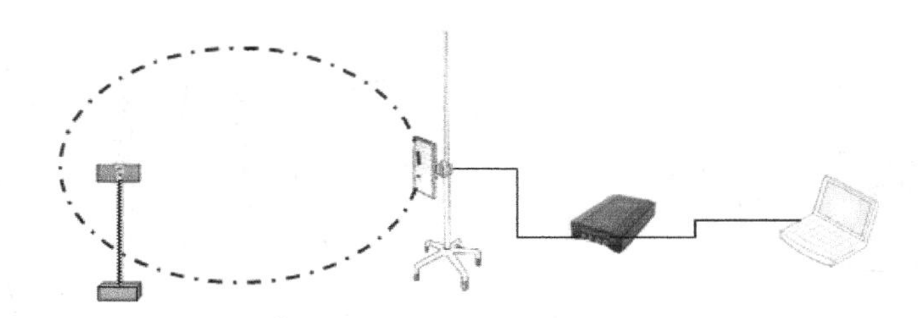

所需设备：计算机、读写器、天线、天线支架、电子标签、标签支架、两把硬尺

图 5-18 通信范围测试场景

（1）首先准备两张方格纸，规定每个方格代表的距离，比如测高频的时候规定为 2cm，超高频的时候为 10cm 等。这样一张 30×30 格的纸张可代表 60cm×60cm（高频）或 300cm×300cm（超高频）的空间截面，如图 5-19 所示。

（2）第一步测纵向空间截面，纵向空间面是指垂直于地面和天线的截面，位于天线的纵向中心线，利用两把硬尺根据方格的标识移动电子标签，使标签的正面正对天线，测试读写器能否成功读取数据，并找出能否成功读取的边界点，在方格纸上进行标记，最后把这些标记点连接起来，如图 5-20 所示。测量完纵向空间截面后再用以上同样的方法测量横向空间截面。测量出这两条边界线后就可以较好地估算出通信范围。如果需要详细找出通信范围内的通信盲点，可按一定角度旋转测试面、检测每个方格的方法来寻找，如图 5-21 所示。

画天线包络图来测定通信范围，需要较大的工作量，需要几个人的协同合作。有时也可以在地面上直接画方格进行测定，减少水平定位的工作。另一种方法是采用极坐标方式测定通信范围，如图 5-22 所示，从中心点（天线的中心）按固定角度向外拉射线，测出射线上的边界点，最后连接这些点。

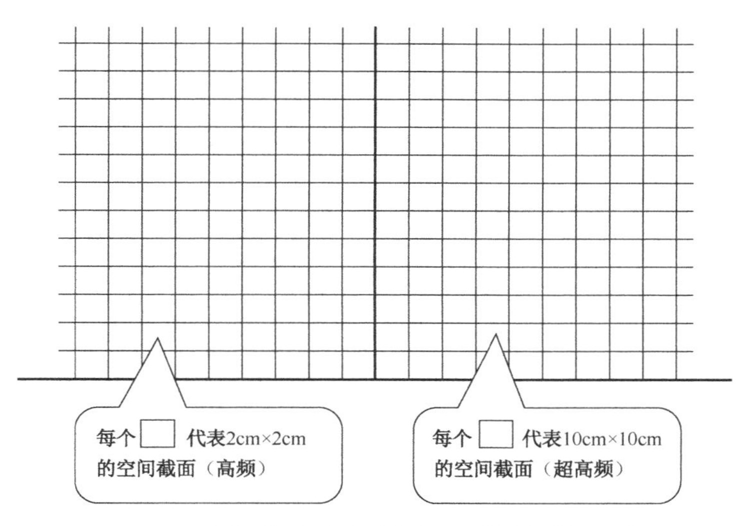

图 5-19 方格纸，每个方格代表不同的空间截面区域

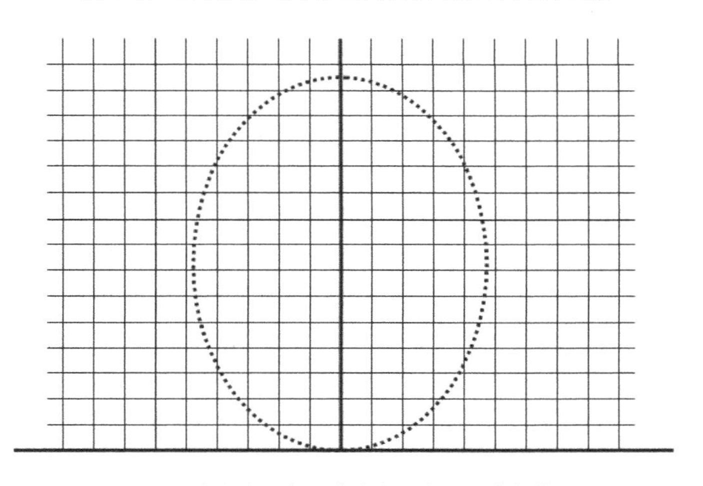

图 5-20 找出边界点，连接边界点（天线包络图）

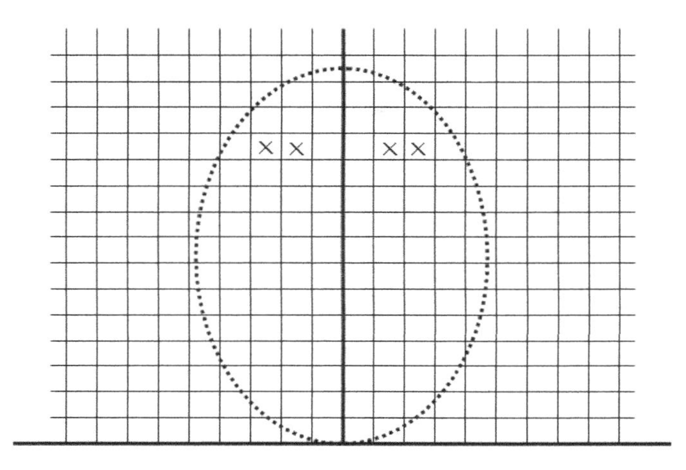

图 5-21 找出信号盲点

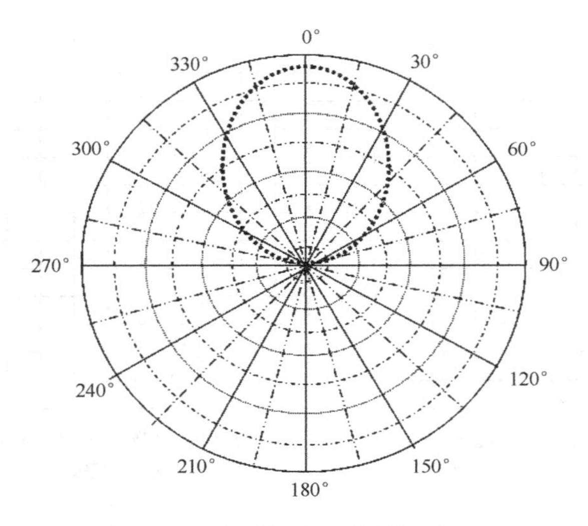

图 5-22　采用极坐标方式测定通信范围

5.4.2　识读率、误码率的测定

识别率、误码率是 RFID 系统用户最关心的指标，因为现场环境、作业方式、设备的安装、流水线的移动速度等诸多因素影响着识别率和误码率。所以，所有的系统用户都会对识别率、误码率提出严格的要求。

识别率和误码率是概率问题，测试的样本越多所测出的概率数据就会越准确。有的用户要求的样本测试可能有几千次甚至上万次，这些测试完全用手工完成是不现实的，因此系统测试人员要开发或引进自动测试设备和技术。例如，图 5-23 是环形单品输送线，可用来进行 RFID 系统对象为单品（例如药瓶、酒瓶等瓶装物）的自动 RFID 性能测试。这种环形单品输送线综合考虑了实际应用中例如药瓶、酒瓶等物品的生产场景，不仅可以循环测试，还可以对物品移动速度做一定的调整。

图 5-23　环形单品输送线

5.4.3 读写时间的测定

通常情况下 RFID 系统处理的对象物是移动物品，例如生产线上的药品等。如果读写标签所需时间较长，那么生产线的速度也要相应调慢，这会直接影响生产效率。标签的读写时间和识别率、误码率一样，也是系统成败的关键指标。需要注意的是测定标签的读写时间必须使用系统设计的真实数据。因为数据的长度，特别是标签存储器上的块分配影响数据的读写时间。需要注意的是大多数标签数据写入的时间远远大于数据读取的时间（图 5-24），如果在业务流程中有对标签写入数据的环节，就要特别考虑具体作业方式，例如增加读写器的台数等。

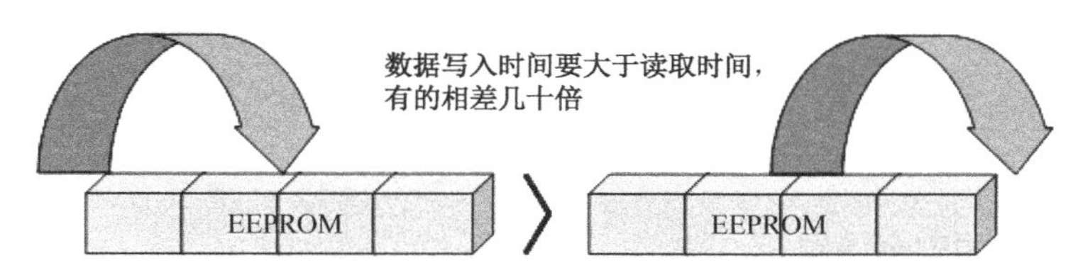

图 5-24 数据写入时间要大于读取时间

本章前半段讲述的 RFID 系统的优化方法和后半段讲述的系统的性能评价具有不可分割的关系，系统的优化必须由性能评价来验证，性能评价的结果决定优化的必要性，如图 5-25 所示。

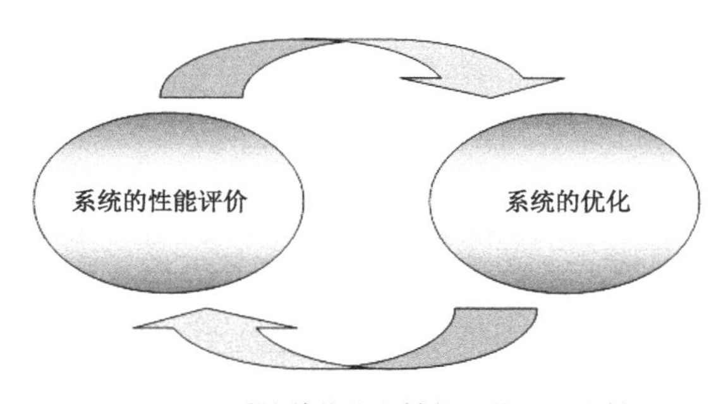

图 5-25 系统的优化和性能评价不可分割

5.5 小结

- ✧ RFID 系统的优化
- ✧ RFID 系统的性能评价

RFID 系统优化是使系统较好地和现场环境相协调，尽可能减少现场环境影响和干扰的工程手段和方法，是 RFID 系统实施的一个重要环节。

第6章

RFID 系统的安全课题与对策

导 学

- RFID 系统的安全课题
- RFID 系统的安全对策

本章前半部分论述 RFID 系统的电子标签、读写器、服务器各个环节的安全课题（图 6-1）和对策，后半部分介绍 RFID 系统运营的安全课题和对策。

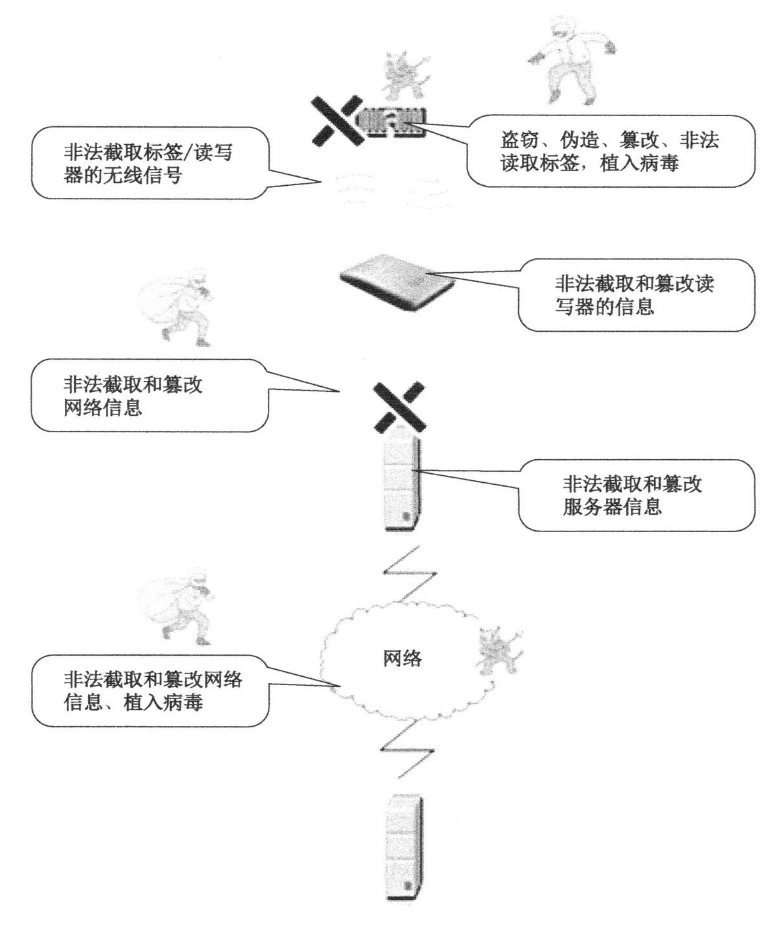

图 6-1　RFID 系统的安全课题

6.1 电子标签的安全课题和对策

电子标签通过无线电波发送数据到外部，往往会成为窃取、伪造、篡改数据的首要对象。

6.1.1 篡改电子标签数据

如果篡改电子标签的数据，可能造成非法物品或非法数据混入整体业务系统，最终破坏业务的运行。防止数据被篡改的主要对策有以下几种。

1. 限制存储器的写入次数

限制存储器的写入次数是比较可靠的方法，如果电子标签在业务整体流程中数据不需要改变，就可以采用只读标签或一次性读写标签。只读标签不能写数据，一次性读写标签只能写一次数据，从而就切断了篡改数据的物理方法。

2. 限制存储器的可写区域

限制存储器的可写区域的具体做法是提前把存储器的区域分割成可写区域和不可写区域，把关键数据放进不可写区域，这样就可以防止关键数据被篡改。

3. 密码保护

有些电子标签可以提前设定密码来保护数据，每次数据的写入需要密码的输入，没有正确密码就不能更改数据，但因为每个标签的密码不能一致，密码管理成本较大。

4. 变更存储器区域读写属性

有些电子标签可以设置存储器各区域的读写属性，对关键数据区域或全体区域设置只读属性就可以防止数据被篡改。

以上措施可以单独使用，也可以复合使用。

防数据篡改措施要看标签本身是否具备相应功能。根据成本要求，有的低价标签可能不具备安全功能。

6.1.2 往电子标签内植入病毒

以目前大量普及的电子标签的情况来看，由于数据存储量很小，且存储的是数据而不是执行代码，很难把病毒本身写进标签本体中。反而是篡改存储器中的参数变量（例如数据长度等）扰乱系统处理的可能性大。如果在中间件、服务器软件方面进行严格的排错处理，就可以保证系统的正常运行。

实际上目前还没有有关电子标签内植入病毒，引起系统混乱的实际案例的报道。成品电子标签也没有防病毒的措施，但随着电子标签向大容量、高智能化的发展，今后需要研究病毒的寄生机制和防范措施。

6.1.3 盗窃或伪造电子标签

随着电子标签应用领域的扩大，电子标签可能含有企业关键信息或个人隐私信息，例如产品的生产批次、生产数量，个人性别年龄、购物次数等。如果这些电子标签被盗，就意味着企业内部信息或个人隐私信息被泄露。为了防止数据被窃，可采用以下方法（图 6-2）：

（1）数据加密。

（2）电子标签本身不存储敏感数据，只存储无特殊意义的 ID 信息，关键数据分散在各个服务器中。

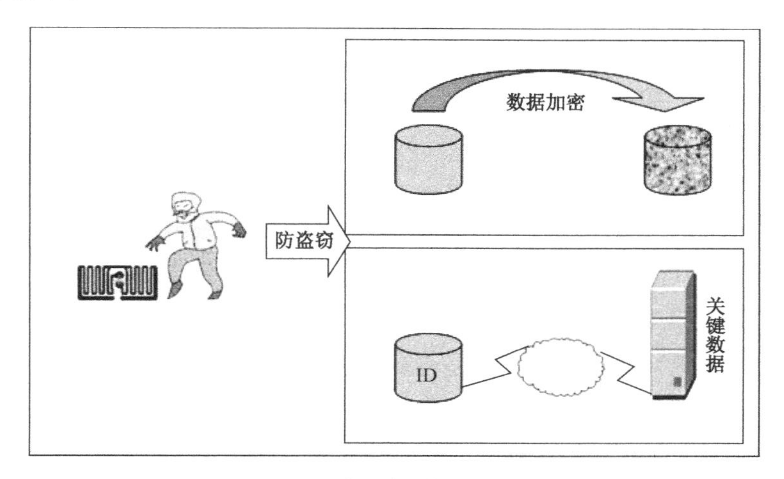

图 6-2　防止电子标签被盗窃

伪造标签是目前 RFID 系统面临的一大威胁，如果不法分子能够轻易地伪造电子标签就意味着能够篡改商品或个人的身份，从而轻而易举地破坏整体系统的信用。例如在 RFID 的商品防伪应用领域，如能非法伪造电子标签，就意味着防伪系统的崩溃，目前防止伪造的主要方法是通过 ID 加密、特殊加工等方法提高伪造电子标签的成本。另外，为防止标签的重复利用，采用特殊工艺把标签牢固地固定在物品的开启之处，一旦物品开启标签就会损坏，从而不能再次利用。例如在葡萄酒的防伪应用中，将电子标签内嵌在木塞里，只要开启木塞，里面的电子标签就遭破坏，无法再利用，如图 6-3 所示。

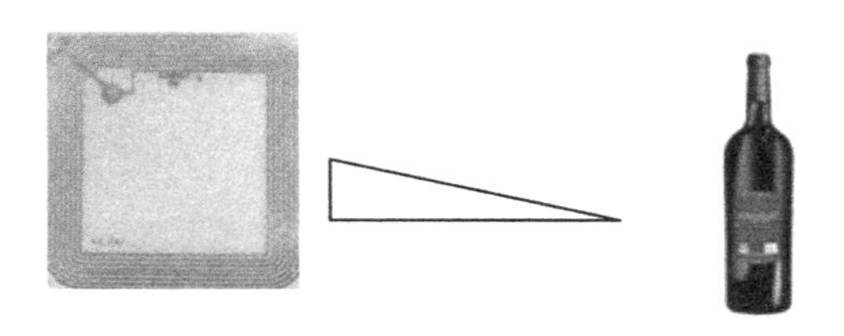

图 6-3　开启木塞破坏电子标签

6.1.4　泄露电子标签数据格式

电子标签数据格式需要对外部保密。如果这些数据被泄露，不法分子就能轻易地进行标签的伪造和篡改。部分重要的数据要进行分散管理，即不能把所有数据集中到某个人身上，以防一旦那个人出事，所有的数据将暴露无遗。要对电子标签的制作进行严格的管理，例如安装门禁系统、计算机操作记录追查系统等。

6.1.5　非法读取电子标签数据

有关电子标签的研究通常把重点放在了如何提高耦合效率，使电子标签数据更快、更准确地被读取。电子标签本身缺乏对非法读取的防范措施，如图 6-4 所示。

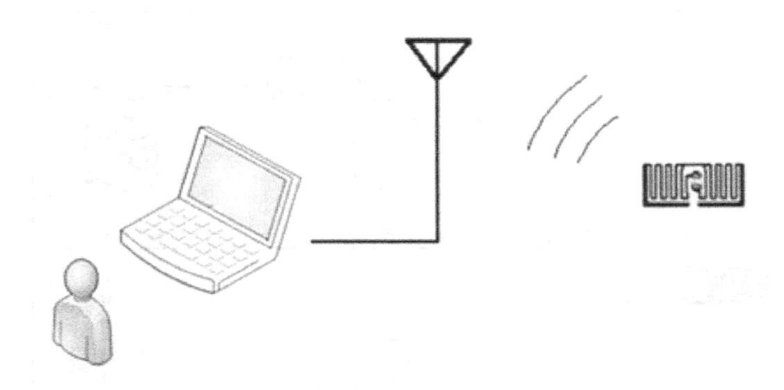

图 6-4　电子标签本身缺乏对非法读取的防范措施

防止电子标签被非法读取的措施，类似于防盗窃的手段，进行数据加密和关键数据的分散，让不法分子即使读到了标签数据也解析不出有用的信息。

除了一些特殊用途的非接触 IC 卡（例如第二代身份证）之外，绝大多数电子标签本身并不具备数据加解密功能，因此数据的加密和解密处理由读写器或计算机来完成，如图 6-5 所示。

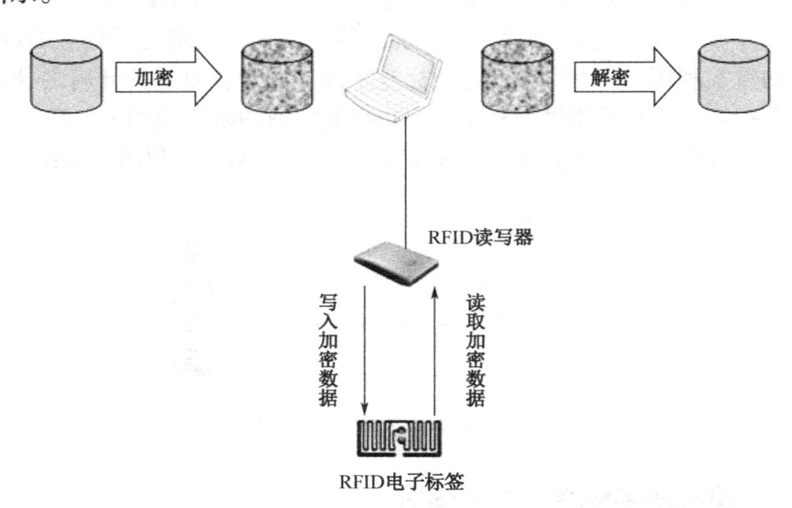

图 6-5　数据的加密和解密处理由读写器或计算机完成

关键数据的分散措施指的是电子标签只存储无特殊意义的 ID 信息，关键数据分散在各个服务器的数据库中，应用服务器通过读写器读取到电子标签的 ID 后，以 ID 为关键词轮询各个服务器获得相关商品信息，比如生产批次、数量、单价、检验员号码等，如图 6-6 所示。

当标签利用在人员管理上时，情况会更复杂一些。如果不法分子掌握了某个人的 ID 信息，就有可能通过侵入各种公共信息网络追踪定位人员的移动，侵害个人隐私。有些电子标签有自损功能，当觉察到有被侵犯隐私的风险时可以快速毁掉标签。

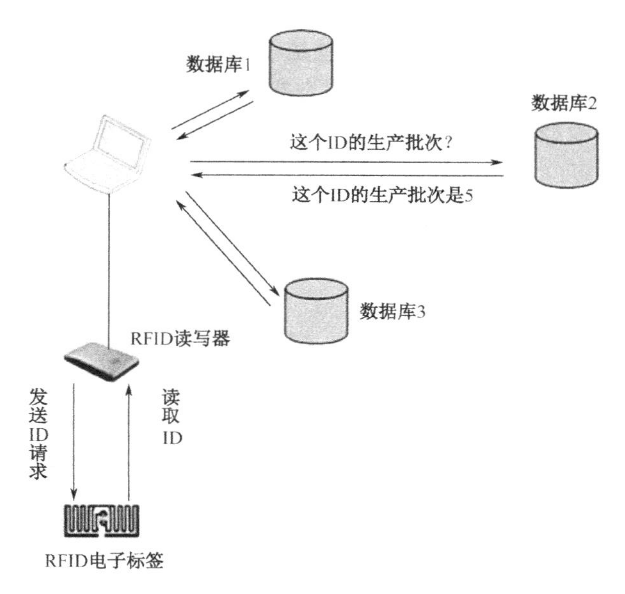

图 6-6 关键数据存放在各个数据库服务器中

6.1.6 非法截取读写器的无线信号

读写器的输出功率要远远大于无源电子标签，因此读写器的电波传送距离要比无源电子标签远得多。例如超高频（UHF）段的读写器和无源电子标签的最大通信距离大约是 5m，这主要是受电子标签功率和天线尺寸的限制，而读写器本身的电波可以传播到很远的地方，如图 6-7 所示。如果有人在离读写器较远的地方架设天线截取读写器的电波信号，就很难被察觉。

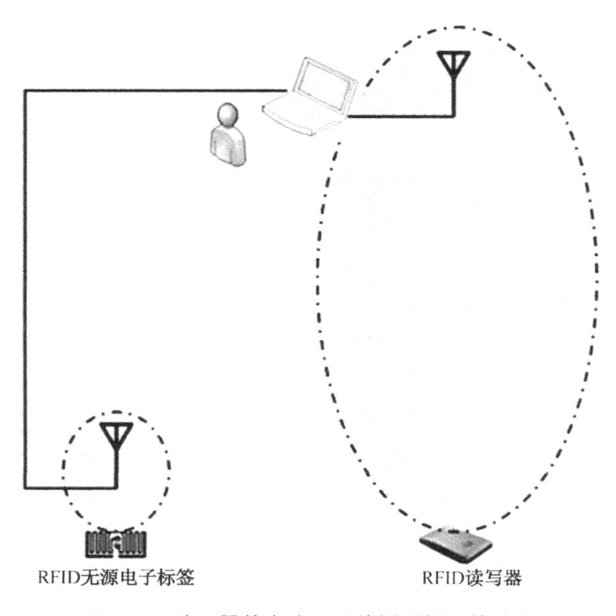

图 6-7 读写器的电波可以传播到很远的地方

通过截取读写器发射的电波来获取信息是一件非常专业的工作，需要高成本投入，通常的 RFID 系统并没有必要考虑这种信息泄露风险，但对一些非常机密的信息需要考虑防范措施，例如用吸波材料封闭读写器作业空间，适当调小读写器的输出功率等。

6.2 读写器的安全课题和对策

读写器的安全问题近年来已得到重视，研究机构和厂商也陆续推出了适合于 RFID 读写器的安全芯片。它的机理是对读写数据及传输数据进行加密，防范真实数据的泄露。另外需要注意的是读写器内部存储器可能存储有关数据通信的日志文件，一旦读写器被盗，不法分子很容易通过读取日志文件来窃取通信内容，如图 6-8 所示。

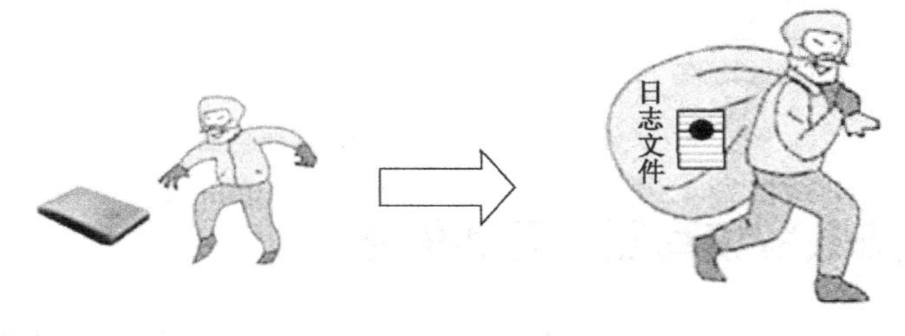

图 6-8　日志文件包含通信内容

6.3 服务器的安全课题和对策

各种服务器及网络数据的安全属于 RFID 技术以外的范畴，可参考计算机服务器和网络安全方面的书籍及技术资料，本章不再赘述。

6.4 电子标签运营课题和对策

电子标签虽然比条形码耐污染、不容易出现故障，但随物品的移动难免出现丢失、破损的情况。问题是一旦遭到破损就不能读取里面的数据（条形码可以进行人工识别），难以保证业务的正常运行。很多公司为了解决标签破损的问题，采用条形码和电子标签并用的方法，一旦标签破损，就可以读取条形码或人工识别来进行补救，如图 6-9 所示。

图 6-9　电子标签和条形码的并用

在有些情况下，标签本身没有损坏，但标签存储器里存储的数据出现了错误，为防止这种情况的出现，可以采用数据的双重备份或添加验证码的方法。

数据的双重备份是把同样的数据写进标签存储器的不同块，当服务器判断第一块数据有误时再读取备份块的数据，如图 6-10 所示。

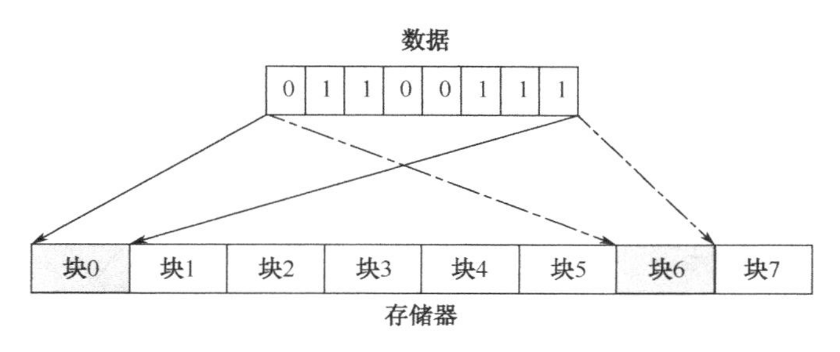

图 6-10　数据的双重备份

添加验证码是对每一个块的数据附加验证码，例如 CRC 循环冗余校验码，服务器获得标签数据后可以判断数据正确性，更进一步对数据中的错误进行纠错，如图 6-11 所示。如果电子标签存储器的容量允许，就可以同时采取双重备份、添加验证码的措施，以确保数据的正确性。

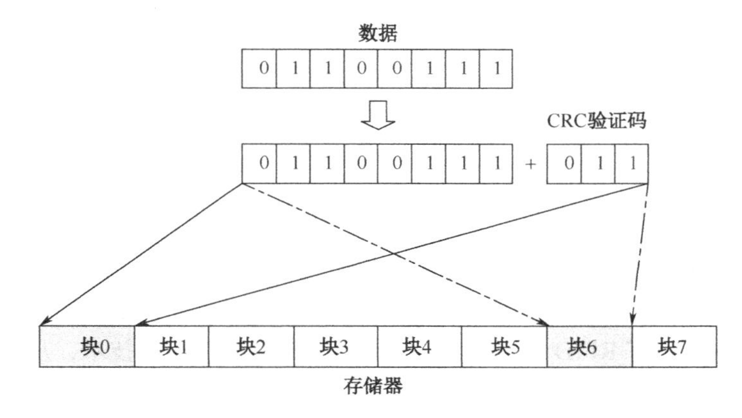

图 6-11　添加验证码

6.5 读写器运营课题和对策

随着 RFID 系统在业务运营上的普及及物联网概念的崛起，RFID 读写器的系统定位渐渐清晰起来。在物联网概念中 RFID 读写器是系统感知层的一个感知设备，它必须支持网络协议和网络接口，接收传输层设备（例如网关控制器、交换机、转发器等）传送来的应用层指令，进行相应感知处理后，再把结果通过传输层设备传回应用层。可以说 RFID 读写器是物联网的末端感知设备和网络设备，如图 6-12 所示。

目前市场上 RFID 读写器的网络信息功能参差不齐，从系统网络运营角度来看，RFID 读写器的网络信息功能应具备以下功能：

（1）网络自检功能；

（2）运转状态实时监控服务功能；

（3）异常检测及通报服务功能。

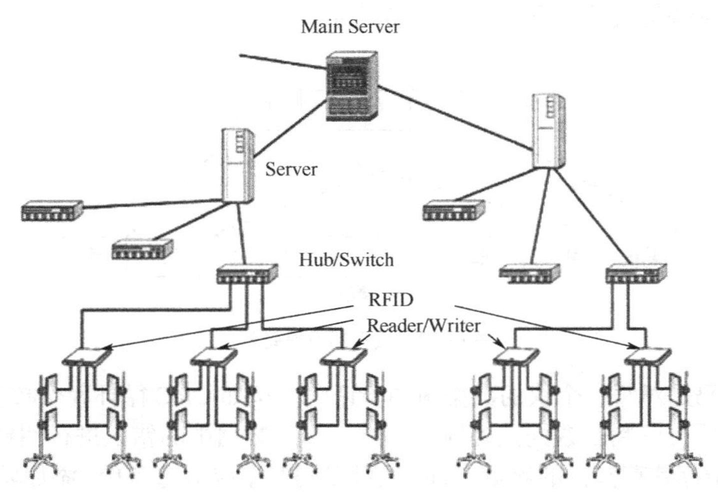

图 6-12 RFID 读写器既是末端感知设备，又是网络设备

6.6 小结

✧ RFID 系统的安全课题

✧ RFID 系统的安全对策

RFID 系统和其他信息系统一样，系统安全问题日益突出。RFID 的自动化、智能化技术优势使得 RFID 系统的应用领域急速扩大，从企业的生产、流通领域到人们的日常生活的方方面面都有 RFID 产品的应用。RFID 是物联网核心技术，从产业发展的趋势来看，今后几乎所有的物品、人、动物都要用电子标签来自动识别，不难想象在这种社会运作模式下，一旦个人隐私泄露、核心业务数据被篡改或被盗，会导致企业生产遭受严重打击、政府管理失效、金融系统崩溃，甚至引发社会混乱的严重后果。RFID 的技术优势的一大特点是非接触式无线通信识别，这恰恰增加了信息通过无线电波泄露到外部的风险。由于电子标签的工作原理同追踪定位等某些间谍设备类似，有时会引起社会公众的争议和抵制。美国的一家大型服装企业原计划在每件衣物上缝进电子标签，结果遭到了消费者不买运动的抵制，导致计划流产。可见 RFID 系统的安全问题是当前 RFID 技术推广和普及的一个不可规避的关键问题。

第 7 章

RFID 典型应用仿真

导 学

- RFID 公交车计费系统
- RFID 仓储管理系统
- RFID 图书预约书架系统

RFID 技术是重要的信息采集技术，应用领域极其广泛，有效构建 RFID 系统是一项非常复杂的综合性系统应用，需要有一大批具有综合知识结构的研发人员和应用工程人员来支撑产业的发展。本章以实际应用案例为基础，讲解四项 RFID 的典型应用来仿真 RFID 的系统结构分析、系统功能模块设计和系统集成。

7.1 RFID 公交车计费系统

7.1.1 RFID 公交车计费系统应用背景

随着城市区域的不断扩大，人们在出行过程中越来越频繁地乘坐公共汽车、电车、地铁等公共交通工具。以上海地铁为例，每天的客流量都在几百万人次，如此大的客流量如采用传统人工售票的方式将无法适应。正是因为如此，RFID 技术以其快速、非接触、可靠的自动识别的技术特点，迅速地推广到国内各主要城市的公共交通管理系统中。目前根据实际应用的需要，国内的交通一卡通主要采用频率为 13.56MHz 的高频段 RFID 技术。

7.1.2 RFID 公交车计费系统架构

RFID 公交车计费系统的架构如图 7-1 所示。

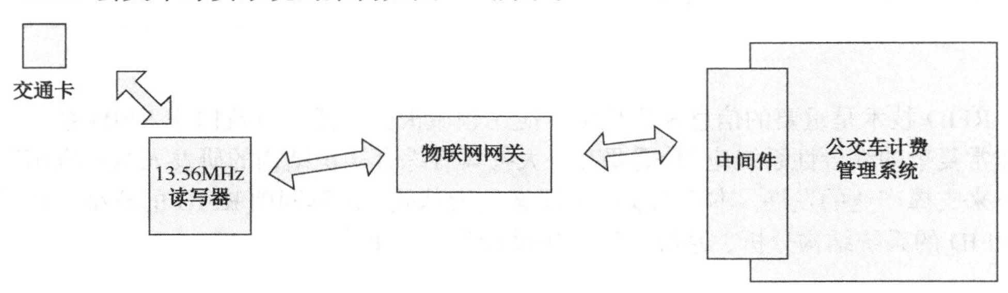

图 7-1 RFID 公交车计费系统架构

RFID 公交车计费系统主要由以下四部分构成。

1. 交通卡

交通卡主要用于乘客标识、储值、支付等功能，可以选择 MIFARE S50 卡，其尺寸与银行卡相似，便于随身携带，采用 PVC 进行塑封，经久耐用，如图 7-2 所示。

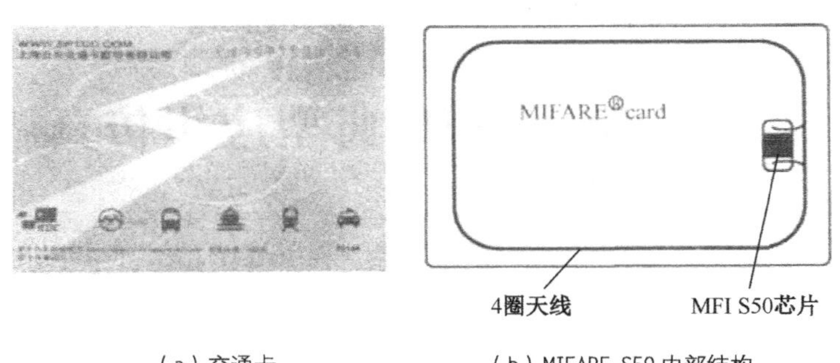

（a）交通卡　　（b）MIFARE S50 内部结构

图 7-2 交通卡

2. 13.56 MHz 高频 RFID 读写器

13.56MHz 高频 RFID 读写器通过天线与 RFID 卡进行数据交互，系统中的阅读器主要用于读写交通卡上的数据来完成计费操作，13.56 MHz 高频 RFID 读写器有 ISO/IEC14443 协议和 ISO/IEC15693 两种协议类型。ISO/IEC14443（Type A，Type B）协议的 RFID 读写器读写距离在 10cm 左右，ISO/IEC15693 协议的 RFID 读写器读写距离在 100 ~ 150cm。系统中的 13.56MHz 读写器采用支持 ISO/IEC14443 Type A 协议的 MFRC5222 芯片，主控芯片采用 ARM Cortex-M3 内核芯片，如图 7-3 所示。

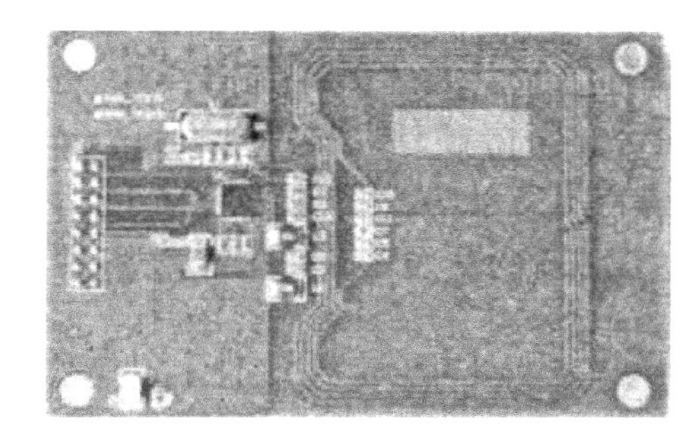

图 7-3　13.56 MHz 高频 RFID 读写器

3. 物联网网关（RFID 读写器网关）

随着用户需求不断增加，RFID 应用系统中的 RFID 读写器的数量也会相应增多，这就需要进行多台 RFID 读写器管理、多台 RFID 读写器与应用系统对接、数据集成本地处理。而这些工作需要物联网网关设备来完成。系统中的 RFID 读写器网关主要实现将 13.56 MHz 高频阅读器读取的数据通过以太网传送至服务器端，同时通过以太网接收系统的指令来控制读写器的工作，如图 7-4 所示。

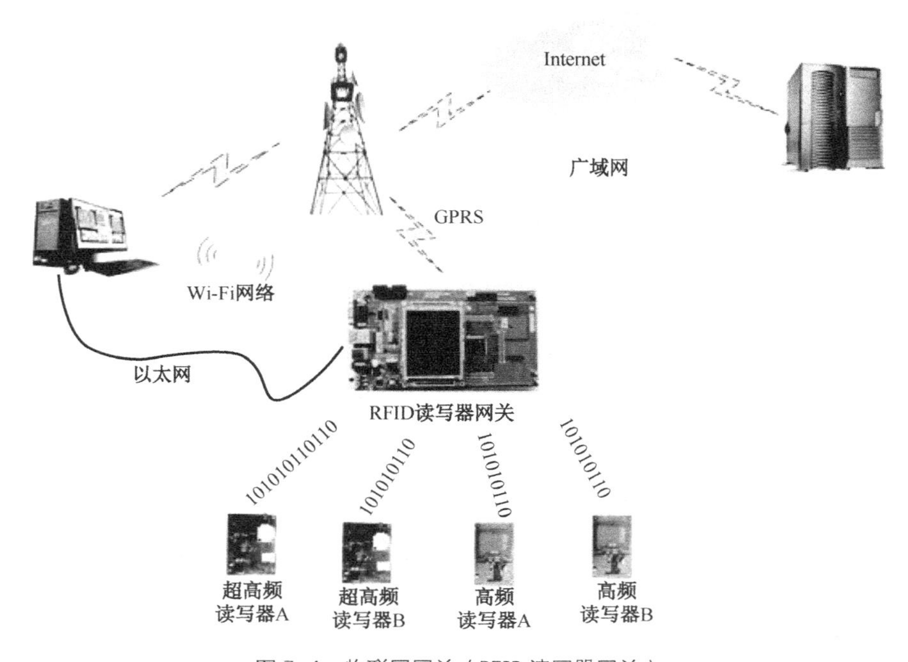

图 7-4　物联网网关（RFID 读写器网关）

4. 公交车计费管理系统

公交车计费管理系统须具备用户信息管理、用户权限管理、发卡、充值、计费等功能。主界面主要采用 C++、Java、C#等语言进行开发，数据库采用 Microsoft SQL、Oracle、MySQL 等，同时还应安装 RFID 读写器中间件及数据接口来对 RFID 读写器进行控制和数据的采集，如图 7-5 所示。

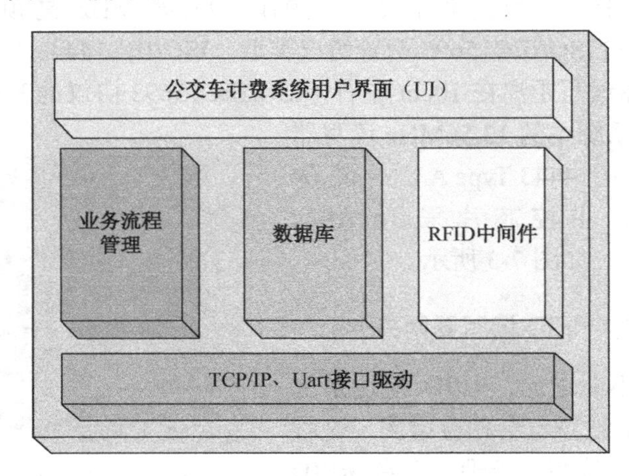

图 7-5　公交车计费管理系统

7.1.3　RFID 公交车计费系统工作原理

RFID 公交车计费系统的工作原理可分为 RFID 读写器与交通卡的交互通信、中间件的系统应用、PML 语言的系统应用、交通卡（MIFARE S50）的存储器结构及密钥管理等几个方面。

1. RFID 读写器与交通卡的交互通信

交通卡在与高频 RFID 读写器之间交互过程中主要有闲置状态（Idle）、就绪状态（Ready）、激活状态（Active）、停止状态（Halt）。当交通卡进入读写器的读写范围时通过天线感应磁场获取能量进入闲置状态。当读写器向交通卡发出请求命令后，交通卡进入就绪状态向读写器返回应答。读写器根据应答进行防碰撞运算确定将进行操作的交通卡，然后向交通卡发出选择命令的同时进行安全认证，在完成认证后交通卡进入激活状态，读写器可以对交通卡中数据进行读写操作，在完成整个操作过程后读写器发出停止命令使交通卡进入停止状态，其交互通信过程如图 7-6 所示。

2. 中间件的系统应用

在公交车计费系统中需要使用大量高频 RFID 读写器设备，RFID 中间件的主要作用就是实现公交车计费管理系统与高频 RFID 读写设备数据的交互。RFID 中间件主要具有以下功能模块（图 7-7）。

1）RFID 读写器设备管理

该模块主要为不同厂家、不同类型、不同协议的 RFID 读写设备提供数据传输的接口，同时能够进行 RFID 设备的识别和对所支持的 RFID 读写器设备进行参数配置。

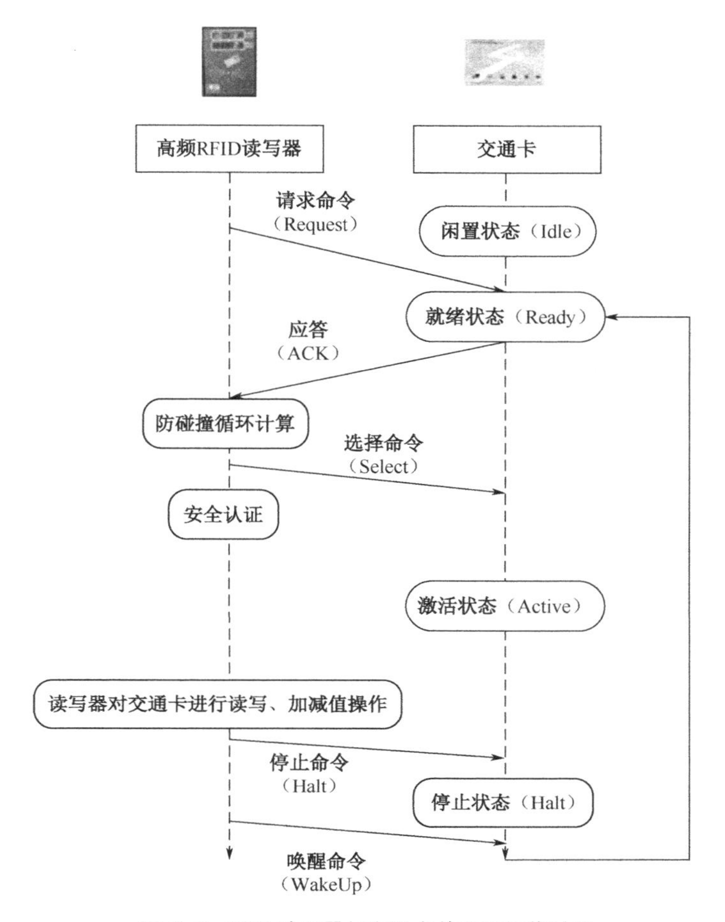

图 7-6　RFID 读写器与交通卡的交互通信过程

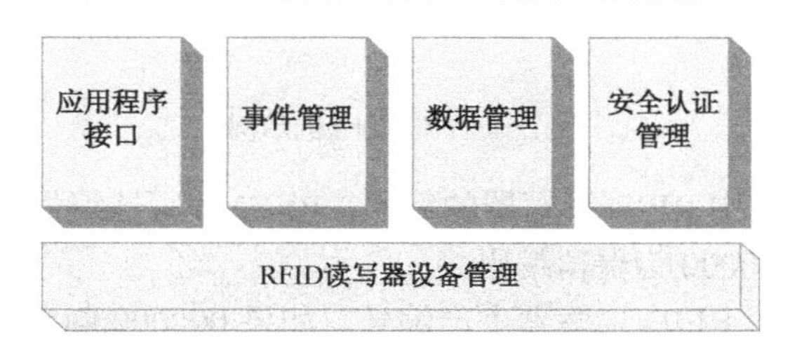

图 7-7　RFID 中间件的主要功能模块

2）数据管理

系统运行过程中 RFID 读写器会产生大量数据。数据管理模块的主要功能就是收集 RFID 读写器数据、标识数据、筛选数据、管理数据传输队列等。

3）事件管理

事件处理模块主要负责系统所接入的 RFID 读写器设备的操作，同时监管 RFID 读写器设备与 RFID 标签之间的交互通信。

4）安全认证管理

该模块用于 RFID 读写器读写过程中数据安全管理、数据传输过程中的安全管理、用户对于 RFID 读写器设备控制权限的管理等。

5）应用程序接口

该模块为应用系统提供数据传输、控制管理、安全管理的接口功能。

3. PML 语言的系统应用

物理标识语言（Physical Markup Language，PML）以 XML 语言为基础，由麻省理工大学 Auto-ID 中心提出，用于在物联网技术应用系统中对 RFID 标签、传感器等物品进行描述。PML 主要分为 PML Core 与 PML Extension 两部分，PML Core 主要用于读写器、传感器、数据服务器等数据的交换，PML Extension 主要应用于整合其他来源的用户信息。图 7-8 是 PML 语言中 PML Core 的示例。

```
<?xml version="1.0" encoding="UTF-8"?>
    <VERSION>1.2.0</ VERSION>
    <RFID Reader>
        <ID>0000000000000001</ID>
        <INDEX>000000000000000A</INDEX>
        <DATA>
            <DIR>In</DIR>
            <NUM>x</NUM>
            <ITEM>
                <item>
                <id>11223344</id>
                <len>x.y</len>
                <addr>addrx</addr>
                <data_int>datax</data_int>
                <data_float>datay</data_float>
                </item>
            </ITEM>
        </DATA>
    </RFID Reader>
```

图 7-8　PML Core 的示例

（1）ID：表示系统中 RFID 读写器的编号，RFID 读写器编号长度固定，共 64bit，8 字节，0000000000000000 为保留编码。

（2）INDEX：表示 RFID 读写器生产编号。如果 0000000000000001 编号的读写器生产了 100 台，那么该类型传感器的 INDEX 编码是 0000000000000001 ~ 0000000000000064。0000000000000000 编码保留。

（3）DIR：可以使用 In 和 Out 表示数据的传输方向。当 DIR= “In” 时，表示 RFID 读写器上传数据；当 DIR= “Out” 时，表示服务器端发出控制命令至 RFID 读写器。

（4）NUM：表示该次上传共上传了多少个数据项。

（5）ITEM：数据项元素，其中 ITEM0 ~ ITEMx 表示各个数据项。

（6）id：表示读写器读取的 RFID 标签的 ID 号。

（7）x 和 y：分别表示数据项的整数部分占用的字节和小数部分占用的字节。

（8）addrx：数据的起始地址，这个起始地址只有在数据块中才有效。

（9）datax：数据整数部分，用 16 进制表示，最小单位字节。

（10）datay：数据小数部分，用 16 进制表示，最小单位字节。

通过以上的 PML Core 示例可以发现数据完全是和系统中 RFID 读写器硬件相互关联的，在公交车计费管理系统中需要加入用户信息，就需要 PML Extension 部分信息，图 7-9 是加入用户姓名（user name）、用户电话（Phone number）、RFID 卡注册时间（register date）等用户信息后的示例。

```
<?xml version="1.0" encoding="UTF-8"?>
    <VERSION>1.2.0</ VERSION>
    <RFID Reader>
        <ID>0000000000000001</ID>
        <INDEX>000000000000000A</INDEX>
        <DATA>
            <DIR>In</DIR>
            <NUM>x</NUM>
            <ITEM>
                <item>
                <id>11223344</id>
                <len>x.y</len>
                <addr>addrx</addr>
                <data_int>datax</data_int>
                <data_float>datay</data_float>
                <user>user name</user>
                <contact>Phone number</contact>
                <register date>register date</register date>
                </item>
            </ITEM>
        </DATA>
    </RFID Reader>
```

图 7-9　加入用户信息的 PML 代码

PML 数据采集处理的过程如图 7-10 所示。

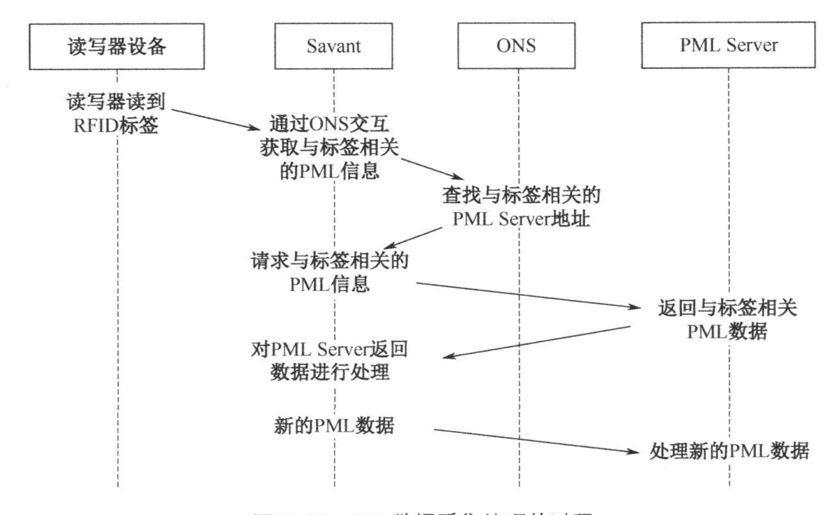

图 7-10　PML 数据采集处理的过程

（1）Savant，一个事件路由器和局部控制系统，用来执行数据的采集、控制、过滤及数据传输，是 RFID 读写器和服务器之间的中间件。

（2）ONS（Object Name Service），用于连接 HFID 标签与之对应的 PML 数据文件，ONS 是一个网络服务器系统,存储与 RFID 标签相关的 PML 数据信息服务器的 IP 地址。

（3）PML Server，用于存储与 RFID 标签相关的 PLM 数据。

4. 交通卡（MIFARE S50）的存储器结构及密钥管理

此部分内容已在 2.4 节里详细论述，本章不再赘述。

7.1.4 RFID 公交车计费系统设计与制作

RFID 公交车计费系统需要对交通卡、RFID 读写器、RFID 读写器网关和计费管理系统进行设计与制作，交通卡本身可直接利用塑封好的 MIFARE S50/S70 卡。

1. 交通卡 RFID 读写器的设计与制作

在公交车计费系统中使用的 13.56MHz 高频读写器通常由 MCU、接口模块、电源管理模块、指示灯、射频模块、天线共 6 个模块组成，如图 7-11 所示。

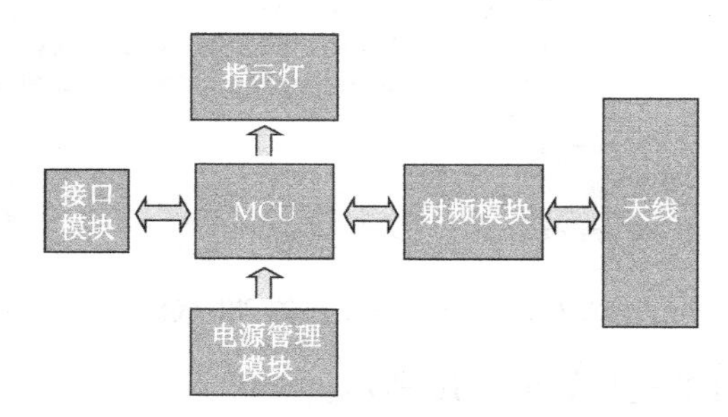

图 7-11　高频 RFID 读写器结构框图

在完成读写器模块的架构设计后会采用目前比较常用的硬件设计软件 Pads 进行原理图及 PCB 的设计，随后制作 PCB 板并把相关电子芯片和部件焊接到 PCB 板上，如图 7-12 所示。

2. RFID 读写器网关的设计与制作

交通卡 RFID 读写器网关通常由 MCU、接口模块、电源管理模块、指示灯共 4 个模块组成，如图 7-13 所示。

在完成网关模块的架构设计后采用硬件设计软件 Pads 进行原理图及 PCB 的设计，随后制作 PCB 板并把相关电子芯片和部件焊接到 PCB 板上，如图 7-14 所示。

3. 计费管理系统的设计

根据公交车的实际计费业务需求，把整体业务划分成发卡管理、充值管理、扣费管理、挂失管理四个模块来进行设计制作。

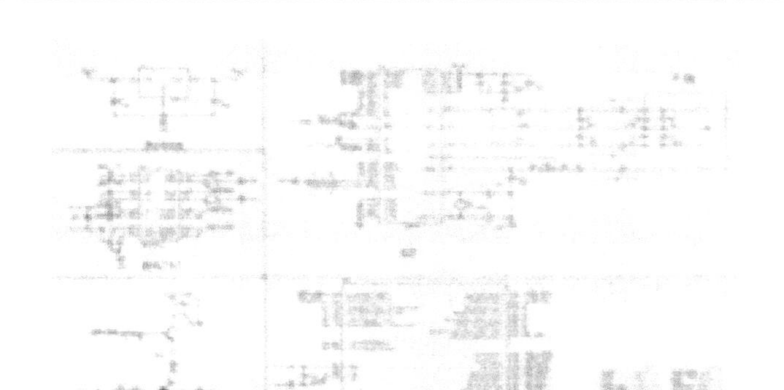

（a）原理图设计

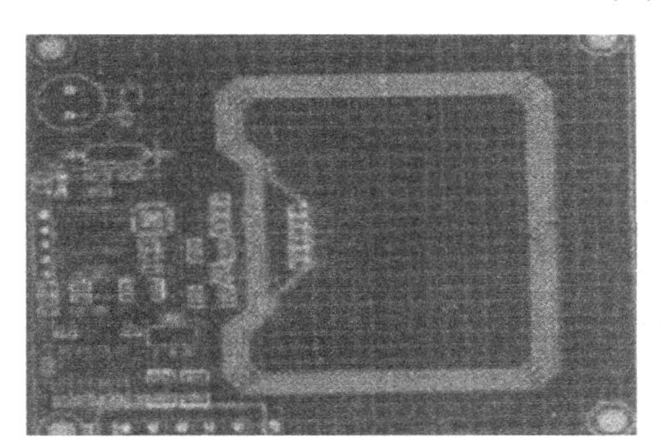

（b）PCB 板设计

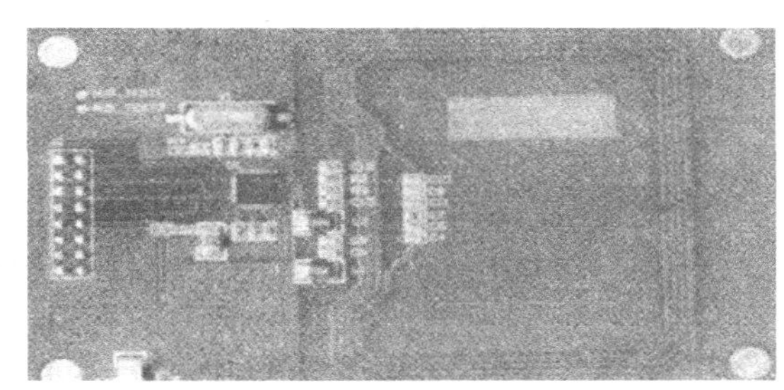

（c）焊接电子部件

图 7-12　高频 RFID 读写器的设计制作

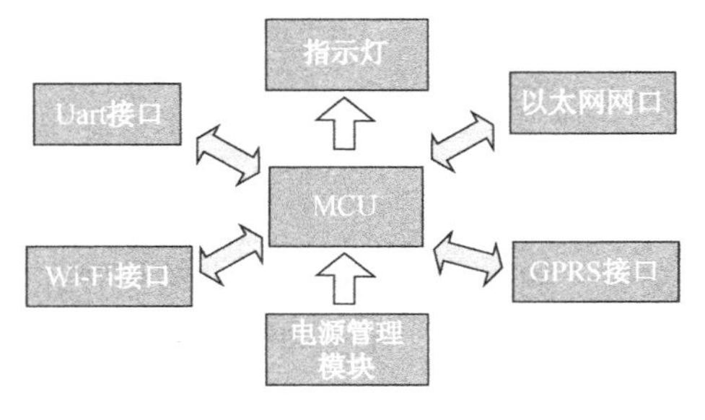

图 7-13　交通卡 RFID 读写器网关结构框图

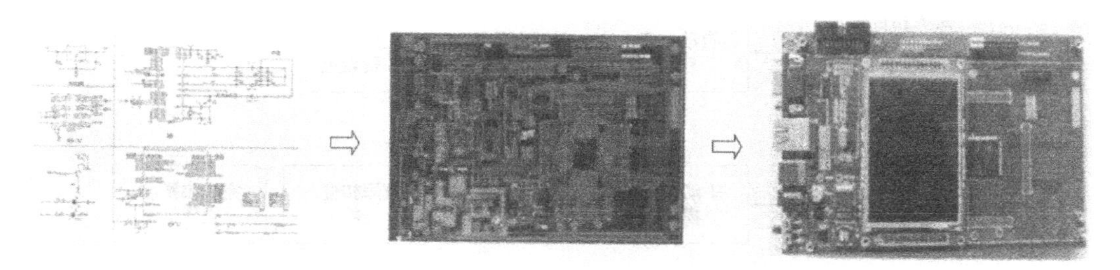

图 7-14　RFID 读写器网关的设计制作

1）交通卡发卡管理

功能：完成交通卡发卡操作。

涉及人员：发卡人员、用户。

涉及设备：读写器。

业务流程：用户在完成交通卡申请后填写用户信息，由发卡人员进行信息的审核，审核通过后发放写好用户信息的交通卡，如图 7-15 所示。

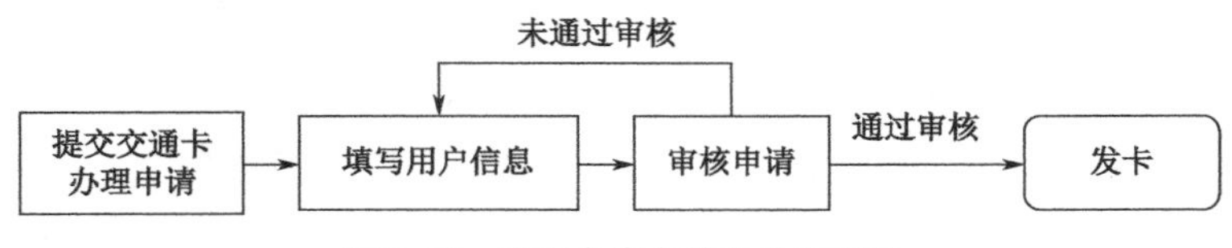

图 7-15　交通卡发卡管理业务流程

2）交通卡充值管理

功能：完成交通卡充值操作。

涉及人员：发卡人员、用户。

涉及设备：读写器。

业务流程：充值人员通过读取交通卡信息确认卡上余额及交通卡工作正常后，在接收用户缴纳的费用后进行交通卡的余额修改操作，如图 7-16 所示。

图 7-16　交通卡充值管理业务流程

3）交通卡扣费管理

功能：完成交通卡扣费操作。

涉及人员：计费人员、用户。

涉及设备：读写器。

业务流程：本系统中交通卡的扣费操作被分为自动扣费和手动扣费两种模式。自动扣费模式下须设置每次刷卡扣除的金额，在手动扣费模式下须输入扣费金额，如图 7-17 所示。

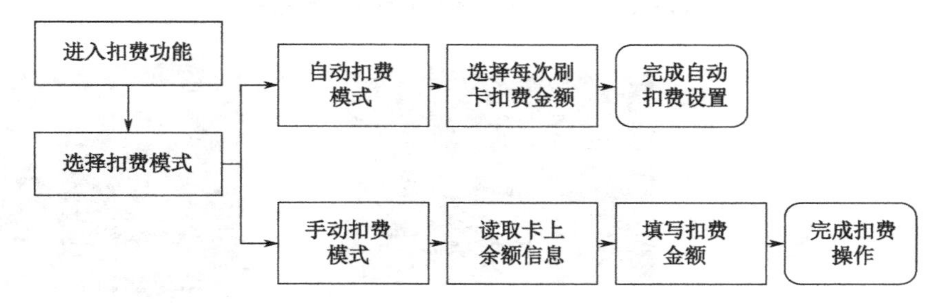

图 7-17　交通卡扣费管理业务流程

4）交通卡挂失管理

功能：完成交通卡挂失操作。

涉及人员：发卡人员、用户。

涉及设备：读写器。

业务流程：用户在交通卡遗失后，向发卡人员提交交通卡挂失申请，在完成申请表的审核后进行卡的挂失操作，如图 7-18 所示。

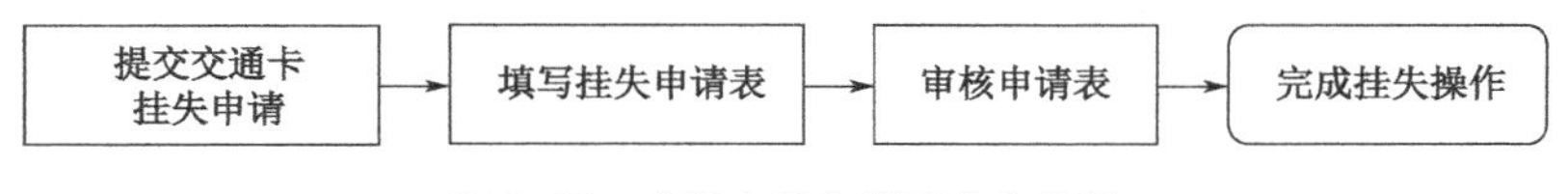

图 7-18　交通卡挂失管理业务流程

7.2 RFID 仓储管理系统

7.2.1 RFID 仓储管理系统应用背景

仓储管理广泛应用于各个行业，设计与建立仓储管理流程可以提高仓储周转效率和资金效率，减少企业生产流通成本，是企业提高经营效率的重要环节。传统的仓储管理系统通常使用条形码方式进行，而条形码存在易复制、不防污、不防潮、只能近距离识别等缺点。RFID 技术的优越性可以很好地克服传统技术的限制，极大地提高自动识别的效率和可靠性。目前物流、仓储、流通各行业已纷纷采用 RFID 电子标签来替代条形码或并用。

7.2.2 RFID 仓储管理系统架构

RFID 仓储管理系统架构如图 7-19 所示。

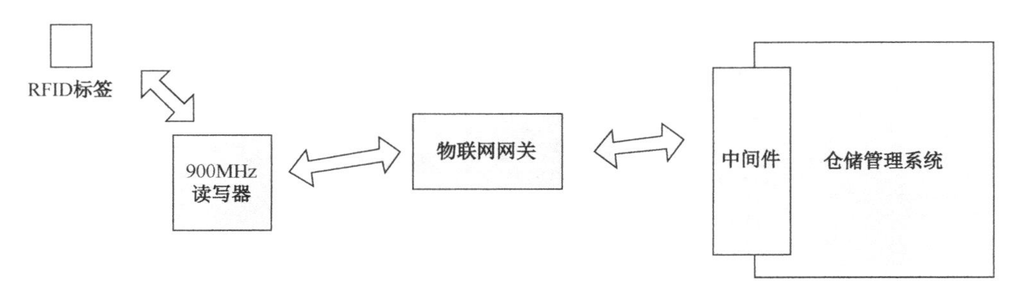

图 7-19　RFID 仓储管理系统架构

RFID 仓储管理系统主要由以下四部分构成。

1. 超高频 RFID 电子标签

本系统采用超高频技术实现对仓储物资的管理。RFID 标签主要用于替代传统条码或手工编号对仓储物资进行标识管理，目前一般采用 EPC Gen2 标准电子标签。EPC Gen2 电子标签种类齐全、封装可靠，可以用于各种物品的管理。图 7-20 是较常用的飞利浦 UCODE 系列电子标签。

2. 超高频 RFID 读写器

本系统中超高频 RFID 读写器设备主要通过对 RFID 标签数据进行读写操作来实现对仓库物资的盘点、出入库登记、查询等功能，超高频 RFID 读写器如图 7-21 所示。

图 7-20 较常用的飞利浦 UCODE 系列电子标签

图 7-21 超高频 RFID 读写器

3. RHD 读写器网关（物联网网关）

在本系统中 RFID 读写器网关的主要作用是将读取的电子标签信息使用 PML 语言的格式进行封装，通过网络接口传输至 PC 端的仓储管理系统应用程序，RFID 读写器网关如图 7-22 所示。

图 7-22 RFID 读写器网关

4. 仓储管理系统

仓储管理系统须具备物资采购、入出库、盘点、查询、用户权限管理等用户应用层模块，以及支持应用层的数据层模块、传输层模块和电子标签读写终端等物理层设备，如图 7-23 所示。

<table>
<tr><td>应用层</td><td>采购模块</td><td colspan="2">物资出入库管理模块</td><td>物资盘点管理模块</td><td>用户管理模块</td><td colspan="2">权限管理模块</td><td>查询及报表模块</td></tr>
<tr><td>数据层</td><td colspan="2">数据解析</td><td colspan="2">数据存储</td><td colspan="2">数据关联</td><td colspan="2">数据备份</td></tr>
<tr><td>传输层</td><td colspan="4">数据传输方式</td><td colspan="4">数据传输通信协议</td></tr>
<tr><td>物理层</td><td>电子标签</td><td colspan="2">阅读器</td><td>出入库管理终端</td><td>防盗终端</td><td colspan="2">标签打印机</td><td>网络设备</td></tr>
</table>

图 7-23 仓储管理系统的层次结构

1）应用层

应用层分为采购、物资出入库管理、物资盘点管理、用户管理、权限管理、查询及报表共 6 大模块。

2）数据层

数据层主要进行系统中标签数据、用户数据、业务数据的解析、管理、存储等。

3）传输层

传输层主要进行应用系统与物理层硬件设备间的数据的交互传输，传输方式主要采用 TCP/IP，通过串口或网口进行传输。

4）物理层

物理层完成数据的采集、标签信息的读写、数据的记录。

7.2.3 RFID 仓储管理系统工作原理

这里重点介绍 RFID 读写器与 EPC Gen2 电子标签的交互通信，EPC Gen2 电子标签的存储器结构已在 3.3 节里详细论述过了。

在 EPC Gen2 协议中，读写器通过选择（Select）、盘存（Inventory）、访问（Access）三个基本操作来管理标签群，每个操作均由一个或一个以上的命令组成。根据读写器的操作，标签对应于就绪（Ready）、仲裁（Arbitrate）、应答（Reply）、确认（Acknowledge）、开放（Open），保护（Secured）、销毁（Killed）7 个状态中的一个，如图 7-24 所示。注意，标签具体状态迁移条件相当复杂，可参阅原版 EPC Gen2 标准规范书。

1. 选择（Select）

读写器选择标签群以便于盘存和访问的过程。读写器以一个或一个以上的 Select 命令在盘存之前选择特定的标签群。

2. 盘存（Inventory）

盘存是读写器识别标签的过程。读写器发出 Query 命令，开始一个盘存周期，一个或一个以上的标签可以应答。读写器检查某个标签应答，请求该标签发出 PC、EPC 和 CRC-16。同时只在一个通话中进行一个盘存周期，如图 7-25 所示。

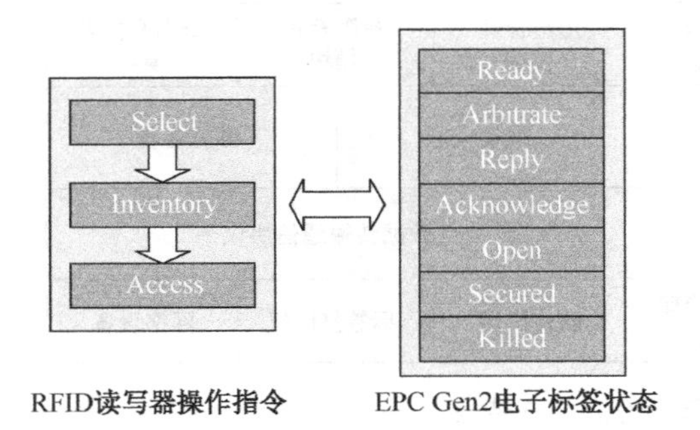

图 7-24　读写器操作和电子标签的状态

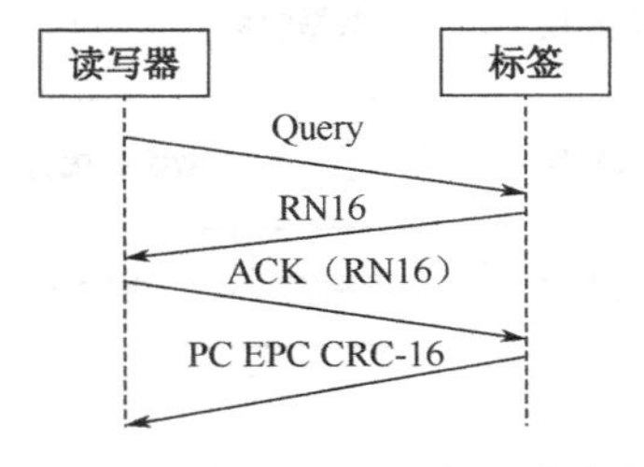

图 7-25　读写器和电子标签的盘存

3. 访问（Access）

访问是读写器与各标签交易（读取或写入标签）的过程。访问前必须要对标签进行认证识别。访问由多个命令组成，首先要发送访问口令使标签进入保护状态。如内存锁定状态允许，读写命令也可以从开放状态开始执行，发送访问口令的过程如图 7-26 所示。

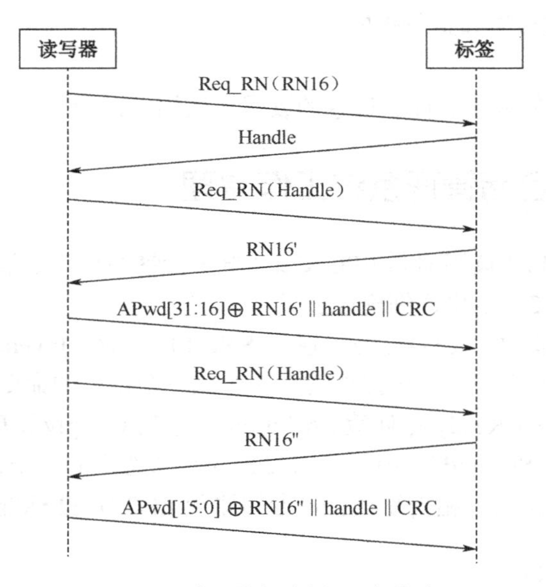

图 7-26　读写器发送访问口令的过程

（1）读写器发送“Req_RN”给已确认的标签。

（2）标签产生一个新的“RN16”（标记为 Handle）存储在标签中，同时把 Handle 发送给读写器。

（3）读写器发送“Reg_RN”给已确认的标签，参数为 Handle。

（4）标签产生一个新的随机数“RN16′”发送给读写器。

（5）读写器将高 16 位访问口令和“RN16′”进行异或运算计算出密文，并带上参数 Handle 和 CRC 一起发送给标签。

（6）读写器发送“Req_RN”给已确认的标签，参数为 Handle。

（7）标签产生一个新的随机数 RN16″发送给读写器。

（8）读写器将低 16 位访问口令和 RN16″进行异或运算计算出密文，并带上参数 handle 和 CRC 一起发送给标签。

7.2.4 RFID 仓储管理系统设计与制作

RFID 仓储管理系统需要对超高频 RFID 读写器、RFID 读写器网关和仓储管理系统进行设计与实施，电子标签本身可直接从市场上采购，比如飞利浦 UCODE 系列电子标签。

1．超高频 RFID 读写器的设计与制作

超高频 RFID 读写器主要包括 MCU、指示灯、接口模块、电源管理模块、As3991 射频芯片、变压器模块、功率放大器模块、环形器、天线等组成，如图 7-27 所示。

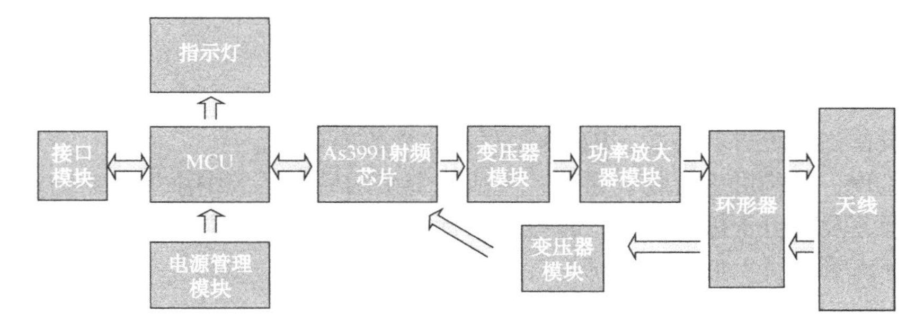

图 7-27　超高频 RFID 读写器结构

超高频读写器从原理图的设计到 PCB 布局设计都可以使用 Pads 软件进行，如有需要可登录到 www.demo-board.com/bbs 网站获取。设计完成的 PCB 电路可交由 PCB 生产、贴片企业进行成品加工。读写器的设计制作流程如图 7-28 所示。

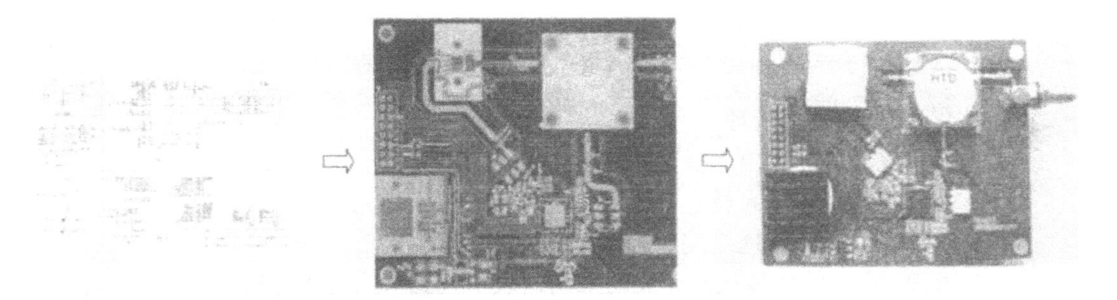

图 7-28　读写器的设计制作流程

2．仓储管理系统的设计

根据实际仓储管理业务需求，把整体业务划分成耗材类物资采购、入库管理类物资

采购、物资入出库登记、物资借用登记、物资归还登记、物资报废登记、物资盘点七个模块来设计。

1）耗材类物资采购

功能：完成公司所使用耗材的管理。

涉及人员：采购员。

涉及设备：系统采购终端。

业务流程：采购员在完成系统登录后，在管理界面中选择采购清单中的耗材类物资，然后进行物资采购。完成物资采购后在系统采购清单中对相应的物资进行采购状态的修改（标记为完成采购），如图 7-29 所示。

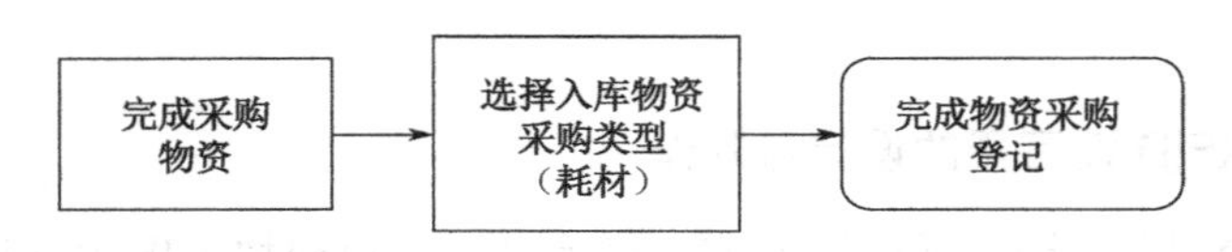

图 7-29　耗材类物资采购业务流程

2）入库管理类物资采购

功能：完成物资的采购及归档管理。

涉及人员：采购员。

涉及设备：系统采购终端、RFID 读写器、条码打印机。

业务流程：采购员进行物资采购，完成物资采购后在系统中添加采购物资的信息。选择打印标签及写电子标签操作，将打印的标签及写好信息的电子标签粘贴在物资上，然后交给仓库管理员，如图 7-30 所示。

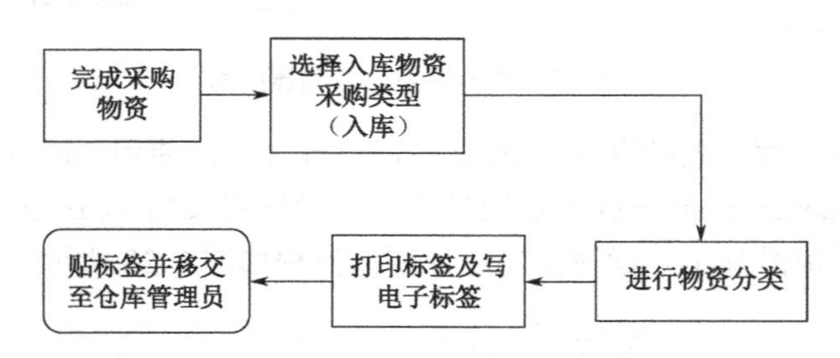

图 7-30　入库管理类物资采购业务流程

3）物资入出库登记管理

功能：完成物资的入出库登记。

涉及人员：仓库管理人员。

涉及设备：出入库管理终端、RF1D 读写器。

业务流程：仓库管理员从已完成的采购列表中找到对应的入库物资信息，通过读写器读取物资的 RFID 标签，仓库管理员进行物资入库确认后完成物资入库操作，如图 7-31 所示。出库时仓库管理员从出库列表中获取出库物资信息，从库位通过读写器读取物资的 RFID 标签进行出库物资的分拣，完成后出库并自动更新出库登记，如图 7-32 所示。

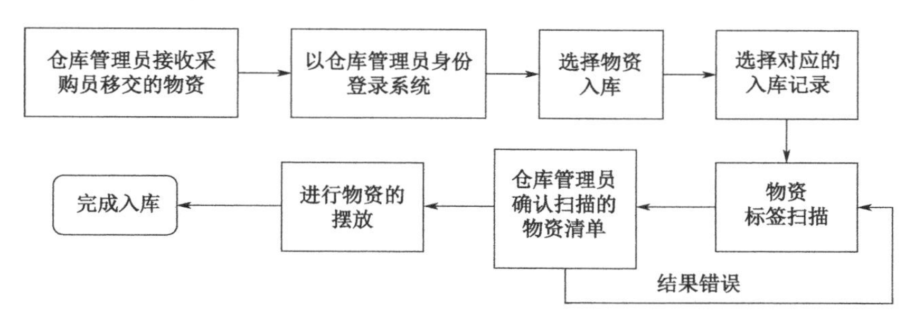

图 7-31　物资入库业务流程

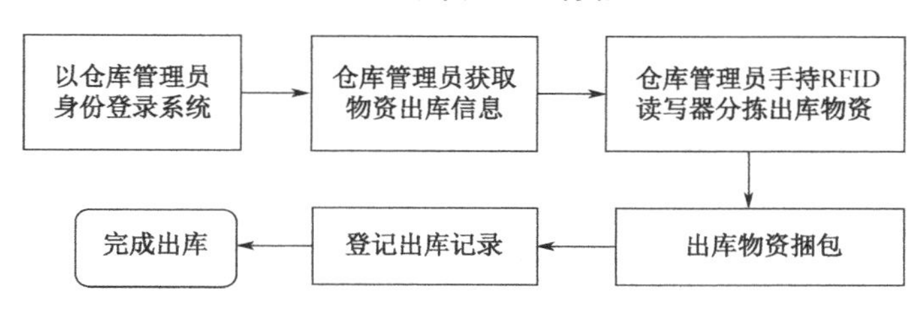

图 7-32　物资出库业务流程

4）物资借用登记管理

功能：完成物资的借用登记。

涉及人员：审核人员、物资申请人员、仓库管理员。

涉及设备：出入库管理终端、RFID 读写器。

业务流程：物资借用申请人通过系统填写物资借用申请，由审核人员审核通过后，仓库管理员取出货物，办理出口手续后交给物资申请人员，如图 7-33 所示。

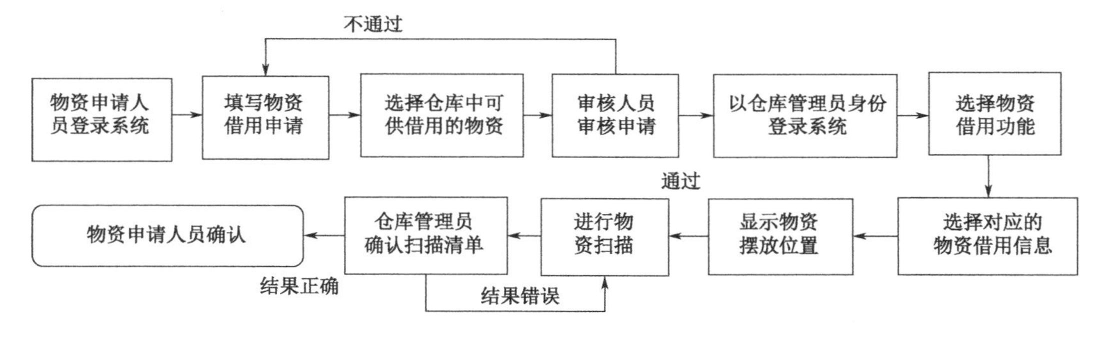

图 7-33　物资借用业务流程

5）物资归还登记管理

功能：完成物资的归还登记。

涉及人员：仓库管理员、物资申请人员。

涉及设备：出入库管理终端、RFID 读写器。

业务流程：物资借用人将物资交还仓库管理员，仓库管理员在系统中找到物资对应的借用信息，通过读写器读取物资 RFID 标签来完成入库确认操作，如图 7-34 所示。

6）物资报废登记管理

功能：完成废旧物资的报废操作。

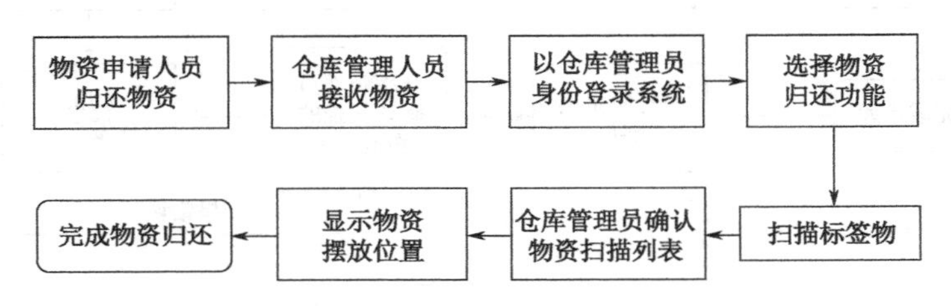

图 7-34 物资归还业务流程

涉及人员：审核人员、仓库管理员。

涉及设备：出入库管理终端、RFID 读写器。

业务流程：仓库管理员在系统中填写物资报废申请表，选择要报废的物资，完成报废申请。通过审核人员审核后，仓库管理员在仓库中找到要报废的物资，用读写器读取物资上的 RFID 标签信息后完成物资报废操作，如图 7-35 所示。

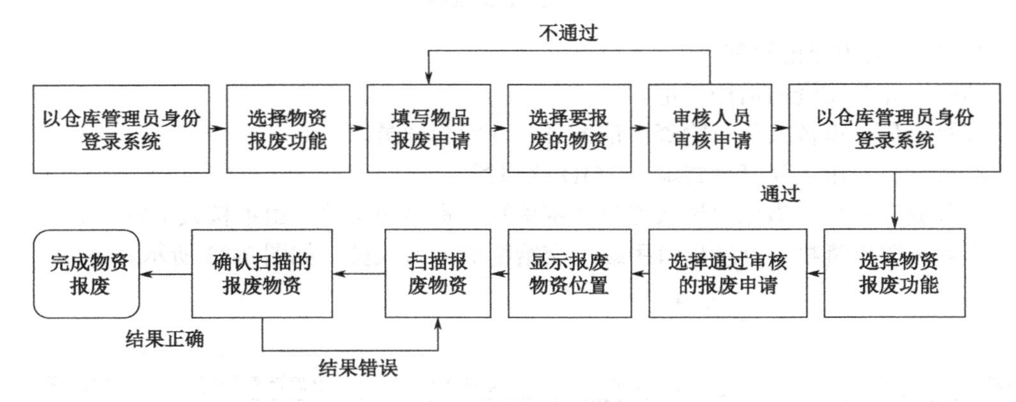

图 7-35 物资报废业务流程

7）物资盘点管理

功能：完成仓库中物资的盘点操作。

涉及人员：仓库管理员。

涉及设备：RFID 读写器。

业务流程：仓库管理员通过手持读写器设备先扫描货架柜标和层标，然后扫描该货架层上的物资，进行数据保存操作，如图 7-36 所示。

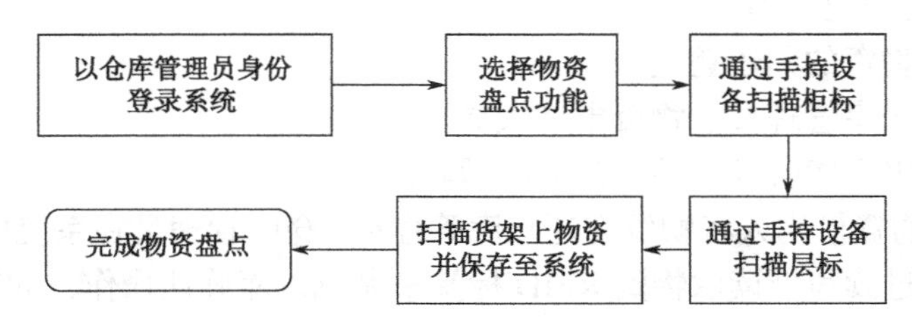

图 7-36 物资盘点业务流程

7.3 RFID 图书预约书架系统

7.3.1 RFID 图书预约书架系统应用背景

当今社会文献具有生产数量大、增长快，类型复杂、形式多样，时效性强、传播速度快，内容交叉重复、所用语种扩大等特点，使人们普遍感到图书馆中的资料利用起来十分不容易，如用传统的借阅方法往往要耗去几个小时甚至几天的时间。

随着计算机及网络技术的成熟与广泛应用,许多重复性工作已经由计算机来处理与控制。现在很多图书馆开通了网上预约图书业务，但在取书、借书环节仍需要工作人员的人工操作，往往出现排队等候的现象。本系统将 RFID 无线射频识别技术和计算机技术紧密结合，实现图书预约书籍自动借阅的功能，用户网上成功预约书籍后，在系统反馈的时间段内进入图书馆的预约书架区域,刷卡后专用预约书架上将亮灯以提示该预约书籍所在的位置，以此来加快取书的速度，提高工作效率。

7.3.2 RFID 图书预约书架系统运行流程及硬件组成

RFID 图书预约书架系统运行流程如图 7-37 所示。

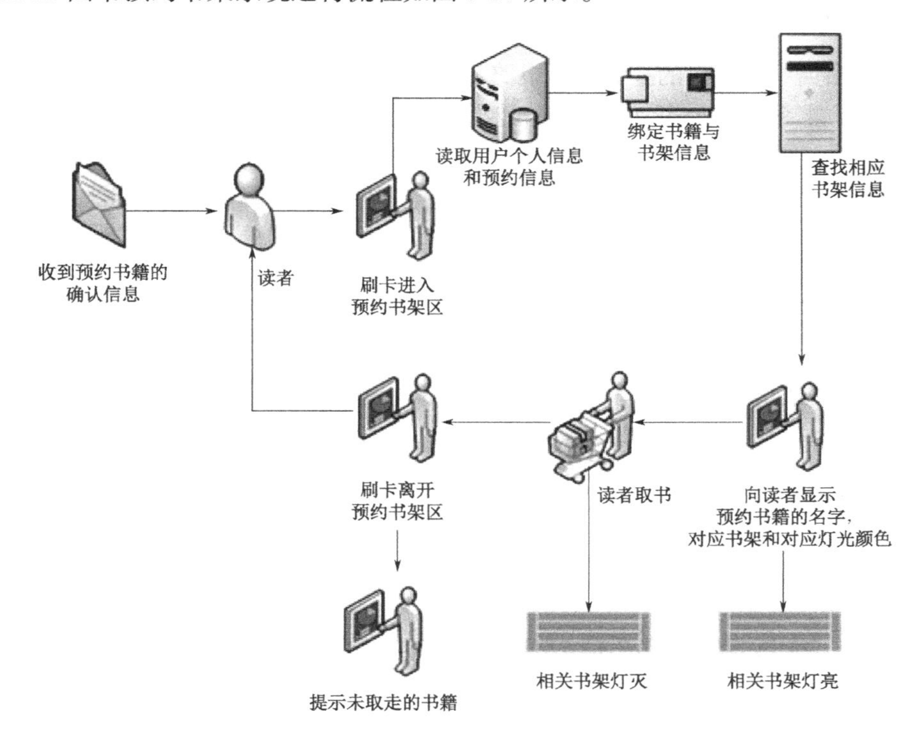

图 7-37　RFID 图书预约书架系统运行流程

系统的主要硬件组成如下。

1. RFID 读写器/天线

RFID 读写器/天线用于读取当前书架上的即时书籍信息并反馈给主机。本系统可采用ALIEN ALR-9900系列RFID超高频读写器（图 7-38）和 ALIEN 平板天线。

图 7-38　ALIEN ALR - 9900 系列 RFID 超高频读写器

2. 显示屏/触摸屏

显示屏/触摸屏显示当前预约者的信息、预约书籍信息及当前预约书籍的位置信息；读者可以通过点选屏幕上的书籍，获得预约书籍的信息。

显示屏可以直接采用计算机显示器，也可以使用 7 寸或略小的液晶显示屏。触摸屏可以用平板电脑代替，也可以使用 7 寸或略小的触摸屏。

3. 控制单元电路板

控制单元电路板根据主机发出的控制信号，寻找地址，控制提示灯的电压以实现亮灭提示功能。本系统可采用 AT500 滑轨式控制器，如图 7-39 所示。

4. 提示灯

提示灯根据主机发出的控制单元电路板的信号，向预约者提供实时、直观的预约书籍位置信息。本系统可采用 AT70N 经济型提示灯，如图 7-40 所示。

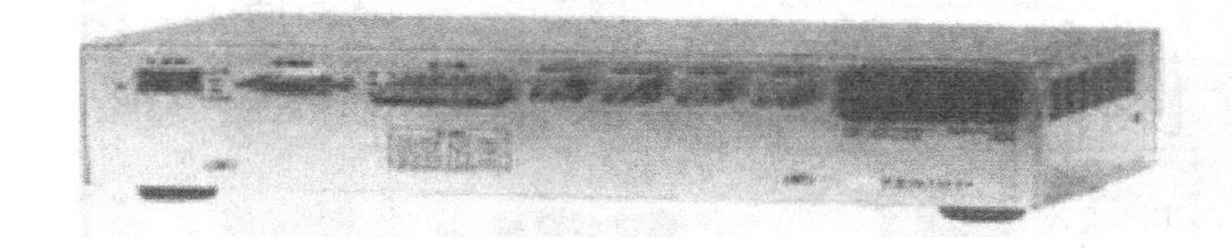

图 7-39　AT500 滑轨式控制器

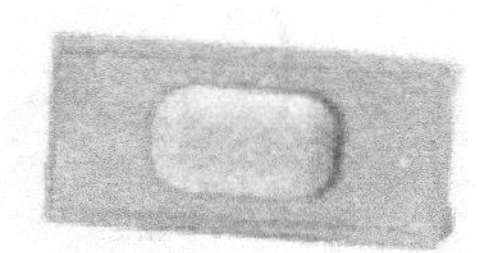

图 7-40　AT70N 经济型提示灯

5. 预约书架

预约书架用于放置 RFID 读写器及预约书籍，可采用现有书架或找厂家定制。

6. 其他

此外，还需要串行总线扩展版、连接线、排线器等设备。

7.3.3　RFID 图书预约书架系统工作原理

读者通过网上图书预约系统选取图书，系统通过图书数据库检索把结果数据反馈给读者和图书馆工作人员，工作人员从图书库中分拣相应的图书并放置到预约书架上。预约书架上的 RFID 读写器及时读取到书架上的书籍信息并反馈给管理服务器主机。读者进入预约室刷图书卡，管理服务器主机自动识别读者信息和预约信息，判断书籍的位置，通过控制单元来点亮书籍位置提示灯，方便读者快速取到书籍。读者携书出门时再一次刷卡确认借书，管理服务器主机提示借书清单和归还日期，完成借书流程。

7.3.4 RFID 图书预约书架系统设计

根据读者图书预约借书活动需求（图 7-41），把整体业务划分成读者进入预约室、读者找书、读者离开预约室、预约室用户界面四个模块来进行设计。

读者进入预约室、找书和离开预约室的活动行为和系统反应分别如图 7-42、图 7-43 和图 7-44 所示。预约室用户界面的主界面和副界面如图 7-45 和图 7-46 所示。

另外，RFID 图书预约书架系统的具体图书信息数据要参照各个具体图书馆的图书数据库和网上预约系统信息，类似的 RFID 图书预约书架系统已在某些大学图书馆运用。

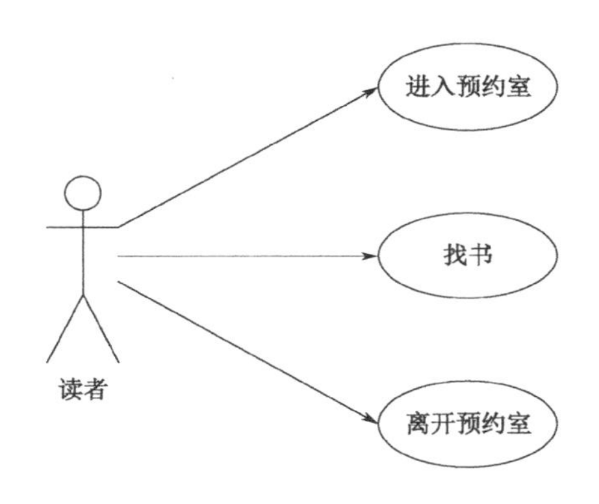

图 7-41 读者图书预约借书活动

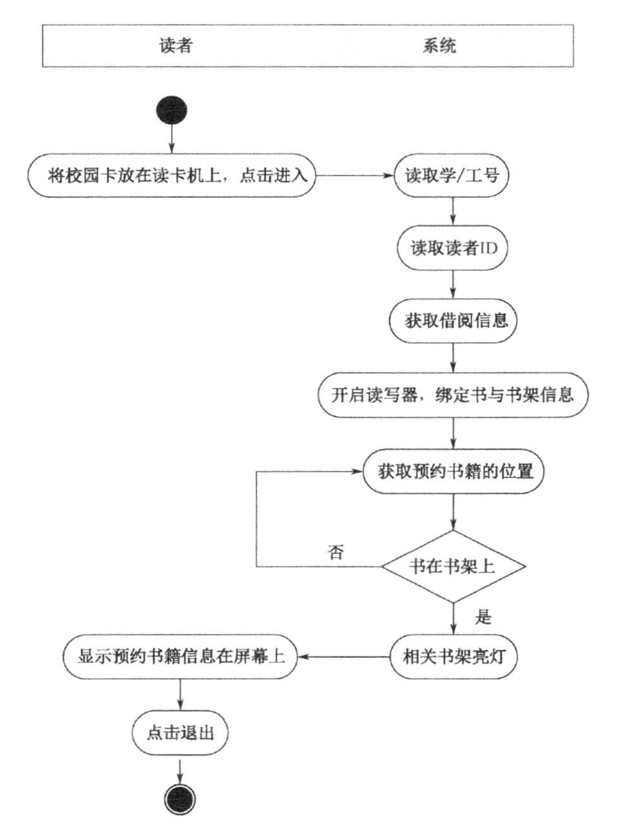

图 7-42 读者进入预约室的活动行为和系统反应

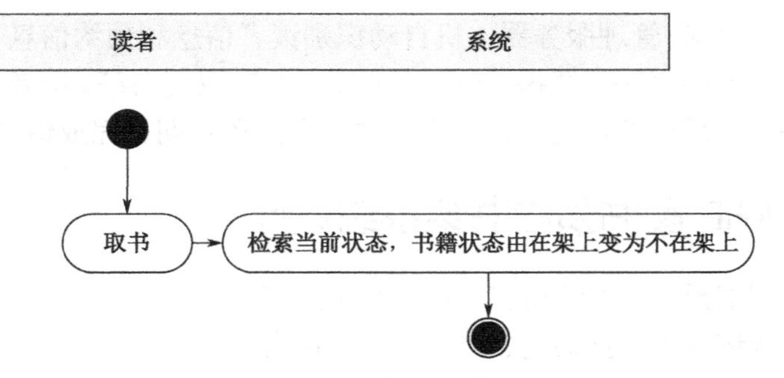

图 7-43　读者找书的活动行为和系统反应

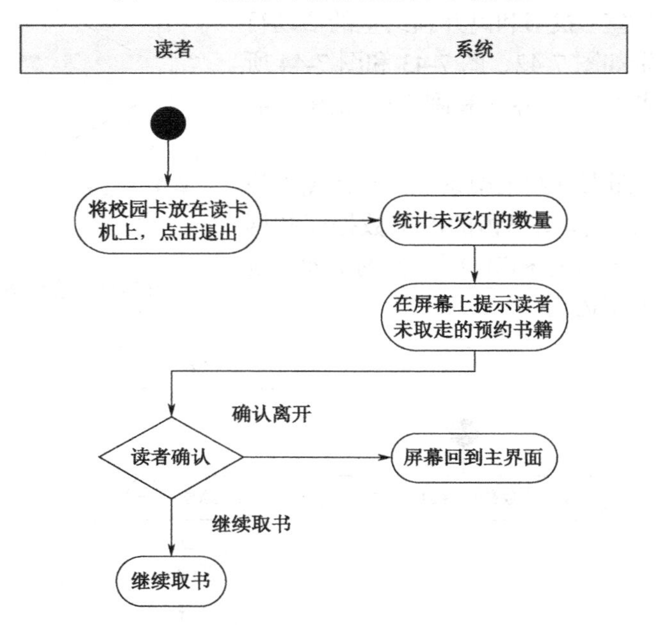

图 7-44　读者离开预约室的活动行为和系统反应

图 7-45　预约室用户界面的主界面

图 7-46　预约室用户界面的副界面

7.4 小结

- ✧ RFID 公交车计费系统
- ✧ RFID 仓储管理系统
- ✧ RFID 图书预约书架系统

第8章

二维码识别技术

导学

- 一维条形码手工原理、分类及 Code39 码
- 二维码的产生及其特点
- 二维码与其他识别技术的对比
- 二维码的应用及发展趋势
- 二维码的标准化

8.1 一维条形码手工操作

8.1.1 一维条形码原理

一维条形码所代表的信息是由一组规则排列的条、空按一定的规则代表的字符。“条”指对光线反射率较低的部分，“空”指对光线反射率较高的部分，这些条和空组成的数据表达一定的信息，并能够用特定的设备识读，转换成与计算机兼容的二进制和十进制信息。

一维条形码信息量大小的表示方法：条形码信息靠条和空的不同宽度和位置来传递，信息量的大小是由条形码的宽度和印制的精度来决定的，条形码越宽，包含的条和空越多，信息量越大；条形码印制的精度越高，单位长度内可以容纳的条和空越多，传递的信息量也就越大。

通常对于每一种物品，它的编码是唯一的，对于普通的一维条形码来说，还要通过数据库建立条形码与商品信息的对应关系，当条形码的数据传到计算机上时，由计算机上的应用程序对数据进行操作和处理。因此，普通的一维条形码在使用过程中仅作为识别信息，它的意义是通过在计算机系统的数据库中提取相应的信息而实现的。

8.1.2 一维条形码分类

码制即指条形码条和空的排列规则，常用的一维条形码的码制包括 EAN 码、Code39 码、交叉 25 码、UPC 码、Code128 码、93 码，及 Codabar（库德巴码）等。不同的码制有不同的应用领域，其外观区分方法见表 8-1。

表 8-1 常见的一维码制外观区分方法

一维码制	外观特点	条码
Code39	起始码和终止码固定为字符	*5363747*
Code128	可表示较全面的字符（数字、字母和符号）同时每种编码通过 11 个黑白条模块的组合实现	1245567&&

续表

一维码制	外观特点	条码
ITF 码（交叉 25 码）	分为带边框和不带边框两种类型，（右图为带边框类型）开始模式为窄条、窄空、窄条、窄空、非条码字符，结束模式为宽条、窄空、窄条、非条码字符	01234567
EAN 码	由起始符开始，终止符结束，两种符号长度都比数据长	9874 6460

8.1.3 Code39 码的编码方式

Code39 码的每一个字符编码方式（表 8-2）都由九条不同排列的线条编码组成，可区分成如下四种类型。

表 8-2 Code39 码的字符编码方式

类别	线条形态	逻辑形态	线条数目
粗黑线	■	11	2
细黑线	▮	1	1
粗白线	□	00	2
细白线	▯	0	1

1. 英文字母部分

26 个英文字母所对应的 Code39 码逻辑值见表 8-3。

表 8-3 26 个英文字母所对应的 Code39 码逻辑值

字符	逻辑值	字符	逻辑值
A	110101001011	N	101011010011
B	101101001011	O	110101101001
C	110110100101	P	101101101001
D	101011001011	Q	101010110011
E	110101100101	R	110101011001
F	101101100101	S	101101011001
G	101010011011	T	101011011001
H	110101001101	U	110010101011
I	101101001101	V	100110101011
J	101011001101	W	110011010101
K	110101010011	X	100101101011
L	101101010011	Y	110010110101
M	110110101001	Z	100110110101

2. 数字与特殊符号部分

Code39 码也可表示数字 0 ~ 9 及特殊符号，其对应的逻辑值见表 8-4。

表 8-4 数字与特殊符号母所对应的 Code39 码逻辑值

字　符	逻 辑 值	字　符	逻 辑 值
0	101001101101	+	100101001001
1	110100101011	-	100101011011
2	101100101011	*	100101101101
3	110110010101	/	100100101001
4	101001101011	%	101001001001
5	110100110101	$	100100100101
6	101100110101	.	110010101101
7	101001011011	空白	100110101101
8	110100101101		
9	101100101101		
0	101001101101		
1	110100101011		
2	101100101011		

3. 绘制一维条形码的方法

（1）Code39 码组成图如图 8-1 所示。

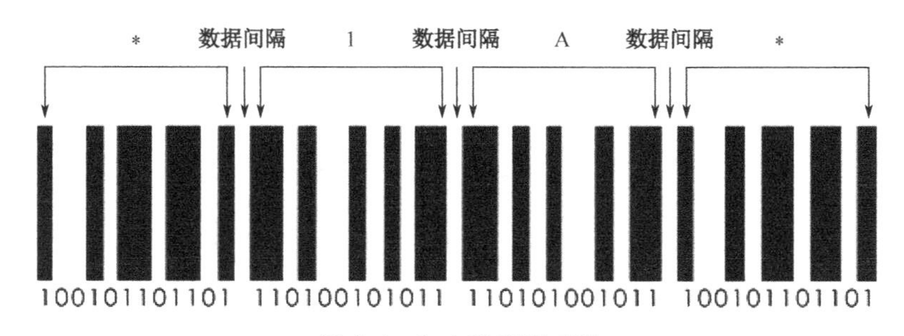

图 8-1 Code39 码组成图

（2）Code39 码组成规律

① Code39 码每个字符由 12 个 bit 位的二进制码组成。

② 每个字符间有一个数据间隔，即空白。

③ 前后开始与结束必须有*号数据。

④ 在两*号字符中间插入数据。

⑤ 黑白线条的比例为 1:1，由 0 或 1 组合而成。

（3）在纸上绘制 Code39 码（图 8-2）。

图 8-2　在纸上绘制 Code39 码

从浅黑色线条区开始绘制，在虚线间绘制，中间浅黑线条为间隔符。

（4）注意事项。

手绘的一维条形码使用手机扫描时如扫不出结果，可在扫描时左右摇晃，或者在扫描时抬高手机。

8.1.4　使用软件绘制一维条形码

运行“一维码绘制与校验.exe”应用程序，完成情景任务，软件主界面如图 8-3 所示。

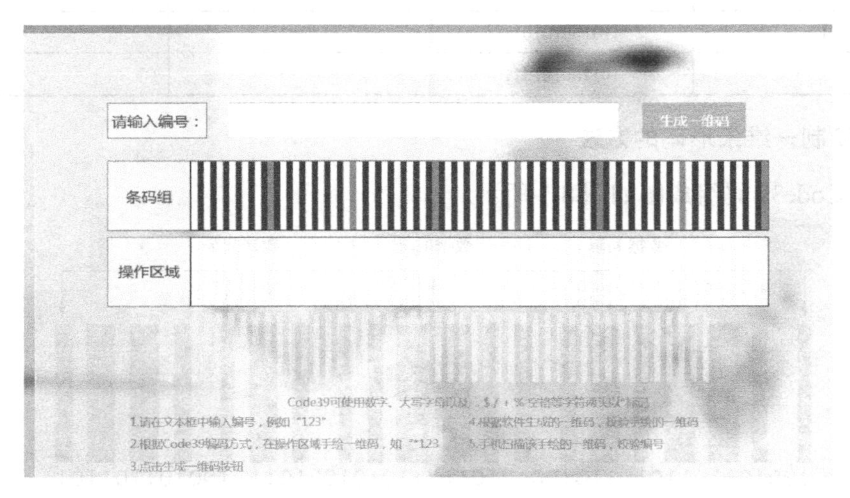

图 8-3　“一维码绘制与校验”软件主界面

8.2　二维码的产生与特点

条形码技术是由美国的 N.T.Woodland 在 1949 年首先提出的，20 世纪 70 年代起，随着计算机应用的不断普及，条形码得到了很大发展，它已广泛应用于商业流通、仓储、医疗卫生、图书情报、邮政、铁路、交通运输、生产自动化管理等领域。条形码技术的应用极大地提高了数据采集和信息处理的速度，改善了人们的工作和生活环境，提高了工作效率，并为管理的科学化和现代化做出了重要贡献。

一维条形码（图 8-4）由宽度不同、反射率不同的条和空，按照一定的编码规则（码制）编制而成，用以表达一组数字或字母符号信息。平时生活里我们经常用到条形码，如超市里的商品、图书馆里的图书都贴有这种竖条纹的条形码（一维条形码），用识别器一扫描，物品的品名、种类、价格等信息在计算机上一目了然。

图 8-4　一维条形码

一维条形码最大的问题就是信息只能在一个方向表达，承载的容量太少，需要用条码扫描仪扫描，对条码附载的介质也有比较高的要求，应用范围受到了一定的限制。美国 Symbol 公司于 1991 年正式推出名为 PDF417 的二维码（图 8-5），简称 PDF417 条形码，即“便携式数据文件”，常用于航班登机牌上。

二维码以矩阵形式表达，可以在纵横两个方向存储信息，可存储的信息量是一维条形码的几十倍，并能整合图像、声音、文字等多媒体信息。

图 8-5　PDF417 二维码

二维码具有以下特点。

（1）信息容量大

根据不同的条空比例每平方英寸可以容纳 250 ~ 1100 个字符。在国际标准的证卡有效面积上（相当于信用卡面积的 2/3，约 76mm × 25mm），二维码可以容纳 1848 个字母字符或 2729 个数字字符，约 500 个汉字信息。这种二维条形码比普通条形码信息容量高几十倍。

2）编码范围广

二维条形码可以将照片、指纹、掌纹、签字、声音、文字等可数字化的信息进行编码。

3）保密、防伪性能好

二维条形码具有多重防伪特性，它可以采用密码防伪、软件加密及利用所包含的信息（如指纹、照片等）进行防伪，因此具有极强的保密防伪性能。

4）译码可靠性极高

普通条形码的译码错误率约为百万分之二，而二维条形码的误码率不超过千万分之一。

5）修正错误能力强

二维条形码采用了世界上最先进的数学纠错理论，如果破损面积不超过 50%，条码由于沾污、破损等丢失的信息可以照常读出。

6）容易制作且成本很低

利用现有的点阵、激光、喷墨、热敏/热转印、制卡机等打印技术，即可在纸张、卡片、PVC，甚至金属表面上印出二维码。由此所增加的费用仅是油墨的成本，因此人们又称二维码是“零成本”技术。

7）二维码符号的形状可变

同样的信息量，二维码的形状可以根据载体面积及美工设计等进行自我调整。

8.3 其他自动识别技术

自动识别技术将数据自动采集，对信息自动识别，并自动输入计算机，使得人类得以对大量数据信息进行及时、准确的处理，是构造全球物品信息实时共享的重要组成部分，是物联网的基石。

下面简单介绍自动识别技术中的磁条（卡）技术、IC 卡识别技术、射频识别技术 RFID、声音识别技术，并给出其基本特性的比较。

1. 磁条（卡）技术

磁条技术应用了物理学和磁力学的基本原理。对自动识别设备制造商来说，磁条就是一层薄薄的由定向排列的铁性氧化粒子组成的材料（也称涂料），用树脂粘合在一起并粘在纸或塑料的非磁性基片上。

磁条技术的优点是数据可读写，即具有现场改写数据的能力；数据存储量能满足大多数需求，便于使用，成本低廉，还具有一定的数据安全性；它能粘附于许多不同规格和形式的基材上。这些优点，使之在很多领域得到了广泛应用，如信用卡、银行 ATM 卡、机票、公共汽车票、自动售货卡、会员卡、现金卡（如电话磁卡）、地铁 AFC 等。

磁条技术是接触识读，它与条形码有三点不同：一是其数据可进行部分读写操作，二是给定面积编码容量比条形码大，三是对于物品逐一标识成本比条形码高。接触性识读最大的缺点就是灵活性太差。

磁卡的价格也很便宜，但是很容易磨损，磁条不能折叠、撕裂。

2. IC 卡识别技术

IC（Integrated Card）卡是 1970 年由法国人 Roland Moreno 发明的，他第一次将可编程设置的 IC 芯片放于卡片中，使卡片具有更多功能。通常说的 IC 卡多数是指接触式 IC 卡。

IC 卡（接触式）和磁卡比较有以下特点：安全性高；IC 卡的存储容量大，便于应用，方便保管； IC卡防磁、防一定强度的静电，抗干扰能力强，可靠性比磁卡高，使用寿命长，一般可重复读写10万次以上；IC卡的价格稍高；由于它的触点暴露在外面，有可能因人为的原因或静电损坏。在我们生活中，IC卡的应用也比较广泛，我们接触得比较多的有电话IC卡、购电（气）卡、手机SIM卡、牡丹交通卡（一种磁卡和IC卡的复合卡），以及即将大面积推广的智能水表卡、智能气表卡等。

3. 射频识别技术

射频识别技术的基本原理是电磁理论。射频系统的优点是不局限于视线，识别距离比光学系统远，射频识别卡可具有读写能力，可携带大量数据，难以伪造，智能性较高。射频识别和条形码一样是非接触式识别技术，由于无线电波能“扫描”数据，所以RFID挂牌可做成隐形的，有些RFID识别产品的识别距离可以达到数百米，RFID标签可做成可读写的。

射频标签最大的优点就在于非接触，因此完成识别工作时无须人工干预，适于实现自动化且不易损坏，可识别高速运动物体并可同时识别多个射频标签，操作快捷方便。射频标签不怕油渍、灰尘污染等恶劣的环境，短距离的射频标签可以在这样的环境中替代条形码，例如用在工厂的流水线上跟踪物体。长距离的产品多用于交通，可达几十米，如自动收费或识别车辆身份。

4. 声音识别技术

声音识别技术是根据用户提供的话音进行分析，从而完成身份认证和个体识别的技术。

声音识别系统的价格一般比较便宜，并且它们也可以用在与PC相连的装置上，例如麦克风等。许多人认为，与应用到网络登录上相比，声音认证系统更适合于集成到电话应用中。声音认证与声音识别系统一般都是一起使用的。也就是说，认证系统必须首先识别出说话的语境，然后再对用户进行认证。在认证时主要利用用户声音的唯一特征，如音调、音质和频率等。但是由于声音可以很容易地用磁带或其他记录器进行“拷贝”，一些声音认证系统采用了“挑战”反应的技术，这种技术要求用户对一些提前保存的询问做出反应，如按要求重复几个随机数字等。

8.4 二维码的应用与发展趋势

在无线互联网世界，二维码将成为连接通道，显示或印刷到任何界面上，用户随时随地轻松一扫就可以连接到需要的内容。因此二维码被广泛应用于各个行业，如物流业、生产制造业、交通、安防、票证等行业，由于各行业特性不同，二维码被应用于不同行业的不同工作流程中。目前，二维码的具体应用如下。

1. 物流行业应用

二维码在物流行业的应用主要包括四个环节。第一，入库管理，入库时识读商品上的二维码标签，同时录入商品的存放信息，将商品的特性信息及存放信息一同存入数据库，存储时进行检查，看是否是重复录入。第二，出库管理，产品出库时，要扫描商品上的二维码，对出库商品的信息进行确认，同时更改其库存状态。第三，仓库内部管理，在库存管理中，一方面二维码可用于存货盘点，另一方面二维码可用于出库备货。第四，货物配送，配送前将配送商品资料和客户订单资料下载到移动终端中，到达配送客户后，打开移动终端，调出客户相应的订单，然后根据订单情况挑选货物并验证其二维码标签，确认配送完一个客户的货物后，移动终端会自动校验配送情况，并做出相应的提示。

2．生产制造业

二维码在食品的生产与流通过程中的应用主要有三个环节。第一，原材料信息录入与核实，原材料供应商在向食品厂家提供原材料时，将原材料的原始生产数据（制造日期、食用期限、原产地、生产者、遗传基因组合的有无、使用的药剂等信息）录入二维码中并打印带有二维码的标签，粘贴在包装箱上后交给食品厂家。第二，生产配方信息录入与核实，在根据配方进行分包的原材料上粘贴带有二维码的标签，其中含有原材料名称、重量、投入顺序、原材料号码等信息。第三，成品信息录入与查询，在原材料投入后的各个检验工序，使用数据采集器录入检验数据；将数据采集器中记录的数据上传到计算机中，生成生产原始数据，使用该数据库，在互联网上向消费者公布产品的原材料信息。

3．安防类应用

由于二维码具有可读而不可改写的特性，也被广泛应用于证卡的管理。将持证人的姓名、单位、证件号码、血型、照片、指纹等重要信息进行编码，并且通过多种加密方式对数据进行加密，可有效地解决证件的自动录入及防伪问题。此外，证件的机器识读能力和防伪能力是新一代证件的标志。

4．交通管理应用

二维码在交通管理中的主要应用环节有：行车证/驾驶证管理、车辆的年审文件、车辆的随车信息、车辆违章处罚、车辆监控网络。

行车证/驾驶证管理：采用印制有二维码的行车证，将有关车辆上的基本信息，包括车架号、发动机号、车型、颜色等车辆的基本信息保存在二维码中，信息的数字化和网络化便于管理部门的实时监控与管理。

车辆的年审文件：在自动检测年审文件的过程中采用二维码自动记录的方式，保证每个检验程序的信息输入自动化。

车辆的随车信息：在随车的年检等标志上将车辆的有关信息，包括通过年检时的技术性能参数、年检时间、年检机构、年检审核人员等信息印制在标志的二维码上，以便随时查验核实。

车辆违章处罚：交警可通过二维码掌上识读设备对违章驾驶员证件上的二维码进行识读，系统自动将其中的相关资料和违章情况记录到掌上设备的数据库中，再进一步通

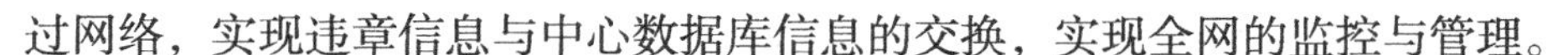

过网络，实现违章信息与中心数据库信息的交换，实现全网的监控与管理。

车辆监控网络：以二维码为基本信息载体，建立局部的或全国性的车辆监控网络。

5. 商品比价

现在网上购物已成为了大多数人的购物新模式。但是网上商品种类繁多，如何才能买到高性价比的商品呢？只要我们拥有一部安装了二维码识别软件的手机，购物时只要用手机摄像头扫描商品的二维码，商品的名称、数量、价格等信息就会显示在手机上，同时还可以查看该商品在淘宝、京东商城等网上购物商城的价格。真正做到货比三家，从优选择。

6. 移动支付

二维码支付是电子商务新的营销模式和支付方式。以前在国内利用二维码只能查看商品信息，不能在线下单和支付。针对这一新的零售模式，国内的第三方支付平台支付宝率先推出了二维码支付。支付宝的二维码支付方案是一种基于账户体系的无线支付。首先商家可把账户、价格等交易信息编码成支付宝二维码，并印刷在各种报纸、杂志、广告、图书等载体上发布；然后用户使用手机扫描支付宝二维码，支付宝终端会识别这个二维码中包含的商品名称、价格等信息，然后客户只需要确认就可以支付购买。

7. 食品溯源

食品安全是眼下最受老百姓关注的话题之一，如何才能得知所食用的物品是否绿色健康呢？手机二维码可以解决这个问题。比如给猪、牛、羊佩戴二维码耳标，其饲养、运输、屠宰、加工、储藏、运输等各个环节的信息都将实现有源可溯。二维码耳标与传统物理耳标相比，增加了全面的信息存储功能。猪、牛、羊的养殖免疫、产地检疫和屠宰检疫等环节中都可以通过二维码识读器将各种信息输入新型耳标。二维码的应用将彻底解决消费者获取溯源信息的障碍，有效保障消费者利益。

8. 二维码名片

二维码名片就是把传统纸质名片和二维码相结合。传统纸质名片不管是携带还是信息存储都非常不方便。试想那么多的名片信息一个一个输入手机通信录会很麻烦。假如能在名片上加印二维码就可以直接利用手机扫描名片上的二维码，将名片上的姓名、电话号码、电子邮件地址等信息存入手机通信录，并且还可以直接拨打电话，发送电子邮件、短信等，免去了手动输入通讯录的烦恼，这个技术要比以前的名片扫描识别精确得多。相信二维码名片在不久的将来会完全取代传统纸质名片。

9. 电子凭证

二维码电子优惠券、二维码门票、二维码会议签到等都是二维码凭证类的一种形式。用手机做为二维码识别终端，除了携带方便以外还可以减少传统纸质凭证的浪费和对环境的污染。二维码电子凭证对其应用商家来说可以降低产品销售的成本，节省企业资源，促进企业的信息化。

10. 数据防伪

二维码可以引入加密功能，因此具有极强的保密防伪性能。它可以采用密码防伪、软件加密等技术进行防伪，还可以利用指纹、照片等信息进行防伪。目前的二维码演唱会门票、新版火车票及国航机票都应用了二维码的加密功能。将一些不便公开的信息进行二维码加密，加密后的票据只有对应机构的专门的解码软件才可解析出信息，可以做到有效防伪。特别是近年来身份证的盗用行为频繁发生，如果能将身份证里的某些信息进行加密，就以防止身份证的盗用及证件的伪造。

11. 品牌营销

如今纸质媒体上的分类广告资费高，有限空间内信息承载量很小，如果在旁边印上二维码，读者利用手机的读码软件直接扫码进入自己感兴趣的内容即可。手机二维码无疑为新媒体的运营开辟了新的空间。

12. 投票选举

二维码可以应用在任何形式的票选活动上。为每一个参选单位或参赛选手分配一个二维码，用户可以通过手机扫描相应二维码为其投票，随时随地了解大赛的最新进展情况。

8.5 二维码的标准化

二维码标准化的国外研究机构主要有国际自动识别制造商协会（AIMI）、美国标准化协会（ANSI），以及新成立的国际标准化组织/国际电工委员会第一联合委员会的条码自动识别技术委员会（ISO/IEC/JTCI/SC31），其中 AIMI 与 ANSI 已经完成了 PDF417 码、QR 码、Code One、Code16K、Code49 等码制的符号标准，条码自动识别技术委员会（ISO/IEC/JTCI/SC31）已经制定了包括 QR 码的国际标准 ISO/IEC 18004:2006、PDF417 码的国际标准 ISO/IEC 15438:2006、Data Matrix 的国际标准 ISO/IEC 16022:2006 等二维码国际标准，并且在不断完善。

我国对二维码的研究是从 20 世纪 90 年代初开始的，最初是由中国物品编码中心对几种常用的二维码 PDF417 码、QR 码、Code One、Code16K、Code49 的技术规范进行翻译和跟踪研究。从 1997 年到 2012 年，我国陆续发布了 5 个二维码国家标准：PDF417 码，QR 码（快速响应码）、汉信码、GM 码（网格矩阵码）和 CM 码（紧密矩阵码）。2003 年上海龙贝信息科技推出了龙贝二维矩阵，2005 年中国编码中心完成了汉信码的研发，深圳矽感科技公司分别于 2002 年和 2003 年研发了具有自主知识产权的 CM 二维码和 GM 二维码。国家质量监督局制定了相关的二维码国家标准，二维码网格矩阵码（SJ/T 11349—2006）和二维码紧密矩阵码（SJ/T 11350—2006）。其中 QR 码因为具有识读速度快、信息容量大、占用空间小、保密性强、可靠性高的优势，是目前使用最为广泛的一种二维码。QR 码呈正方形（图 8-6），只有两种颜色，在 4 个角落的其中 3 个，印有像“回”字的正方形图案。QR 码采用开放式的标准，规格公开，发明者的专利权益不会被执行。

图 8-6　典型的 QRCode

8.6 小结

本章主要介绍了一维条形码的原理及其分类，Code39 码编码方式，二维码的特点，以及二维码在物流、制造业等领域的应用及发展趋势。

第9章

二维码的编码和解码

导学

- 二维码的编码技术
- 二维码的解码技术
- 二维码的纠错技术
- 二维码图像识别算法
- 二维码湿度设备

9.1 二维码的编码技术

本节以 QR 码为例，介绍二维码的编码技术。QR 码符号包括两大部分：编码区格式和功能图形。编码区格式包括格式信息、版本信息、数据信息和 RS 生成的纠错码字，其中大部分是数据信息和纠错码字；而功能图形是指符号中用于符号定位与特征识别的特定图形，由位置探测图形、分隔符、定位图形及校正图形组成。QR 码符号区域被空白区包围，空白区不打印任何信息，四周空白区的宽度为四个模块的宽度。以版本 7 的 QR 码为例，它的符号结构如图 9-1 所示。

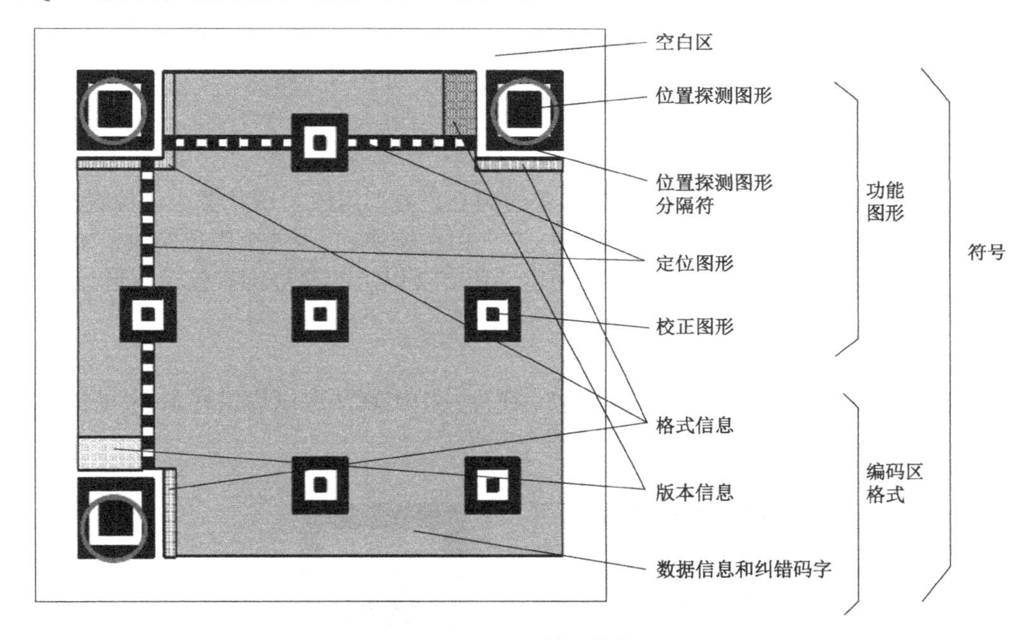

图 9-1　QR 码符号结构

1. QR 码的寻像图形

QR 码的寻像图形由三个处于相同位置的探测图形组成，分别位于符号的左上角、左下角和右上角，如图 9-1 所示。每个位置探测图形由 3 个黑白交替、重叠、同心的正方形组成，分别为 7×7 个黑色模块、5×5 个白模块和 3×3 个黑色模块，如图 9-2 所示。位置探测图形的模块宽度比为 1∶1∶3∶1∶1。采用此图形是由于在符号中其他地方遇到类似图形的几率极小，所以可以在图片中迅速地识别可能的 QR 码符号，明确符号的位置和方向。

2. 分隔符

在每个位置探测图形和编码区域之间有宽度为 1 个模块的分隔符，全部由白色模块组成，如图 9-1 所示。

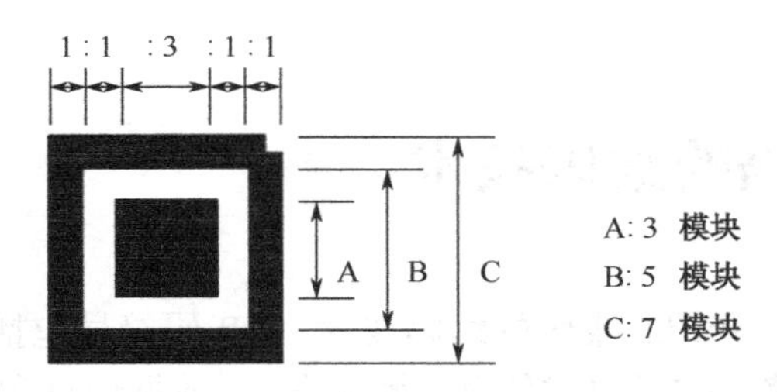

图 9-2 位置探测图形的结构

3. 定位图形

定位图形为一个模块宽的一行和一列，水平定位图形位于上部的两个位置探测图形之间，符号的第 6 行；垂直定位图形位于左侧的两个位置探测图形之间，符号的第 6 列；由黑色和白色模块交替组成，其开始模块和结尾模块都是黑色。它们的作用是确定符号的密度和版本，提供决定模块坐标的基准位置，如图 9-1 所示。

4. 校正图形

每个校正图形由 3 个黑白交替的重叠的同心正方形组成。形状像小型位置探测图形，由内到外依次为 1×1 个黑色模块，3×3 个白色模块和 5×5 个黑色模块，如图 9-2 所示。校正图形的数量依 QR 码的版本而定，版本 2 以上的符号均有校正图形。

5. 格式信息

格式信息位于符号的第 9 行和第 9 列，在符号中出现两次以提供冗余，因此它的正确译码对整个符号的译码至关重要，如图 9-3 所示。

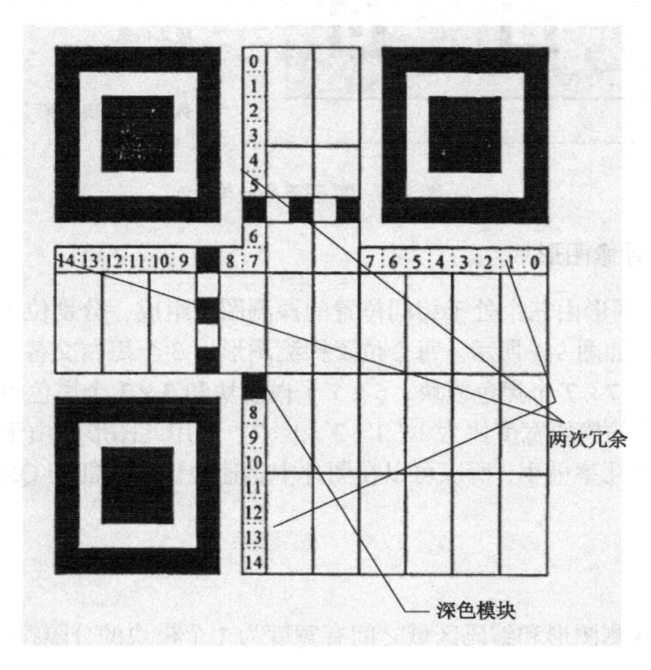

图 9-3 格式信息

格式信息为15位，其中有5个数据位，另外10个是用BCH(15，5)编码计算得到的纠错位。在前5位数据位中，第1、2位代表符号的纠错等级，见表9-1。第3到第5位的内容为掩模图形参考，后10位为纠错位。格式信息的最低位模块编号为0，最高位模块编号为14。

表9-1　纠错等级指示符

纠 错 等 级	二进制指示符
L	01
M	00
Q	11
H	01

6. 版本信息

版本信息位于符号右上角位置探测图形左侧的6行×3行，和左下角位置探测图形上部的3行×6行处。版本信息的正确译码对整个符号的译码也很重要，因此在符号中也出现两次以提供冗余，如图9-4所示。

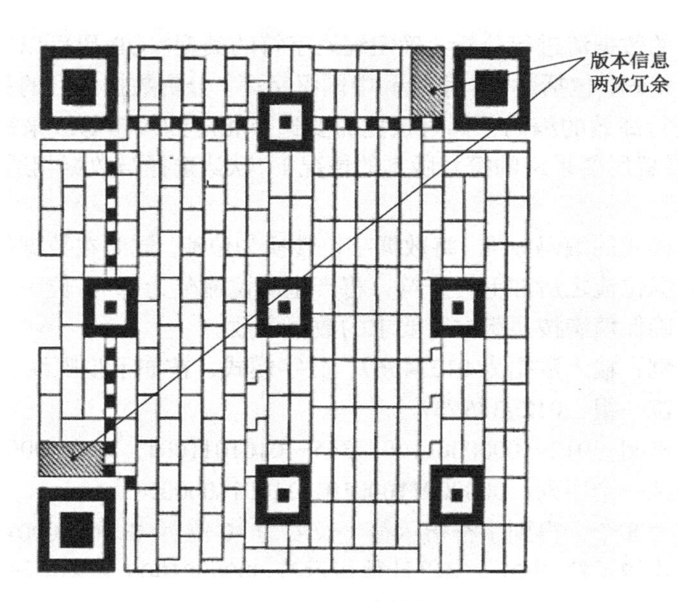

图9-4　版本信息

版本信息共18位，前6位为数据位，后12位为通过BCH(18，6)编码计算出的纠错码。6位数据位是版本信息，第1位是最高位。版本信息的最高位模块编号为17，最低位模块编号为0。

7. 编码区域与空白区

编码区域包括表示数据码字、纠错码字、版本信息和格式信息的符号字符。空白区为环绕在符号四周的4个模块宽的区域，其反射率应与白色模块相同，同时也将QR码符号和图像背景分割开来。

QR 码的编码流程如图 9-5 所示。

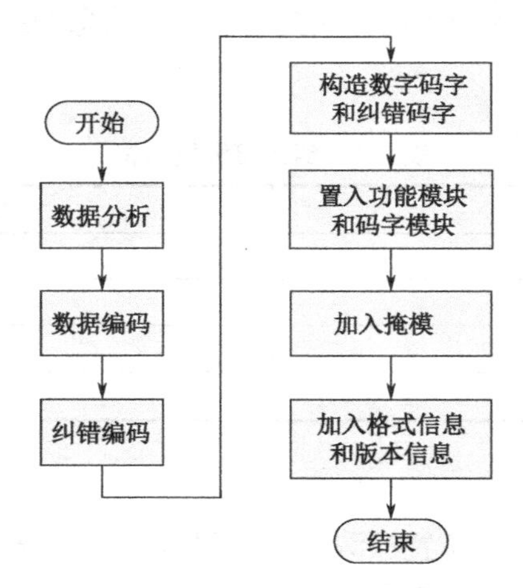

图 9-5　QR 码编码流程图

1）数据分析

首先对输入的数据流进行分析，确定编码字符的类型。QR 码可以支持对多种不同的数据模式进行编码，包括数字、字母和中国汉字等。分析数据的目的是为了能够对不同的数据模式进行高效的编码，同时根据需要选择相应的纠错等级来提高符号的可靠性。在没有预先设置所要采用的符号版本的情况下，默认选择与数据相适应的最小版本。

2）数据编码

按照所选择模式的编码标准，将数据字符转换为位流。同时在数据位流前面加上模式指示符，在数据位流之后加上终止符，将产生的位流分为每 8 位一个码字，必要时加入填充字符以确保填满按照版本所要求的数据字数。

数据编码举例：输入数据为 01234567，数字模式，按如下步骤编码。

（1）分为 3 位一组：012//345//67

（2）转换二进制：012→0000001100，345→0101011001，67→1000011

（3）连接得到一个序列：000000110001010110011000011

（4）字符数为 8 个，得到字符指示符（长度为 10 位）：8→0000001000

（5）加入模式指示符 0001，字符计数指示符 0000001000 和终止符 0000 得到最终序列：0001 0000001000 0000001100 01010110011000011 0000

3）纠错编码

纠错编码即根据需要将码字序列分块，生成相对应的纠错码字，一并加入相应的数据码字序列的后面。QR 码的编码采用 Reed-Solomon 错误控制码来实现纠错功能，纠错面积高，可同时纠正突发错误和随机错误，使得符号在局部污损甚至缺失时仍然可以被正确解码。RS 纠错算法可以纠正两种类型的错误：拒读错误（错误码字的位置已知）和替代错误（错误码字的位置未知）。可纠正的替代和拒读错误的数量如式（9-1）所示：

$$e + 2t \leqslant d - p \tag{9-1}$$

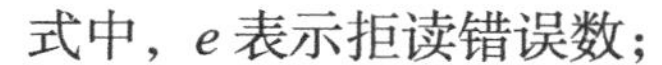
式中，e 表示拒读错误数；

t 表示替代错误数；

d 表示纠错码字数；

p 表示错误检测码字数。

纠错具体步骤如下：

（1）依据版本和纠错等级，将数据码字分成块，分别计算每一块的纠错码。

（2）构造降幂的多项式 $h(x)$，多项式的系数为分块后得到的数据码字。第一个数据码字为多项式中幂次最高项的系数，而最后一个码字为幂次最低项的系数。

（3）多项式 $h(x)$除纠错码后生成的多项式 $g(x)$的余数就是纠错码。余数的幂次最高项为第一个纠错码字，幂次最低项就是最后一个纠错码字。

纠错码的运算是在本原多项式 $x^8+x^4+x^3+x^2+x+1$ 的伽罗毕域 $GF(2^8)$内进行的。其中加减法为逐比特的异或运算，乘除法为幂指数的模 255 加减法。

4）构造数据码字和纠错码字

当所有数据块的纠错码字都生成后，只需要把纠错码字添加到数据码字后面即可形成最终位流序列。在块序列中，所有的数据码字置于第一个纠错码字之前。通常情况下数据块和纠错块之和刚好可以填满符号的码字容量，而在某些版本中，则需要在最终的信息位流末尾添加 3、4 或 7 个剩余位。

5）置入功能模块和码字模块

寻像图形、分隔符、定位图形、校正图形和码字模块一同放到矩阵当中。其中每个 8 位码字，按两个模块的宽度从符号的右下角开始蛇形排列。位序列从右到左，从最高位到最低位按模块的排列方向排列。图 9-6 为一个版本为 2 的符号字符布置，图 9-7 和图 9-8 为其中部分模块的位的序列。

图 9-6　版本为 2 的符号字符布置

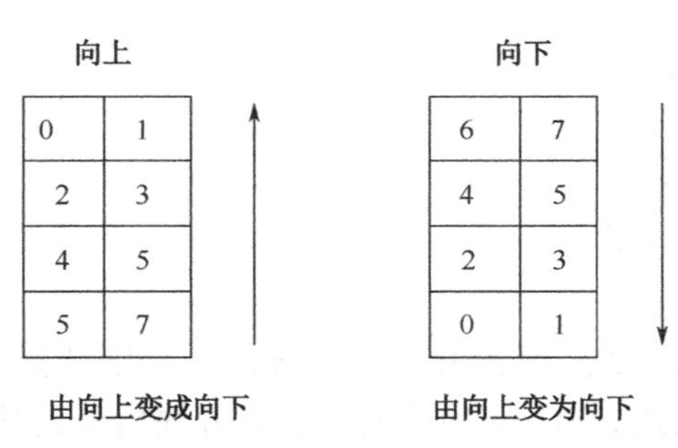

图 9-7　向上或向下的规则字符的位的布置

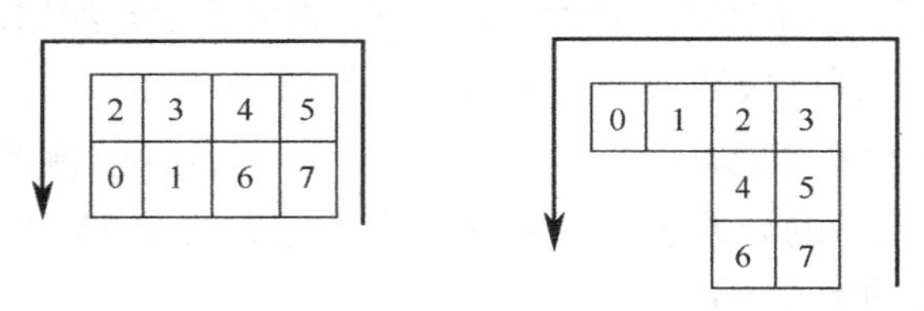

图 9-8　布置方向改变的符号字符位布置示例

6）加入掩模

掩模的目的是尽可能避免与位置探测图形相同或相似的图形出现在符号的其他区域。掩模的本质就是对符号进行异或（XOR）操作，并对根据相应的规则对异或后的结果图形记分，最后选择得分最低的图形。掩模过程如图 9-9 所示。

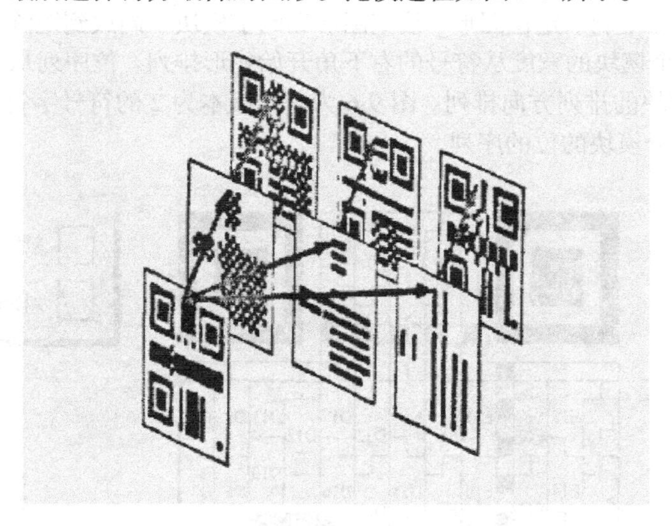

图 9-9　掩模过程

7）格式与版本信息

格式信息由 5 位数据位和 10 位纠错位组成，与掩模图形 101010000010010 进行异或运算后，所得结果填入相应位置。版本信息由 6 位数据位和 12 位纠错位组成，同样放入符号的相应位置。

9.2 二维码的解码技术

本节以 QR 码为例，介绍二维码的解码技术。

QR 码解码过程就是对图片所包含信息的识读过程，二维码的解码过程可分为图像预处理、条码定位及纠错译码等几个主要步骤。国家质量技术监督局发布的 QR 码的参考译码方法如下。

（1）定位并获取符号图像。深色与浅色模块识别为“0”与“1”的阵列。

（2）识读格式信息（如果需要，去除掩模图形并完成对格式信息模块的纠错，识别纠错等级与掩模图形参考。）

（3）识读版本信息，确定符号的版本。

（4）用掩模图形掩模图形参考已经从格式信息中得出对编码区的位图进行异或处理消除掩模。

（5）根据模块排列规则，识读符号字符，恢复信息的数据与纠错码字。

（6）用与纠错级别信息相对应的纠错码字检测错误，如果发现错误，立即纠错。

（7）根据模式指示符和字符计数指示符将数据码字划分成多个部分。

（8）最后，按照使用的模式译码得出数据字符并输出结果。

9.2.1 QR 码的图像预处理

图像的预处理在解码过程中是不可或缺的。它将解决图像存在的失真、歪斜、缺损，以及 QR 码图像背景中常常存在与识别条码无关的噪声等问题。预处理流程如图 9-10 所示。

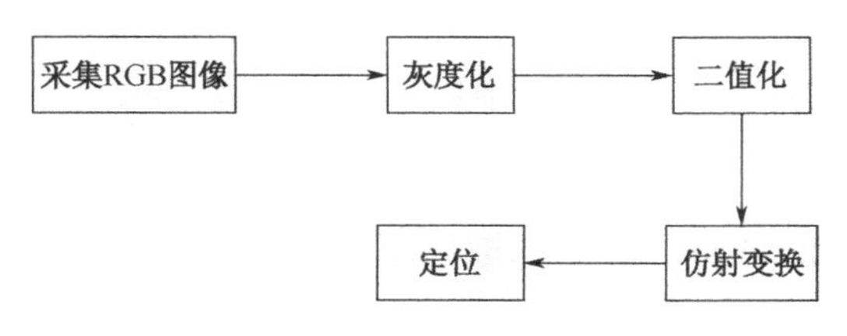

图 9-10　预处理流程

采集和处理二维码图像的方式有扫描式和摄像式两种。由于 QR 码是矩阵式二维码，所以采集和识读 QR 码图像只能采用摄像式。摄像式图片采集方式又分为电荷耦合元件（CCD）和互补金属氧化物半导体（CMOS）两种。CCD 采集方式的图像质量高，感光速度快，但硬件开销较大，图像采集成本较高。近年来随着半导体技术的快速发展，CMOS 的性价比日益提高，正在逐步占领市场。采集二维码图像时，首先，通过光学透镜把二维码图像成像在图像采集传感器上，然后，通过模数转换，或者直接数字化图像采集传感器上的图像，最后采用数字图像处理技术提取和识别数字图像。面向小型嵌入式设备的应用时，如手机、PDA 等，还应该考虑图像处理的速度是否满足实时性要求，检测和处理 QR 码的效率是制约 QR 码识别系统应用范围的关键。本书所用数据全部是采用摄像式采集的包含背景的 QR 码彩色图像，然后，进行灰度化处理。由于光照条件复杂，灰度化后的图像背景的像素值往往变化较大，QR 码符号图像与背景常常不具有很好的分离性。由于检测和识别的是图像中的 QR 码，所以，在检测和识别 QR 码之前，需要对图像进行预处理，突出 QR 码符号图像。QR 码图像预处理的步骤如下。

①读取含有 QR 码的灰度图像，若为彩色图像，则先进行图像灰度化处理。

②采用适当的滤波方法平滑灰度图像，去除部分噪声。

③利用适当的二值化算法，二值化灰度图像。

④检测 QR 码图像的边缘，并使用 Hough 变换求出图像的倾斜角度。

⑤根据求出的倾斜角度，使用双线性插值法校正倾斜的图像。

⑥寻找深色/浅色模块的比符合 1：1：3：1：1 的位置探测图形。

嵌入式系统所采集的图像为彩色 RGB 格式图像。由于彩色图像包含大量的颜色信息，在存储和处理上的运算量和开销很大，故先对采集的图像进行灰度化处理。典型的 RGB 图像灰度化的处理算法有：分量法、最大值法、平均值法、加权平均值法。其中分量法是将 RGB 中分某个分量当成灰度值，最大值法是将 RGB 分量中最大值当成灰度值，平均值法是将 RGB 的值取平均当成灰度值。由于人眼对绿色的敏感最高，对蓝色敏感最低，因此采用下式对 RGB 三分量进行加权平均能得到较合理的灰度图像：

$$F(x,y)=0.3*R(x,y)+0.59*G(x,y)+0.11*B(x,y) \tag{9-2}$$

二值化是图像预处理中的关键的步骤，二值化后图片的质量高低关系到解码识别率的高低。选择一个合适的阈值是二值化的效果好坏的重要因素。

基于 QR 码图像的特征：只包含黑色和白色模块。在采集的图像中快速定位和提取 QR 码信息的方法经常采用图像二值化的方法。二值化的主要思想是：设定一个阈值 T，用 T 将图像的数据分成两部分：大于 T 的像素群和小于 T 的像素群。将大于 T 的像素群的像素值设定为白色，小于 T 的像素群的像素值设定为黑色。转换公式如下：

$$F(x,y)=\begin{cases}1, & G(x,y)\leqslant T\\ 0, & G(x,y)>T\end{cases} \tag{9-3}$$

目前针对不同图像、不同目标，求取阈值的方法有 20 几种，主要分为三类：全局阈值法、局部阈值法、动态阈值法。其中动态阈值法中主要有：最大类间方差法（OSTU 算法）、迭代法、最大直方图熵阈值分割法（ENT）。全局阈值法在光照不均匀的条件下二值化的效果不理想。针对实际应用平台和环境本书提出一种基于图像分块的局部阈值方法，该方法在光照不均匀、背景复杂的环境下有很好的保留 QR 码特征的效果，其流程如图 9-11 所示。

①将含有 QR 码的图片进行分块，每块大小的长和宽均为 8，含有 64 像素。

②以 5×5 的网格采样分别计算每块区域的阈值 $T_{i,j}$。

③根据求得阈值 $T_{i,j}$ 对每块区域进行二值化。

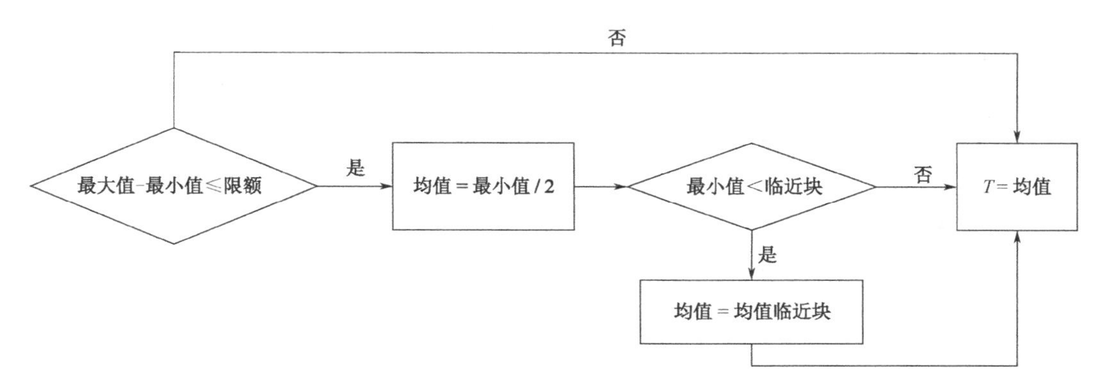

图 9-11　阈值求取算法流程图

根据上述二值化公式及算法求解得到的阈值矩阵 ***T***，对灰度化的图像进行二值化，由于 QR 码中黑色模块表示 1，白色模块表示 0，故灰度图像中小于阈值（黑色像素）的置为 1，大于阈值（白色像素）置为 0。不同二值方法的效果如图 9-12 所示。

（a）原图

（b）采用全局阈值的二值图

（c）采用本书方法的二值图

图 9-12　不同二值方法的效果

9.2.2　条码定位

QR 码信息分布如图 9-13 所示。如何将 QR 码从图片中正确定位和提取出来可以有多种方法：有人提出了基于条码边缘的特性通过不同的边缘检测算子对图像进行边缘检测，而后通过 Hough 变换进行图像校正。还有人提出了挖空 QR 码内像素点的方法，从而获得 QR 码的外边缘，最后采用 Hough 变换将畸形的图像进行校正。通过形态学的开闭运算对 QR 码进行图像处理后寻找探测图形。但是以上方法分别使用了边缘检测和 Hough 变换，增加了运算量和累加定位的像素误差，图像校正和处理效果不明显。本书采用基于三个探测图形和右下角校正图形进行图像仿射变换，进而提取和校正 QR 码的方法。

基于探测图形黑白模块比例 1:1:3:1:1 的特征对二值化图像进行搜索定位，并获得三个探测图形的中心坐标：FindPatten1(x,y)，FindPatten2(x,y)，FindPatten3(x,y)。

当 QR 码版本大于 1 时，QR 码存在校正图形。基于校正图形黑白模块比例的特征图像进行搜索定位，并获得最右下角校正图形的中心坐标 AlignmentPoint(x,y)。

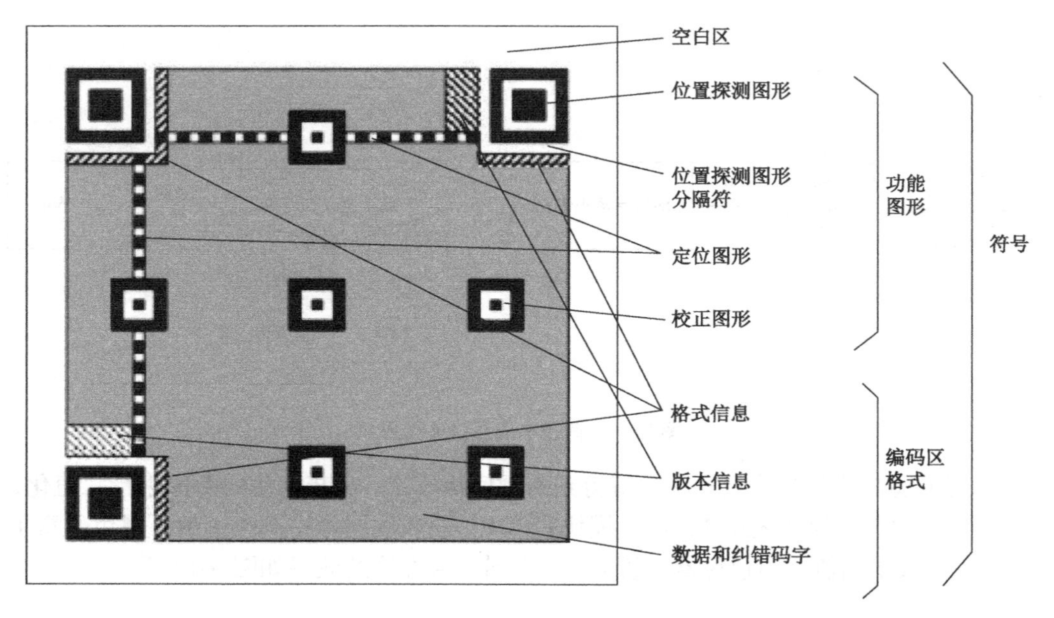

图 9-13 QR 码信息分布示意图

当 QR 码版本等于 1 时，QR 码没有校正图形。通过三个探测图形的几何关系计算出右下角第四个探测图形中心坐标，可以认为该点为 AlignmentPoint(*x*,*y*)。

假设 QR 码探测图形分布如图 9-14 所示，根据勾股定理求得的探测图形位置为 FindPatten1(*x*,*y*)，FindPatten2(*x*,*y*)，FindPatten3(*x*,*y*)，可以求得探测图形的正确位置顺序为 TopLeft(*x*,*y*)、TopRight(*x*,*y*)、BottomLeft(*x*,*y*)，如图 9-14 所示。

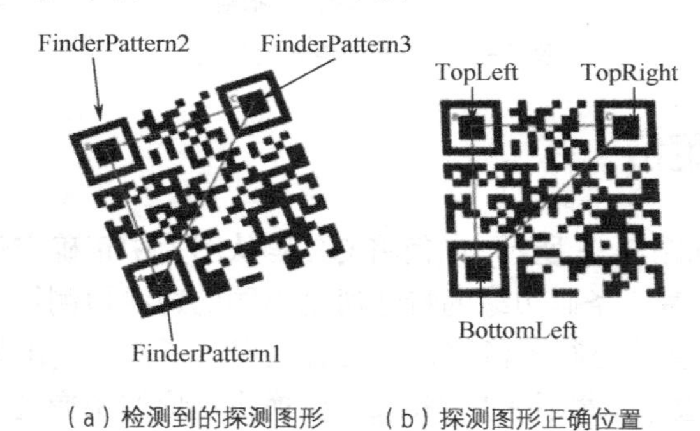

（a）检测到的探测图形　　（b）探测图形正确位置

图 9-14 QR 码探测图形分布

9.3 二维码的纠错技术

9.3.1 预备知识

由于二维码在使用过程中很容易受到穿孔、污渍、涂痕、撕损等各种形式的破坏，因此二维码的检错和纠错能力对于二维码的正确读取极为重要。一维条形码主要依靠垂直方向的重复信息保证正确读取，其校验信息一般只能用来检查是否出现错误，而不能纠正错误。当条形码损坏较为严重时，只能采取拒绝读取的方式避免条形码被错误读取。二维码含有比一维条形码更多的信息量，其信息也更容易损坏。要保证二维码的信息能正确解码，需要有一定比例的信息作为冗余信息保存在二维码中，在二维码受到局部破坏时这些冗余信息可用来恢复原有信息，保证条码正确地被识别。这样的冗余信息称为纠错码字。二维码 PDF417、QR Code、DataMatrix、Maxicode 等之所以具有纠错能力强、译码可靠性高等优点，是由于它们都采用了目前世界上最先进的纠错码技术之一，Reed-Solomon（RS）错误控制码。RS 码是一种非二进制的 BCH 码。

从理论上说，纠错编码是建立在近世代数学基础上的，它是信息论的一个重要分支，从 20 世纪 50 年代开始至今发展很快，许多内容已经建立起完整、严密的理论体系。在普通代数里，研究的对象是数，运算的方法就是对数做加、减、乘、除的计算。而近世代数所研究的对象已由数扩大到包括不是数的事物，其研究的内容是代数系统，即在若干事物之间也可以像数那样，有一定的代数结构和运算规律。因此，近世代数研究带有运算的集合，是研究代数结构性质的理论。近世代数在自然科学的许多部门里都有重要的应用，更是纠错编码技术的理论基础。在这里，我们仅对所需具备的数学知识做一个简单的介绍。

1. 集合

若干固定事物的全体称为一个集合。组成一个集合的事物叫做这个集合的元素，简称元。

2. 群（G）

群是各种代数系统如环、域等的基础，也是学习纠错码的基础。

定义 1：令 G 是一组元素的集合，在该集合内定义了一种代数运算，并满足以下四条公理。

（1）封闭性。对任意元素 $a,b\in G$，恒有 $a\circ b\in G$ 。

（2）单位元。在 G 内含有一个单位元（或恒等元）e，对任何 $a\in G$，恒有

$$e\circ a = a\circ e = a \tag{9-4}$$

（3）有逆元。对任何元素 $a\in G$，必有一个元素 $a-1\in G$，使 $a\circ a-1 = a-1\circ a = e$，称 a−1 是 a 的逆元。

（4）结合律成立。对任何 $a,b\in G$，有 $a\circ(b\circ c) = (a\circ b)\circ c$。

则称该元素集合 G 是一个群。如果群 G 还满足交换律，即对任何元素 $a,b\in G$，在 o 运算下，满足 $a\circ b = b\circ a$，则称该群 G 是交换群或阿贝尔群。

定义 2：若两个整数 a, b 被同一正整数 m 除时，有相同的余数：

$$a = q_1 m + r \ , \ b = q_2 m + r \tag{9-5}$$

则称 a , b 关于模 m 同余，记为 $a = b(\text{mod}\ m)$。可以验证，元素集合$\{0,1,2,\cdots,m-1\}$在模 m 加运算下，也构成 m 阶的阿贝尔群，称此群为剩余类群。

3. 环

定义 3：非空元素集合 R 中，若定义了两种运算乘和加，且满足以下条件：

（1）对加法运算构成阿贝尔群。

（2）对乘法运算封闭。即对任何 $a, b\in R$ ，恒有 $ab\in R$。

（3）乘法结合律成立。即对任何 $a, b, c\in R$，恒有 $a(bc) = (ab)\, c$。

（4）加法和乘法之间有分配律。即对任何 $a,b\in R$，有

$$a(b+c) = ab + ac\ ,\quad (b+c\,)a = ba +ca \tag{9-6}$$

则称 R 是一个环。如果乘法运算还满足交换律，则称为可换环。

例如，集合$\{0, 1, 2, \cdots, m-1\}$在模 m 运算下也构成一个可换环，称这种环为模 m 的剩余类环。

定义 4：如同整数的欧几里德除法，任何两个系数是实数的多项式 $f(x)$，$g(x)$，一定可以表示成

$$f(x) = q\,(x)\,g\,(x) + r\,(x\,) \equiv r\,(x) \bmod g\,(x)\ ,\quad 0\leqslant\ a^{\circ}\,r\,(x) < a^{\circ}\,g\,(x\,) \tag{9-7}$$

式中 $a^{\circ}\,r(x)$表示 $r(x)$的次数，而 $f(x) = q(x)g(x) + r(x)$表示 $f(x)$用多项式 $g(x)$除后余式为 $r(x)$。

4. 域

定义 5：非空元素集合 F，若在其中定义了加和乘两种运算，且满足下述公理：

（1）F 关于加法构成阿贝尔群。其加法单位元记为 0。

（2）F 中的非零元素全体对乘法构成阿贝尔群，其乘法单位元记为 1。

（3）加法和乘法间有如下分配律：

$$a\,(b+ c) = ab +ac，(b+ c\,)\,a = ba+ ca，a\,,b\,,c\in F \tag{9-8}$$

则称 F 是一个域。

若域中元素的个数为有限，则称为有限域，也称伽罗华域。域中元素的个数 q 称为域的阶。q 阶有限域用 GF(q)表示。

若 m 次多项式 $f(x)=f_m x^m+f_{m-1}\, x^m -1+ L+f_1\, x+f_0$的系数 $f_i\,(i= 0,1, 2,..., m)$仅取 GF(p)中的元素，则称 $f(x)$是 GF(p)上的多项式。

定义 6：以素数 q 为模的整数剩余类构成 q 阶有限域 GF(q)。在 GF(q)中，某一元素 a 满足 $a^{q-1} = 1$，则称 a 为 GF(q)的本原域元素，简称本原元。在任何 GF(q)中都能找到一个本原元 a，能用它的幂次表示所有 $q-1$ 个非零元素，从而组成一个循环群 $G(a)$：$1, a ,\cdots, a^{q-1}$，其中 $a^{q-1} = 1$。

9.3.2 线性分组码

要了解 RS 码，我们先介绍线性分组码的概念。分组码编码器（图 9-15）是把信源输出的信息序列，按 k 个相继码元分为一组（信息组），并按一定规则在每一信息末增加 $r=n-k$ 个校验元，组成长为 n 的 n 重码字。在二进制情况下，长为 k 的信息组共有

2^k组，通过编码器后，相应的码字也有 2^k个，称这 2^k个码字集合为(n,k)分组码。

图 9-15 分组码编码器

线性分组码中的一个重要参数是码率 $R=\dfrac{k}{n}$，它说明在一个码字中信息位所占的比重。R 越大，说明信息位占的比重越大，码的传输信息的有效性越高。

除码率 R 外，另两个重要的参数是码的汉明距离和汉明重量。

定义 7：两个 n 重 C_1，C_2 之间，对应位取值不同的个数，称为它们之间的汉明距离，用 $d(C_1,C_2)$表示，简称距离。

如 $C_1=(110100)$，$C_2=(101011)$，则 $d(C_1,C_2)=5$。

定义 8：n 重 C_i 中非 0 码元的个数称为 n 重的汉明重量，用 $w(C_i)$表示，简称重量。

如 $C_1=(110100)$，C_1 的重量 $w(C_1)=3$。

定理 1：任一个(n,k)线性分组码，若要在码字内检测 e 个随机错误，则要求码的最小距离 $d\geqslant e+1$。

纠正 t 个随机错误，则要求 $d\geqslant 2t+1$。

纠正 t 个随机错误同时检测 e（$\geqslant t$）个错误，则要求 $d\geqslant t+e+1$。

纠正 t 个随机错误同时纠正 e 个错误，则要求 $d\geqslant 2t+e+1$。

该定理是纠错码理论中最重要的基本定理之一。它说明了码的 d 与纠错能力之间的关系。码的最小距离 d 直接确定了码的纠错能力，它是纠错码中另一个重要参数，因此也经常用（n，k，d）表示最小距离为 d，码长为 n，有 k 个信息位的线性分组码。

9.3.3 循环码

循环码是线性分组码中最重要的一个子类，它的结构完全建立在有限域基础上，具有以下两个特点：一个是码的编码电路及伴随式计算电路简单，易于实现；另一个是循环码的代数结构具有很多有用的性质，易于找到有效的译码方法。循环码中最重要的二类码是 BCH 码和 RS 码。

定义 9：任一个 GF(q)上的 n 维线性空间 V_n 中，若 V_{nk} 是 V_n 的一个 k 维子空间，对任何 $C_i=(C_{n-1},C_{n-2,}\,L,C_0)\in V_{n,k}$，必有 $C_i=(C_{n-2},C_{n-3,}\,L,C_{0,}C_{n-1})\in V_{n,k}$，则称 V_{nk} 是循环子空间或循环码。

1. BCH 码

BCH 码是 1959 年由霍昆格姆（Hocquenghem），1960 年由博斯（Bose）和查德胡里（Chandhari）各自提出的纠多个随机错误的循环码，这是迄今为止发现的最好的线性分组码之一。

定义 10：以 GF(2^m)中的本原元 α 为根的，GF(2)上的最小多项式 $P(x)$，称为本原多项式。

定义 11：q 进制循环码的生成多项式 $g(x)$，若含有以下 δ–1 个连续根：

a^{m_0}，a^{m_0+1}，…，$a^{m_0+\delta-2}$

则由 $g(x)$生成的$(n，k)$循环码称为 q 进制 BCH 码。

2. RS 码

RS 码是 BCH 码中最重要的一个子类。在 q 进制 BCH 码的码字中，每个码元的取值在 GF(q)上，但 g(x)的根却在 GF(q)的扩域 GF(q^m)中，即码元取值的域 GF(q)，与 $g(x)$的根所在的域 GF(q^m)并不相同。如果码元取值的域与码的 $g(x)$的根所在的域相同，则称这类 BCH 码为 RS 码。

定义 12：GF(p^m)($p^m \neq 2$)上，以该域中元素为根的 BCH 码称为 RS 码。

例如，$\alpha \in$ GF (p^m)是本原元，求设计距离为 d 的 RS 码。

由定义 12 可知，码的生成多项式为：

$$g(x)=(x-a^{m_0})(x-a^{m_0+1})L(x-a^{m_0+d-2}) \tag{9-9}$$

若 m_0=0，则码的生成多项式 $g(x)=(x-1)(x-a)\,\mathrm{L}\,(x-a^{d-2})$，码长 $n=p_m-1$。

若 m_0=1，则码的生成多项式 $g(x)=(x-a)(x-a_2)\,\mathrm{L}\,(x-a^{d-1})$，码长 $n=p_m-1$。

9.3.4 RS 码的编码电路

上节介绍了循环码，RS 码也是循环码的一种。对于循环码来说，一旦生成多项式 $g(x)$确定了，则码就完全确定了。循环码的每个多项式 $C(x)=g(x)\,m(x)$，都是 $g(x)$的倍式。对系统码来说，就是已知信息多项式 $m(x)$，求 $m(x)\,x_{n-k}$被 $g(x)$除以后的余式 $r(x)$。所以，循环码的编码器就是 $m(x)$乘 $g(x)$的乘法器，或者是 $g(x)$的除法电路。

RS 编码电路如图 9-16 所示。

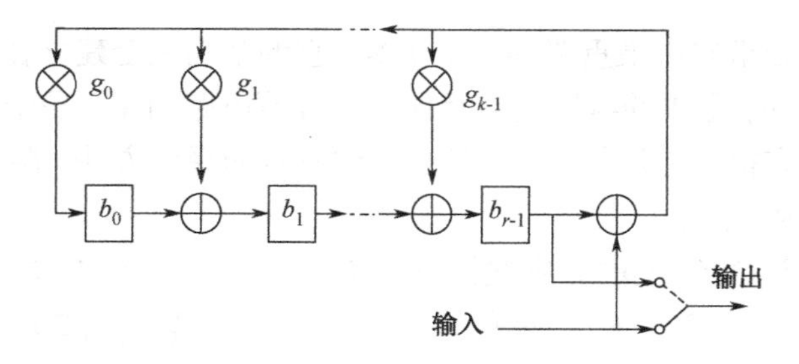

图 9–16　RS 编码电路

其中 g_0，g_1，…，g_{k-1}是生成多项式的系数（已知），当数据从输入端输入，最后寄存器 b_0，b_1，…，b_{k-1}所得值就是纠错码。电路中进行了乘法和加法运算，这两种运算都是在伽罗华域 GF(2^m)上进行的。

9.3.5 伽罗华域运算

GF(2^m)中的元素有两种表示方法，即指数表示方法和二进制比特串的表示方法（即有些书上的多项式表示方法）。对于 GF(2^m)上的运算，加减法都是逐比特进行异或运算，得到的二进制序列就是结果。乘法和除法的实现较为复杂，需要查特定的映射和反映射表。对于不同 m 生成这两种表的软件实现方法，生成这两个表需要用到本原多项式。由伽罗华域的性质可知，若 α 是 GF(2^m)的本原域元素，则 GF(2^m)中每一元素都可表示成 α 的幂。

二维码 QR 码、DataMatrix、PDF417 和 Maxicode 码的 RS 纠错编码原理都相同，不同的是它们采用不同的本原多项式，不同的生成多项式，因此纠错码字也不同。例如 QR 码是伽罗华域 GF(2^8)以 100011101 表示本原多项式：$x^8+x^4+x^3+x^2+1$。Maxicode 码字为 6 比特，对应伽罗华域 GF(26)，其本原多项式为 x^6+x+1。

下面以一个较简单例子说明伽罗华域的构造。构造 GF(23)域的本原多项式 $P(x)$假定为

$$P(x) = x^3+x+1 \tag{9-10}$$

α 定义为 $P(x) = 0$ 的根，即

$$\alpha^3+\alpha+1=0 \text{ 或 } \alpha^3=\alpha+1 \tag{9-11}$$

GF(2^3)元素计算表见表 9-2。

表 9-2 GF(2^3)元素计算表

GF(2^3)域元素	指数表示方法	二进制比特串
0	Mod($\alpha^3+\alpha+1$)=0	000
α^0	Mod($\alpha^3+\alpha+1$)=α^0=1	001
α^1	Mod($\alpha^3+\alpha+1$)=α^1	010
α^2	Mod($\alpha^3+\alpha+1$)=α^2	100
α^3	Mod($\alpha^3+\alpha+1$)=α+1	011
α^4	Mod($\alpha^3+\alpha+1$)=$\alpha^2+\alpha$	110
α^5	Mod($\alpha^3+\alpha+1$)=$\alpha^2+\alpha+1$	111
α^6	Mod($\alpha^3+\alpha+1$)=α^2+1	101
α^7	Mod($\alpha^3+\alpha+1$)=α^0	001
α^8	Mod($\alpha^3+\alpha+1$)=α^1	010
…	…	…

这样一来就建立了 GF(2^3)域中的元素与 3 位二进制数之间的一一对应关系。用同样的方法，有了本原多项式，就可建立 GF(2^8)域中的 256 个元素与 8 位二进制数之间的一一对应关系。在纠错编码运算过程中，加、减、乘和除的运算在伽罗华域中进行。仍

以 GF(2^3)域中运算为例。

加法：$\alpha^0+\alpha^3=001+011=010=\alpha^1$

减法：伽罗华域中减法与加法相同，加法和减法相当于二进制数的按位异或运算。

乘法：$\alpha^5 \cdot \alpha^4=\alpha(5+4)\text{mod}7=\alpha^2$

除法：$\alpha^5/\alpha^3=\alpha^2$，$\alpha^3/\alpha^5=\alpha^{-2}=\alpha^{-2+7}=\alpha^5$

对数：$\log(\alpha^5)=5$

上述这些运算的结果仍然在 GF(2^3)域中。

9.3.6 二维码中 RS 编码实例

上两节介绍了 RS 编码电路和伽罗华域上的运算，这节我们以 DataMatrix 二维条码的 RS 编码为例，说明 RS 编码的具体运作方式。

假设我们输入数据流 142，164，186，第一次运算流程如图 9-17 所示。由 DataMatrix 的标准，对数据长度为 3 的数据，其纠错码长度为 5，其多项式系数为 62，111，15，48，228，相当于电路中 g^0=228，g^1=48，g^2=15，g^3=111，g^4=62。但是因为在伽罗华域上进行运算，所以多项式系数需要映射成伽罗华域上的值，所以映射后 g^0=15，g^1=244，g^2=210，g^3=207，g^4=235。同时数据流 142，164，186 也需要映射成伽罗华域上的值，映射后为 185，80，33。

第一次输入数据 142(185)，括号中为对应的伽罗华域上的值，以下类似。

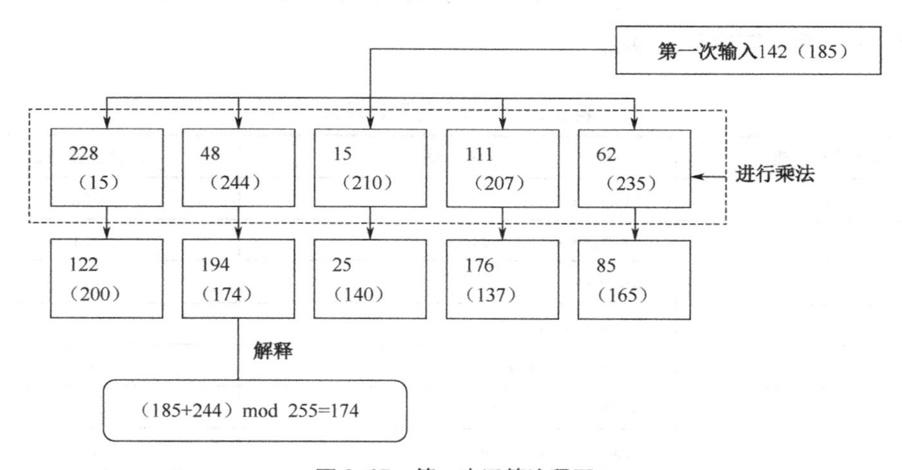

图 9-17 第一次运算流程图

第二次输入数据 164(80)，流程如图 9-18 所示。第三次运算流程如图 9-19 所示。

因此经过 RS 编码，最后得到的 114，25，5，88，102 即纠错码，加上输入数据流，得到整个码流为：142，164，186，114，25，5，88，102，该码流经 DataMatrix 编码系统生成的条码如图 9-20 所示。

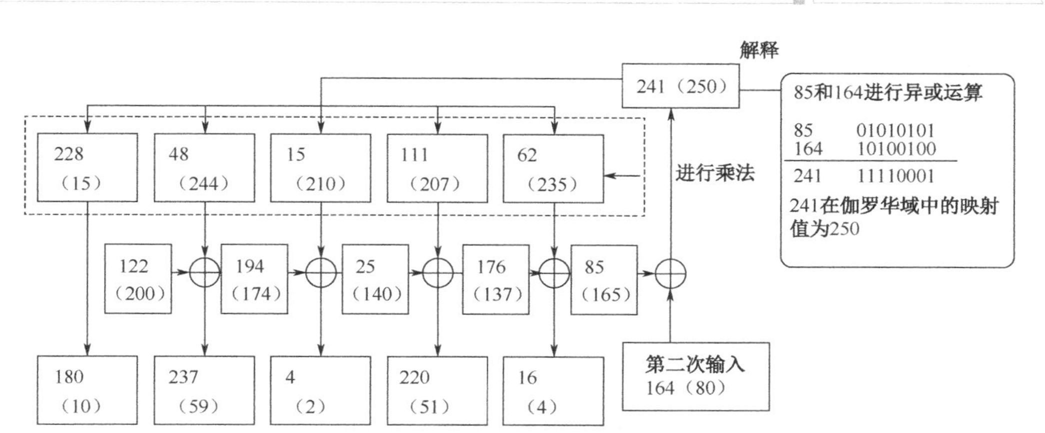

图 9-18　第二次运算流程图

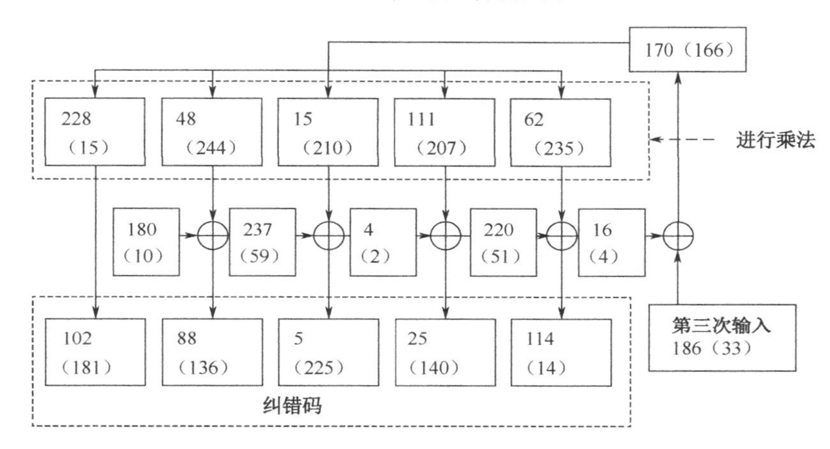

图 9-19　第三次运算流程图

图 9-20　经 DataMatrix 编码系统生成的条码

9.3.7　RS 译码算法及实例

1. 译码原理

我们设计的 RS 译码过程有以下五个步骤。

（1）由接收码字计算伴随式，用于判断是否存在错误，如存在，则继续下面的步骤；

（2）用 BM 迭代算法确定错误位置多项式；

（3）用陈氏搜索算法确定错误位置多项式的根，其倒数为差错位置；
（4）用 Forney 算法计算错误值；
（5）接收多项式减错误位置多项式，得到正确的码字。

2. RS 译码实例

假设正确的数据流为 142，164，186，114，25，5，88，102。现在二维码受到了污染，污染后的二维码如图 9-21 所示，读出二维码的数据为 11，164，186，114，25，5，45，102。

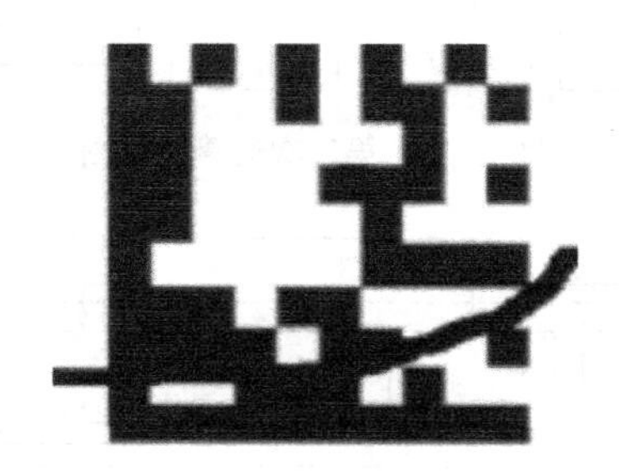

图 9-21　污染后的二维码

即 $C(x)=11x^7+164x^6+186x^5+114x^4+25x^3+5x^2+45x+102$
代入公式求得：
S1：66，S2：181，S3：8，S4：106，S5：187；
由于 $S_i\neq0$，故存在错误。
填写迭代表项：

u	$\sigma(X)$	d_u	l_u	$u-l_u$
−1	1	1	0	−1
0	1	234	0	0
1	$1+66X$	59	1	0（取 $\rho=-1$）
2	$1+134X$	166	1	1（取 $\rho=0$）
3	$1+134X+111X^2$	194	2	1（取 $\rho=0$）
4	$1+130X+45X^2$	0	2	2（取 $\rho=2$）

即得到的错误多项式为 $1+130X+45X^2$，次数为 2<(5/2)，因此，可以进行纠错。
计算多项式的根。
将 1，2，4，…，128 代入，依次得到：174，0，167，94，187，129，61，0 可以得到第 0 位和第 6 位发生错误。
计算错误值：

$$e_1 = \frac{Z(\beta_1 - 1)}{\prod_{\substack{i=1 \\ i \neq 1}}^{v} (1 + \beta_i \beta_i^{-1})} \tag{9-12}$$

由 $C(x)=R(x)-E(x)$，得到正确数据流 142，164，186，114，25，5，88，102。

9.4 二维码图像识别算法

随着计算机科学技术的发展，自动识别技术得到了广泛的应用。在众多自动识别的技术中，二维码技术已经成为当今主要的计算机自动识别技术之一。在代码编制上巧妙地利用构成计算机内部逻辑基础的 0、1 比特流的概念，使用若干个与二进制相对应的几何形体来表示文字数值信息，通过图像输入设备或光电扫描设备自动识读以实现信息自动处理。它具有条形码技术的一些共性，每种码制有其特定的字符集，每个字符占有一定的宽度，具有一定的校验功能等，同时还具有对不同行信息的自动识别功能，以及处理旋转图形等特点。

对二维码进行识别需要使用采集设备采集图像，但图像的采集过程中由于受到各种因素（如光照不均匀、拍摄角度、二维码有褶皱等）的影响，可能导致二维码图像背景有各种噪声，收到的图像可能存在几何畸变或图像有阴影，从而导致识读设备很难识读，给解码带来相当大的困难。因此，如何对收集到的图像进行适当的去噪和校正已成为二维码识别的关键问题。

9.4.1 二维码图像识别算法介绍

1. 二维码识别的概念框架

随着二维码的广泛使用，二维码被广泛认知，当人们扫描二维码失败的时候，对其产生的影响也是巨大的，人们会怀疑是不是产品是假的，或者有诈骗信息，但其主要问题可能是：

（1）二维码的扫描不够精确；

（2）不是真的二维码图形；

（3）更新的二维码种类未被录用到扫描软件中；

（4）二维码图案被破坏，或没有处于理想状态下。

上述问题只是二维码不能识别的部分原因，还没有某一款软件或产品能够同时解决上面所有的问题，由此，二维码的识别过程中所要完成的主要任务，即在用二维码软件扫描二维码时，先对其图案进行图像的预处理，使其符合二维码的种类规范，然后再对其进行读取。

基于图像预处理的二维码识别的基本流程包括：图像灰度化、图像滤波、光照均衡化、图像分割、图像二值化、边缘检测、图像定位、图形旋转，失真校正等。

2．图像预处理

二维码的识别是对采集到的图像使用数学和图像的方法，尽可能地将其中所容纳的信息恢复出来的过程，但无论什么仪器采集的图像都不可避免地会和原图像有差异。如果图像采集过程中存在各种噪声、模糊、光照不均、畸变，甚至是图像部分区域的沾污，在识别之前都需要进行图像的预处理，才能尽可能保证条码的读取顺利。

对图像中每个像素点的灰度值进行变换，线性算子的计算方式不同，线性滤波的算法也就不同。非线性滤波多采用取绝对值、置零或分区域变换等非线性的方法。

通过分析采集到的二维码图像可知其引出的噪声一般为高斯噪声，利用低通线性滤波可以对其进行去除，但缺点是可能会使边缘信息变得模糊，这对之后的二值化操作具有很大的影响，会因为边缘模糊将原本白色空白间隔的区域二值化为黑色条状区域，直接导致“1”和“0”的误判，在解码过程中有非常大的可能是最终结果出错。而非线性低通滤波方法——中值滤波可以很好地避开这点，中值滤波是将待处理的像素点，以及以其为中心的小窗口内的像素点的灰度值按照大小进行排列，取中间值代替需要处理像素点的灰度值。

中值滤波对椒盐噪声、斑点噪声去除效果非常好，且由于其处理算法的特殊性使得图像中的阶跃序列和周期序列不会被滤除，很好地保存了二维码的边缘信息。缺点：虽然方法简单，但有时会失掉图像中的细线和小块的目标区域。

3．光照均衡化

由于二维码特点和摄像头等相关缺点，光照均衡化在二维码前期处理中起到至关重要的作用。非均衡化的光照很容易使二值化过程产生误差，将本来是白色空白区域的位置二值化为黑色条状区域，从而影响解码正确率。

目前已有很多学者提出各种光照均衡算法，如直方图修正法、Retinex 增强、童泰滤波、对数变化和梯度增强等，但是这些算法普遍存在计算时间长、运用大量对数运算、丢失图像边缘细节等问题。

随着数学形态学的发展，诞生出许多基于数学形态学的去光照算法。

Jimenez-Sanchez 等提出了不均匀光照校正算法，Chen 研究出了基于数学形态学的光照均衡方法。这些方法的优点：能够获得很好的效果。缺点是：当分块较大时，处理后的图像块效应会很明显。针对此缺点，Xu 提出了利用大尺度的结构元素对原始图像进行白 TOP-HAP 变换来去除光照影响。优点：实现起来较简单，大多数情况下的处理效果令人满意。缺点：因为仅仅使用单一的结构元素，所以对复杂光照处理效果欠佳。

张萌提出了利用数学形态学实现的基于多结构元素的不均衡光照校正算法，其核心思想：选用大尺度的多结构元素对图像进行白 TOP-HAP 变换，之后利用熵理论对图像进行融合，得到最终图像。优点：与传统算法相比较，算法过程简单，无复杂数学运算，充分保留图像细节，去光照效果好。

4. 图像的二值化

由于二值图像易得到图像的特征信息，所以滤波后的图像都要进行二值化。所谓二值化就是把灰度图像经过一定的变换关系转化为只有黑色和白色两种颜色的图像信息。

在二值化的过程中最重要的就是阈值的选择，阈值是指选取一个灰度值，将小于灰度值的像素置为最小灰度，即黑色，大于灰度值的像素置为最大灰度值，即白色。根据二值化中对阈值的选取方法不同，二值化算法主要有全局选取阈值法、局部区域选取阈值法和动态阈值法。

全局选取阈值法是指在二值化的过程中只使用一个固定阈值的方法，此法对于质量较好的图像有效。包含的方法有：方差阈值分割法、最大熵法、模糊阈值分割法、共生矩阵分割法、区域生长法等。优点：应用广泛，算法简单，对于对比度较高、照度均匀、无阴影的图像，能够达到很好的分割效果。缺点是抗噪能力不强，目标和背景灰度有梯度变化的图像效果较差。

局部区域选取阈值法：将原始图像划分为较小的图像，并对每个子图像选取相应的阈值。

优点：能够适应较复杂的情况，抗噪能力强，对一些用全局选取阈值法不易分割的图像有较好的效果。缺点：算法的复杂度增加，速度慢，难以适应实时性的要求；容易受到背景不均匀的影响，在某些情况下会产生失真。常用的方法有灰度差直方图法、微分直方图法。

动态阈值法：其阈值确定不仅取决于该像素的灰度值及周围像素的灰度值，而且与像素位置有关。事实上，专门适用于二维码的图像二值化比较少。针对 DM 解码，大部分采用的是现有的算法，如 Ostu 法。杨硕等提出了一种 DM 码算法的二值化算法。它首先根据 Kittler 算法找到图像发生光照不均的区域，然后改进 Bernsen 算法的处理过程，调整参数，削弱原算法的伪影问题，并用改进后的算法处理光照不均匀的部分，具有较好的稳定性和自适应性。缺点：该算法的计算量较大，实时性受到影响。

5. 边缘检测

边缘检测就是检测条码的边界，将图像与周围非相关信息区别开来。图像的边缘是指图像灰度上有明显突变的部分，基本思想是：利用边缘增强算子，突出图像中的局部边缘，然后定义像素的“边缘强度”，通过设置阈值的方法提取边缘点集。

传统的图像边缘检测方法基本上都可以概括为对图像的高频分量进行增强，微分计算理所当然成为边缘检测与提取的重要技术手段。最早提出的一阶边缘检测算子有 Robert 算子，以及在此基础上发展出来的 Sobel 算子、Prewitt 算子和 Kirsh 算子等，这些算子会在图像的边缘附近区域发生较宽的响应，这样检测时就需要细化，从而影响图像边缘的精确定位。之后提出了二阶边缘检测算子如 Laplacian 算子。以 LOG 算子和 Canny 算子为代表的最优算子则是对微分算子进行发展和优化产生的。

随着科学技术的发展，借助于各种新的理论研究边缘检测的方法被提出并应用，如基于形态学的边缘检测算子、借助统计学的检测方法、利用神经网络的检测技术、利用模糊理论的检测技术、利用信息论的检测技术、利用遗传算法的检测技术、基于分形特征的边缘检测技术等。

6. 图像定位

由设备采集到的图像一般包含二维码图像和背景，因此需要将二维码从整个图像中分离出来。具体来说：QR 码中需要确定定位图形，DM 码的定位则是通过 L 型的寻边区决定的。Randon 和 Hough 变换是常用的两种直线提取方案。可以用这两种算法确定条码的旋转角度和坐标。

Randon 变换的基本原理：对一个平面内沿不同的直线（直线与原点的距离是 d，方向角为 θ）对 $f(x,y)$进行线积分，得到的像 $F(d,\theta)$就是函数 f 的 Randon 变换。用求出的最大积分的值求得的对应角度 θ，就是二维码的旋转角度。此变换求得的旋转角度具有提高算法抗噪能力的优点，但由于受到设定的条码的旋转角度范围和步进角度的限制，算法的运算速度将受到一定影响。

Hough 变换基本原理：利用图像二维空间和 Hough 参数极坐标空间的点-线对偶关系，把图像二维空间中的检测问题巧妙地转换到极坐标参数空间。在参数空间再进行简单的累加统计，然后在 Hough 参数空间以寻找累加器最大值的方法来检测图像二维空间中的直线。Hough 变换的优点：受噪声和曲线间断的影响较小，对于形状为正方形的 QR 码具有一定优势。

7. 图像校正

图像的校正就是对由于各种因素导致失真的图像进行恢复原貌的操作。以 QR 码为例，其几何校正的基本方法是寻找 QR 码的 3 个寻像图形，根据寻像图形确定四个控制点，然后利用四个控制点进行图像的校正。但是当图像失真严重时，寻像图形难以寻找，以致无法识别。

得到四个控制点的算法：

（1）把二值化的图像灰度值取反。

（2）对图像进行多次膨胀腐蚀。

（3）然后对图像进行边缘检测。

（4）对图像进行 Hough 变换，找出四条边线，然后求出四条边线的交点，得到四个控制点。

8. 图像的采样

图像的采样就是对定位、校正后的图像进行解码得到其编码信息的过程。以 DM 码为例，其主要方法是：通过定位后的 DM 码，得到版本号，确定 DM 尺寸，并以此为依据画网格，得到每个小格内代表的位是 0 还是 1，就可以得到 DM 码的点阵式数据流，经简单的译码就可以还原 DM 码的内容。

事实上，符号分块的个数越多，基于分块的网格取样在提高识别率上的效果越好。

9.4.2 二维码图像识别存在的问题与研究展望

1. 存在的问题

前面介绍了基于图像预处理的二维码识别的基本流程及现有的各种方法，各种方法均有好处，也都有缺点。从目前研究现状来看，仍然存在的问题是：对非正常图像的识别率不高，也就是说没有一种通用的办法能够在识别 QR 码的同时识别所有的 DM 码，且识别率达到 100%。

2. 研究展望

图像预处理技术是一门多学科的综合研究问题，涉及计算机视觉、信号处理、计算机图形学、机器学习、成像传感器、模式识别等，而二维码是应用很广泛的“商品”，对各种状态下的二维码的识别，会给社会各界带来非常巨大的影响。未来对此技术的研究还可以集中在以下方面。

1）建立统一的图像预处理技术理论研究

图像预处理的方法经过几十年科学理论的沉淀及后人不断的创新，其数量已经很多，但在这些理论的基础上，整合出一套适用于各种码制的处理方法是现在图像处理领域亟待解决的事情。

2）实现自动化与多层次的图像处理

一个理想的图像预处理系统应该是全自动的，并且能够提供多层次的分析。但是目前提出的基本都是分阶段、半自动化的，需要人为对其方法进行选择、判断。未来的图像处理应能够通过机器的智能学习，通过其自主的图像处理，自动识别二维码或图像。

3. 总结

面向图像预处理的二维码识别在二维码日益广泛的应用中会变成研究的主流，如何找到充分、可靠、有说服力的方法则是未来研究的关键。本书主要介绍了二维码图像处理的基本流程，并对当前主要的处理办法进行分析、比较和探讨。该领域还存在大量的问题和挑战，深入的研究将可以获得更多原创性的研究成果。

9.5 二维码识读设备

二维码识读设备是用来读取二维码信息的设备。它使用一个光学装置将二维码的信息转换成电平信息，再由专用译码器翻译成相应的数据信息。二维码识读设备一般不需要驱动程序，接上后可直接使用，如同键盘一样。二维码扫描设备从形式上有手持式和固定式两种。

手持式：即二维码扫描枪，可以扫描 PDF417、QR 码、DM 码，比如 Symbol 的 DS6707、DS6708 等，如图 9-22 所示。

图 9-22 Symbol DS6708

摩托罗拉 Symbol DS6707 二维码扫描枪为数据采集提供了很大的灵活性。Symbol DS6707 可以采集图像，几乎可以读取所有条形码和二维码，以及直接部件标印(DPM)，包括最难读取的打标机打码。这种功能极多的设备是依赖各种数据类型的行业的理想之选，例如医疗保健、航空航天和汽车行业。工作人员可以在适当时间采集到适当信息，从而避免业务流程中的低效率和错误，提高准确率及员工工作效率。

固定式：即二维码读取器，台式，非手持，放在桌子上或固定在终端设备里，如 SL-QC15S 等，如图 9-23 所示。

除了传统意义上的光学二维码识读设备，还可以通过摄像头识别二维码。摄像头并不是直接读取二维码，而是应用程序会借助摄像头取景器中的二维码图像，再利用内置的解码程序翻译图像中包含的信息，构成完整的识别读取流程，摄像头在整个过程中充当二维码识别器的角色。

摄像头能够识读二维码是因为二维码具有蕴藏丰富信息的特性，具体包括文本、图像和 URL 等。二维码的构成并不复杂，由二维码矩阵图形、二维码号及说明文字组成，部分产品在提供二维码时甚至直接将说明文字略去，其中，二维码矩阵图形以特定的几何图案按一定规律在平面分布已构成信息的内容。二维码为数字对象唯一识别符，具有唯一性，一个二维码只包含一条信息。

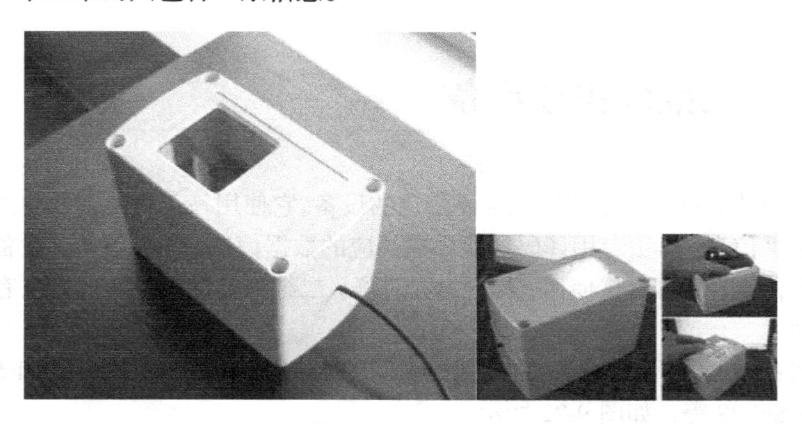

图 9-23 SL-QC15S

9.6 小结

本章以 QR 码为例，介绍了二维码的编码技术、解码技术中的图形预处理及条码定位，介绍了二维码纠错技术中的线性分组码、循环码、RS 码的编码电路、伽罗华域运算、二维码中的 RS 编码实例、RS 译码算法及实例。

第10章

常用二维码的典型码制

导 学

- PDF417 码
- QR 码
- Data Matrix 码
- Maxicode 码
- CM 码
- GM 码

10.1 PDF417 码

PDF 是 Portable Data File 三个单词的首字母，意为“便携数据文件”。因为组成二维码的每一符号都由 4 个条和 4 个空构成，如果将组成二维码的最窄条或空称为一个模块，则上述的 4 个条和 4 个空的总模块数一定为 17，所以称 417 码或 PDF417 码（图 10-1）。PDF417 码有如下特点：

（1）信息容量大。PDF417 码除可以表示字母、数字、ASCII 字符外，还能表示二进制数。为了使得编码更加紧凑，提高信息密度，PDF417 码在编码时有三种格式：

扩展的字母数字压缩格式，可容纳 1850 个字符；

二进制/ASCII 格式，可容纳 1108 字节；

数字压缩格式，可容纳 2710 个数字。

（2）错误纠正能力。一维条形码通常具有校验功能以防止错读，一旦条形码发生污损将被拒读。而二维码不仅能防止错误，而且能纠正错误，即使二维码部分损坏，也能将正确的信息还原出来。

（3）印制要求不高。普通打印设备均可打印，传真件也能阅读。

（4）可用多种阅读设备阅读。PDF417 码可用带光栅的激光阅读器、线性及面扫描的图像式阅读器阅读。

（5）尺寸可调，以适应不同的打印空间。

（6）码制公开。已形成国际标准，我国也制定了 PDF417 码的国标。

图 10-1 PDF417 码

10.2 QR 码

QR 码的“QR”是 Quick Response 的缩写。这种二维码能够快速读取，与之前的条形码相比，QR 码能存储更丰富的信息，包括对文字、URL 地址和其他类型的数据加密（图 10-2）。QR 码 1994 年由日本 Denso Wave 公司发明，QR 码的标准 JIS X 0510 在 1999 年 1 月发布，而其对应的 ISO 国际标准 ISO/IEC18004 在 2000 年 6 月获得批准。

根据 Denso Wave 公司的网站资料，QR 码属于开放式的标准，QR 码的规格公开，而由 Denso Wave 公司持有的专利权益不会被执行。除了标准的 QR 码之外，也存在一种称为“微型 QR 码”的格式，是 QR 码标准的缩小版本，主要是为了无法处理较大型扫描的应用而设计的。微型 QR 码同样有多种标准，最高可存储 35 个字元。因其不再使用线性扫描的方式工作，而是使用红外光增强的摄像头工作，直接对镜头拍摄到的图像中的 QR 码图像进行软件识别，所以对反射角度的要求降低了。二维码扫描器甚至能对液晶屏幕上显示的条码进行识别(但垂直位于屏幕上的条码上方时容易因自带红外光源在屏幕上的反光而影响识别)，所以可以直接扫描到手机等屏幕上显示的二维码。QR 码呈正方形，只有黑白两色。在 4 个角落的其中 3 个，印有较小、像“回”字的正方形图案，是帮助解码软件定位的图案，使用者不需要对准，无论以任何角度扫描，资料仍可正确被读取。

图 10-2　QR 码

10.2.1　QR 码的特点

QR 码与其他二维码相比，具有识读速度快、数据密度大、占用空间小的优势。QR 码的三个角上有三个寻像图形，使用 CCD 识读设备来探测码的位置、大小、倾斜角度，并加以解码，实现 360° 高速识读。每秒可以识读 30 个含有 100 个字符的 QR 码。QR 码容量密度大，可以放入 1817 个汉字、7089 个数字、4200 个英文字母。QR 码用数据压缩方式表示汉字，仅用 13bit 即可表示一个汉字，比其他二维码表示汉字的效率提高了 20%。QR 码具有 4 个等级的纠错功能，即使破损也能够正确识读。QR 码抗弯曲性能强，QR 码中每隔一定间隔配置有校正图形，从码的外形来求得推测校正图形中心点与实际校正图形中心点的误差来修正各个模快的中心距离，即使将 QR 码贴在弯曲的物品上也能够快速识读。QR 码可以分割成 16 个 QR 码，可以一次性识读数个分割码，适应于印刷面积有限及细长空间印刷的需要。此外，微型 QR 码可以在 1cm 的空间内放入 35 个数字、9 个汉字或 21 个英文字母，适合于小型电路板对 ID 号码进行采集的需要。

10.2.2 QR码的应用

QR码原本是为了在汽车制造厂便于追踪零件而设计的，今日QR码已广泛用于各行各业的存货管理。使用者亦可通过RS-232C界面的PC及解码程序，连接扫描器或摄影机取得QR码中的资料，十分适合存货管理等企业应用，应用于食品物流、隐形眼镜、服装等领域。

1. QR码应用于电子票务

QR码如今被越来越广泛地应用于电子票务领域，电影票、电子优惠券、电子会员卡等给人们的日常生活带来很多便利。在国外电子机票登机已经普及了，我国也在推广电子机票。电子票务一般是通过短信方式发送一张包含相关信息的二维码（我国一般是QR码）图片到用户手机，使用时用户只需要在指定地点的二维码识别终端上扫一下，相关信息被读取出来，十分方便。使用比较广泛的电子票务二维码识别终端是上海夏浪科技的SL-QC15S，春秋航空、海南航空也已将此设备运用于其系统中。另外，2009年12月，广州机场已经开始使用电子机票，无需登机牌，一条二维码短信就可以轻松登机。我国于2009年12月10日开始改版铁路车票，新版车票采用QR码作为防伪措施，取代以前的一维条形码。浙江省杭州市及河北省石家庄市的公交行业在站台和车上使用QR码提供给市民公交的线路信息。

2. QR码应用于B2B领域

在B2B上成功应用QR码营销的例子比较有限。困难在于，B2B公司的产品并不是每个人都关心的大众产品，要想吸引到广泛的注意往往更难。

直邮是QR码可以发挥作用的另外一个B2B平台。例如，展会的直邮信息中可以增加QR码，链接到“参展指南”等相关的展会信息上，吸引目标群体。有很多行业展会都已经推出了相关的移动应用程序，再结合QR码，就可能提供足够差异化的体验。类似地，在产品的型号手册上提供QR码也是可行的方案，尤其对于一些技术公司而言，可以在技术说明文档中提供QR码，链接到网站的演示视频，或者直接通过QR码提供咨询和售后服务的电话号码——这些都对推动销售有好处。

10.3 Data Matrix码

Data Matrix码原名Data Code，由美国国际资料公司（International Data Matrix，简称ID Matrix）于1989年发明（图10-3）。Data Matrix码又可分为ECC000-140与ECC200两种类型，ECC000-140具有多种不同等级的错误纠正功能，而ECC200则通过Reed-Solomon算法产生多项式并计算出错误纠正码，其二维码可以依需求印成不同大小，但采用的错误纠正码应与尺寸配合，由于其演算法较为容易，且尺寸较有弹性，故ECC200使用较为普遍。

图 10-3　Data Matrix 码

10.3.1　Data Matrix 码的特点

Data Matrix 码的外观是一个由许多小方格组成的正方形或长方形符号，上面是浅色与深色方格的排列组合，以二位元码（Binary-code）方式来编码，故计算机可直接读取其资料内容，而不需要符号对映表（Character Look-up Table）。深色代表“1”，浅色代表“0”，再利用成串（String）的浅色与深色方格来描述特殊的字元，这些字串再列成一个完整的矩阵式码，形成 Data Matrix 二维码，印在不同材质表面上。由于 Data Matrix 码只需要读取资料的 20%即可精确辨读，因此很适合应用在条码容易受损的场所，例如印在暴露于高热、化学清洁剂、机械剥蚀等特殊环境的零件上。

Data Matrix 码的尺寸可任意调整，最大可达 14 平方英寸，最小可达 0.0002 平方英寸，这个尺寸也是目前一维条形码与二维码中最小的。另一方面，大多数二维码的大小与编入的资料量有绝对的关系，但是 Data Matrix 码的尺寸与其编入的资料量却是相互独立的，因此它的尺寸比较有弹性。此外 Data Matrix 码还具有以下特性：

（1）可编码字元集包括全部的 ASCII 字元及扩充 ASCII 字元，共 256 个字元。

（2）条码大小（不包括空白区）为 10×10 ~ 144×144。

（3）资料容量为 2235 个文字资料、1556 个 8 位元资料或 3116 个数字资料。

（4）错误纠正，通过 Reed-Solomon 算法产生多项式计算获得错误纠正码，不同尺寸宜采用不同数量的错误纠正码。

10.3.2　Data Matrix 码的定位图形

定位图形（图 10-4）是资料区域的一个周界，为一个模组宽度。其中两条邻边为暗实线，主要用于限定物理尺寸；另两条邻边由交替的深色和浅色模组组成，主要用于限定符号的单元结构，但也能帮助确定物理尺寸及失真。

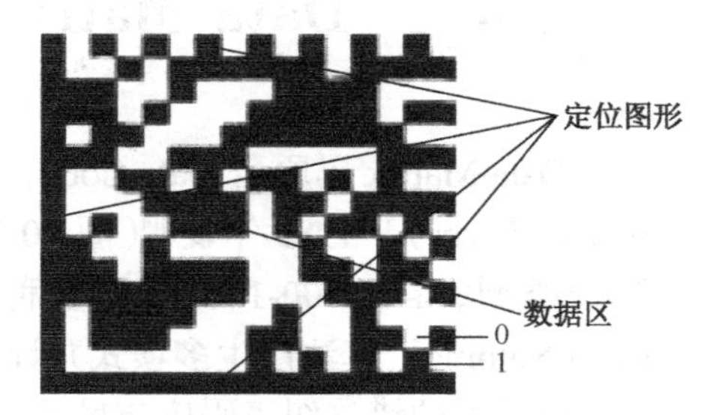

图 10-4　定位图形

10.3.3 Data Matrix 码的符号尺寸

ECC000-140 符号有奇数行与奇数列。符号外观为一方形矩阵，尺寸从 9×9 至 49×49，不包括空白区。这些符号可通过右上角深色方格识别出来。

ECC200 符号有偶数行与偶数列。有些符号是正方形，尺寸从 10×10 至 144×144，不包括空白区。有些是长方形，尺寸从 8×18 至 16×48，不包括空白区。所有的 ECC200 符号都可以通过右上角浅色方格识别出来。

10.3.4 Data Matrix 码的资料表示方法

Data Matrix 码按以下步骤来表示资料。

1．资料编码

先分析要表示的资料，选取合适的编码方案，按所选定的方案将资料流转为字码流，并加入必要的填字，如果使用者未规定矩阵尺寸，则应选取能满足要存放资料的最小尺寸。Data Matrix 码共有 6 种编码方案，即 6 种字码集（ASCII、C40、Text、X12、EDIFACT、Base 256）。

2．错误检测和纠正字码（ECC）的产生

对少于 255 个字码的 Data Matrix 码，错误纠正字码可由资料字码计算得出。对于多于 255 个字码的符号，应将资料字码分成多个模组，然后再产生每一个模组的错误纠正字码。错误纠正字码能够纠正两种错误字码，包括 E 错误（已知位置上的错误字码），以及 T 错误（未知位置上的错误字码）。换句话说，E 错误是不能被扫描或解码的符号字元，T 错误则是被错误解码的符号字元。

Data Matrix 码有 ECC000-140 和 ECC200 两套符号体系，ISO 标准推荐在公共场合使用 ECC200 规范。

10.4 Maxicode 码

20 世纪 80 年代后期，美国知名的 UPS（United Parcel Service）快递公司认识到利用机器辨读资讯可有效改善作业效率、提高服务品质，故从 1987 年开始着手机器可读表单（Machine Readable Form）的研究，发觉二维码是相对成本最低的可行方案。为了能达到高速扫描的目的，UPS 舍弃了堆叠式二维码的做法，重新研发了一种新的二维码，在 1992 年推出 UPS code，并研发出相关设备，此即 Maxicode 码的前身。1996 年，美国自动辨识协会（AIMUSA）制定统一的符号规格，称为 Maxicode，也有人称其为 USS-Maxicode（Uniform Symbology Specification- Maxicode）。本书所指的 Maxicode 是遵循 AIMUSA 所制定的标准。

Maxicode 码是一种中等容量、尺寸固定的矩阵式二维码，它由紧密相连的六边形模组和位于符号中央位置的定位图形所组成。Maxicode 码是特别为高速扫描而设计的，主要应用于包裹搜寻和追踪上。UPS 除了将 Maxicode 码应用到包裹的分类、追踪作业上，还打算推广到其他应用上。1992 年与 1996 年所推出的 Maxicode 码符号规格略有不同，就外观上来看，图 10-5（a）是 1992 年刚推出的样子，图 10-5（b）则是现在 Maxicode 码的样子。

（a）1992 年版本

（b）1996 年版本

图 10-5　Maxi code 码

10.4.1　Maxicode 码的特点

（1）Maxicode 码外形近乎正方形，由位于符号中央的同心圆（或称公牛眼）定位图形（Finder Pattern），及其周围六边形蜂巢式结构的资料位元所组成，这种排列方式使得 Maxicode 码可从任意方向快速扫描。其外观与中心放大图如图 10-6 所示。

（2）符号大小固定。为了方便定位，使解码更容易，以加快扫描速度，Maxicode 码的图形大小与资料容量都是固定的，图形固定约 1 平方英寸，资料容量最多 93 个字元。

（3）定位图形：Maxicode 码具有一个大小固定且唯一的中央定位图形，为 3 个黑色的同心圆，用于扫描定位。此定位图形位于资料模组所围成的虚拟六边形的正中央，在此虚拟六边形的六个顶点上各有 3 个黑白色不同组合形式所构成的模组，称为“方位丛”（Orientation Cluster），其提供扫描器重要的方位信息，如图 10-7 所示。

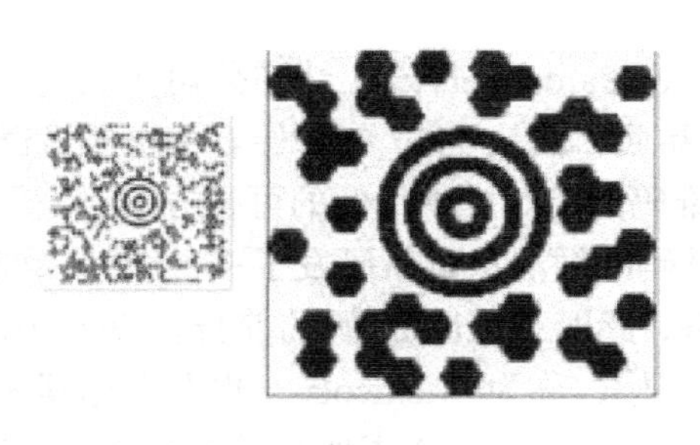

图 10-6　Maxicode 码外观与中心放大图

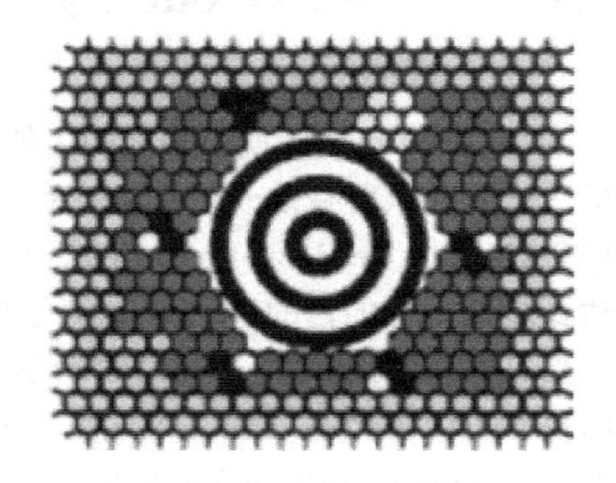

图 10-7　Maxicode 码的符号排列方式

（4）每个 Maxicode 码均将资料栏位划分成两大部分，围在定位图形周围的深灰色蜂巢称为主要信息（Primary Messages），其包含的资料较少，主要用来存储高安全性的资料，通常是用于分类或追踪的关键信息，其包括 60 个资料位元（bits）和 60 个错误纠正位元。

主要信息有两个特殊作用，其中最重要的是包含 4 个模式位元（Mode bits），围在定位图形右上方全白的方位丛左边，即以淡灰色所标识的四个位元，其直接指示出其余的资料编码模式。另一个用途是，剩余的 56 个资料位元则将包裹分类追踪需要的所有信息编码成结构化收件人信息（Structured Carrier Messages），因此大部分在高速扫描的状况下，只需要将主要信息解码就够了。

在主要信息外围的淡灰色部分（未表示完全），用来存储次要信息（Secondary Messages），其提供额外的信息，如来源地、目的地等人工分类时所需的重要信息。

（5）模式：是一种允许符号有不同结构的机制，Maxicode 码共有 7 种模式（模式 0～模式 6），但其中有两个模式（模式 0、模式 1）已作废。

10.4.2 Maxi code 码的解码步骤

（1）抓取一个包含 Maxicode 码的影像。

（2）定位到公牛眼（同心圆定位图形）。

（3）调整抓取到的 Maxicode 码影像大小。

（4）盖掉公牛眼（公牛眼部分转成空白）。

（5）加强每一个六边形的边缘。

（6）执行一个向前扫描的动作。

（7）定位至扫描到的 3 个亮点（虚拟六边形的左上角）。

（8）执行一个反向的扫描动作。

（9）计算出标签的方向后，决定使用该方向的方位丛。

（10）使用反向的扫描影像，定位到每一个六边形的中央，再与原先的影像进行比对。

（11）重建二进位顺序。

（12）执行错误侦测与纠正，获得原始信息。

10.5 CM 码

CM 码的设计目标就是为了在存储容量和数据密度等特性上取得突破，同时降低系统软硬件成本，包括打印成本和识读设备成本。绝大多数二维码识读设备采用非接触式面阵 CCD 或 CMOS 传感器获取图像，存在光照不均匀、光照强度太弱或太强、透视畸变、目标偏移透镜视场、离焦、抖动等问题，这些问题的存在极大地限制了二维码的存储容量。

CM 码的识读设备采用拥有自主知识产权的接触式影像传感器（Contact Image Sensor，CIS）技术，充分利用 CIS 1:1 成像的特征，结合码图图形中的齿孔定位技术与图形分段技术，使得嵌入式系统中的图像识别算法能快速准确地定位并校正图像，从而实时解码。同时，矽感 CM 码也是世界首创的能被没有装备匀速位移装置的一维线阵传感器识读的矩阵式二维码。

CM 是“紧密矩阵”的英文 Compact Matrix 的缩写。码图采用齿孔定位技术和图像分段技术，通过分析齿孔定位信息和分段信息可快速完成二维码图像的识别和处理，大大减少了硬件设备进行图像处理的资源需求，从而使设备成本大幅降低，具有大容量、高密度、高可靠性、可扩展性强、低成本等主要特性（图 10-8）。

图 10-8　CM 码

CM 码的特点如下。

1．图形的方向性要求

CM 码的设计原理决定了使用者不被二维码识读方向所困扰，可双向扫描，支持镜像，可匀速位移转动扫描。

2．错误纠正能力

CM 码共有 8 个纠错等级，纠错信息和纠错能力见表 10-1。

表 10-1　CM 码纠错信息和纠错能力表

纠 错 等 级	纠错信息百分比
1	8%
2	16%
3	24%
4	32%
5	40%
6	48%
7	56%
8	64%

3．数据编码容量

CM 码采用了先进的结构设计和数据压缩模式，其编码数据容量有了质的飞跃。CM 码共有 32 个版本，每个版本可以拥有 1 ~ 32 个可选数据段，每个版本和段数的组合有

8个可选纠错等级，因此CM码最多有 $32 \times 32 \times 8 = 8192$ 个容量规格。最大图形的存储容量（字节数）1～8级纠错信息下分别为57691，52674，47657，42640，37624，32606，27590，22572。推荐应用的容量为ID卡2～3 KB，文档应用小于12 KB。

4. 数据密度

在典型应用条件下，300 dpi输出分辨率数据密度可达1KB/平方英寸，600 dpi输出分辨率数据密度可达2KB/平方英寸。

5. 图形尺寸与比例

CM码外观为矩形设计，通过调整码图版本和数据段数控制整体外形比例，通过调整单元模块的宽高比例实现尺寸的微调，能很好地满足各种应用的尺寸需求。

6. 扫描同步解码与扫描后解码

CM码支持边扫描边解码的同步解码模式，也支持扫描后解码的工作模式。前者可以提高处理器的执行效率从而达到降低处理器性能的需求，后者可以提高抗污损的能力。

7. 图像获取方式

不同的图像获取方式所采集到的图像特征不一样，图像识别算法所作的工作相应有很大的不同，CM码支持刷卡扫描、馈纸扫描及平板扫描等多种扫描方式。

8. 可编码数据类型与编码效率

CM码可编码任意数字信息，对数字采用每3个字符10比特编码，对ASCII字符采用每字符7比特编码，对中文采用每字符13比特编码，因而对这三类信息有一定的压缩功能。

9. 较强的适应性

CM码有极强的适应能力，能够较大程度经受图像拉伸、压缩、扭曲、污损，这也是CM码的显著特点。

10.6 GM码

GM码（Grid Matrix Code）是一种正方形的二维码，该码制的码图由正方形宏模块组成，每个宏模块由 6×6 个正方形单元模块组成。网格码可以编码存储一定量的数据并提供5个用户可选的纠错等级。

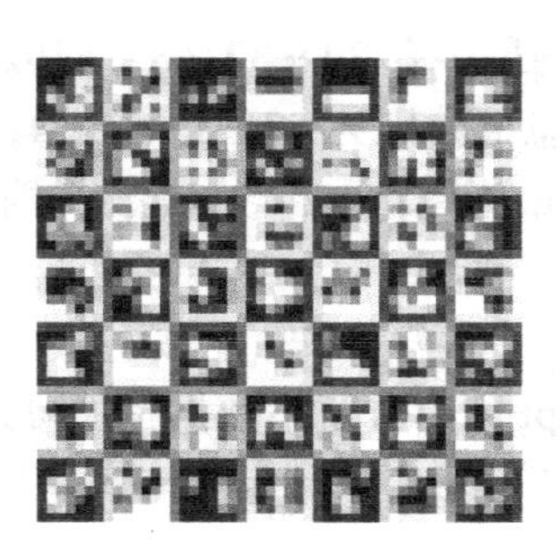

图 10-9　GM 码

10.6.1　GM 码的特点

（1）超强抗污损能力及纠错能力；

（2）超强抗形变能力；

（3）图形中没有重大缺陷；

（4）存储容量大，可对任何计算机数字信息编码。

10.6.2　GM 码的技术实现

GM 码可利用现有各种成熟的印刷技术进行印制。

1. 可利用各种印刷方式

包括丝印、胶印、凸版印刷、凹版印刷、激光打印、喷墨打印、热转移技术、热敏技术等方式。

2. 可采用多种印制材料

包括普通油墨、磁性油墨、荧光油墨、隐形油墨等，也可以将上述材料分层同时采用。

3. 可采用多种印制载体

包括纸张、塑料、PVC、金属等。

4. 支持多种灰度等级或彩色印刷

包括 1 ~ 8 级灰度格式或常见彩色组合。

10.6.3　GM 码的应用

GM 码因其具有超强抗形变、抗污损能力，确立了在自动识别领域无可替代的性能优势。GM 码的应用主要体现在物流、商品标识、票务防伪及名片管理领域中。

1. 物流监管

结合 GM 码的技术特点、矽感科技特有的设备制造优势及应用创新能力，矽感科技已经在一些流通领域与合作伙伴一起实施商品的物流监管应用。因为 GM 码优越的抗形变及抗污损能力,使之在千变万化的物流领域中能经受得起复杂环境及频繁使用的考验。实践数据表明，在各种复杂的环境中 GM 码比其他的二维码更能准确无误地被自动识别，从而保证了商品流通全过程的准确识别与监控。

2. 商品标识

由于 GM 码有其存储容量大的优势，可以将商品的信息包括数字、字母、中文信息存储在 GM 码中。除了商品名称之外，还可以存储商品批号、商品有效期、生产日期、生产厂商、商品简单说明等内容，信息丰富，可以完全实现商品自动识别，无须后台数据库支持。

3. 票务防伪

通过矽感科技自行研发生产的隐形印刷技术将条码印刷在各类文艺活动的门票上，可以实现票务管理。矽感科技已经在文化体育领域与合作伙伴进行了大量的合作，取得了令人惊喜的效果，不仅实现了票务的防伪，通过自动识别及后台管理，更可以将文化体育活动的管理提升一个档次，将服务意识贯彻到整个行业。

4. 名片管理

随着商务环境的日益完善，商务人员的名片是越来越多商务活动必需的工具。而大多数商务人士对成堆的名片束手无策，矽感科技的 GM 码可存储名片信息，通过矽感高性能识读设备可以将名片信息识读出来，并进行管理。甚至可以使用手机拍照后解码并存储在手机中。

10.7 小结

本章介绍了 PDF417 码、QR 码、Data Matrix 码、Maxicode 码、CM 码和 GM 码的特点。

第 11 章

二维码典型应用

导学

- 二维码 Android 应用系统设计
- 二维码在制作业信息管理系统中的应用
- 二维码在营销服务中的应用
- 二维码在票据管理中的应用
- 二维码在移动支付中的应用

11.1 二维码 Android 应用系统设计

Android（安卓）是基于 Linux 的自由及开放源代码的操作系统，主要使用于移动设备，如智能手机和平板电脑，由 Google 公司和开放手机联盟领导及开发。Android 操作系统最初由 Andy Rubin 开发，主要支持手机。2005 年 8 月由 Google 收购注资。2007 年 11 月，Google 与 84 家硬件制造商、软件开发商及电信营运商组建开放手机联盟共同研发改良 Android 系统。随后 Google 以 Apache 开源许可证的授权方式，发布了 Android 的源代码。第一部 Android 智能手机发布于 2008 年 10 月。Android 逐渐扩展到平板电脑及其他领域上，如电视、数码相机、游戏机等。2011 年第一季度，Android 在全球的市场份额首次超过塞班系统，跃居全球第一。2012 年 11 月数据显示，Android 占据全球智能手机操作系统市场 76%的份额，中国市场占有率为 90%。

11.1.1 Android 系统架构

Android 的系统结构如图 11-1 所示。从图中可以看出，Android 系统架构为四层结构，从上层到下层分别是应用程序层、应用程序框架层、系统运行库层及 Linux 内核层，分别介绍如下。

1. 应用程序层

Android 平台不仅仅是操作系统，也包含了许多应用程序，诸如 SMS 短信客户端程序、电话拨号程序、图片浏览器、Web 浏览器等应用程序。这些应用程序都是用 Java 语言编写的，不同于其他手机操作系统固化在系统内部的系统软件，这些应用程序都可以被开发人员开发的其他应用程序所替换，更加灵活和个性化。

2. 应用程序框架层

应用程序框架层是从事 Android 开发的基础，很多核心应用程序也是通过这一层来实现其核心功能的，该层简化了组件的重用，开发人员可以直接使用其提供的组件来进行快速的应用程序开发，也可以通过继承而实现个性化的拓展。

3. 系统运行库层

从图 11-1 中可以看出，系统运行库层可以分成两部分，分别是系统库和 Android 运行时，其中系统库是应用程序框架的支撑，是连接应用程序框架层与 Linux 内核层的重要纽带。

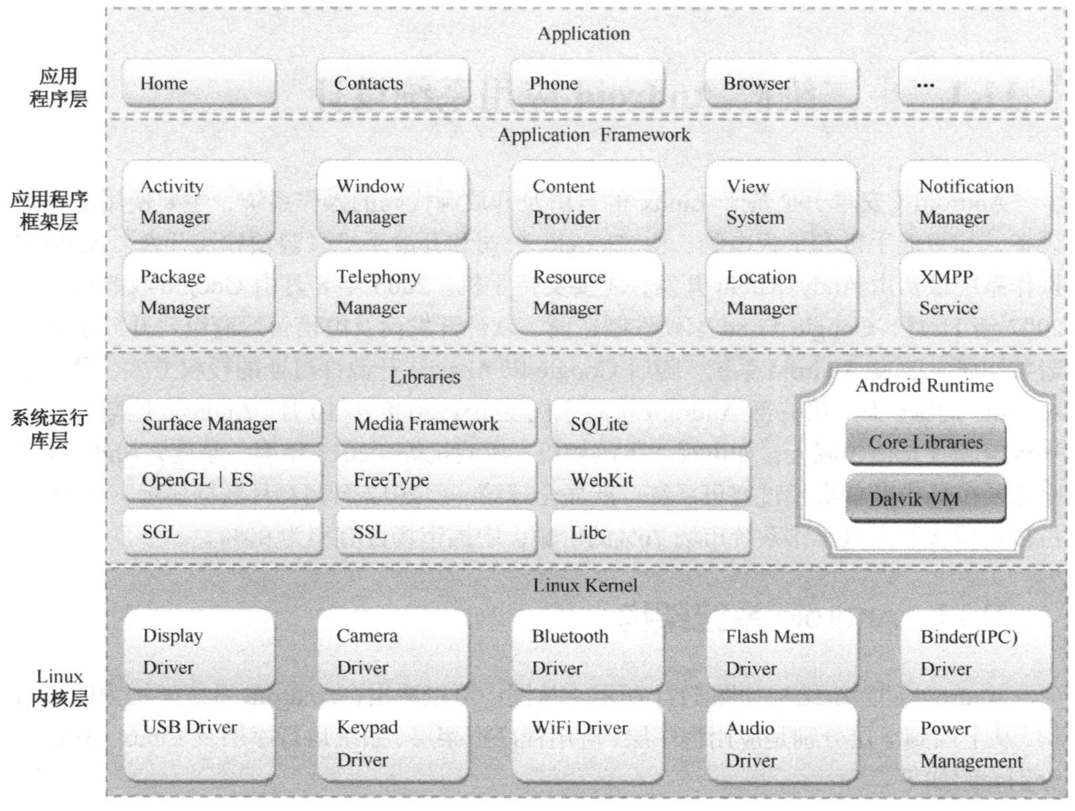

图 11-1　Android 系统结构示意图

4. Linux 内核层

Android 基于 Linux 2.6 内核，其核心系统服务如安全性、内存管理、进程管理、网路协议及驱动模型都依赖于 Linux 内核。

11.1.2　Android 开发平台搭建

在进行 Android 开发之前，首先要搭建开发环境，搭建 Android 开发环境的主要步骤如下：

- Java JDK 的下载和安装；
- 开发工具 Ecplise 的下载和安装；
- Android SDK 的下载和安装；
- ADT（Android Development Tools）的下载和安装。

正确地配置好上述开发工具和开发环境就可以进行 Android 的应用开发了。

11.1.3　ZXing 库

ZXing 库是一个开源的支持多种一维条形码和二维码的图像处理库。ZXing 库主要使用 Java 语言实现，并且提供其他多种语言的程序接口，可以在多种不同的平台上使用。ZXing 库的重点是使用手机的内置摄像头设备对二维码进行扫描识别和编码，而不与服务器通信。但是 ZXing 库仍然可用于 PC 或服务器上的二维码的编码和解码。ZXing 库支持 QR 码、PDF417 码、Data Matrix 码等。

11.1.4 QR 码生成系统

使用 Ecplise 和 Android SDK 及 ZXing 库搭建 Android 平台上的二维码生成与识别系统。

1. 需求分析

QR 码的生成主要是将用户输入的信息，如纯文本信息、联系人信息、网址信息等内容编码成相应 QR 码图片，并让用户选择保存和分享 QR 码。Android 平台上 QR 码生成流程如图 11-2 所示。

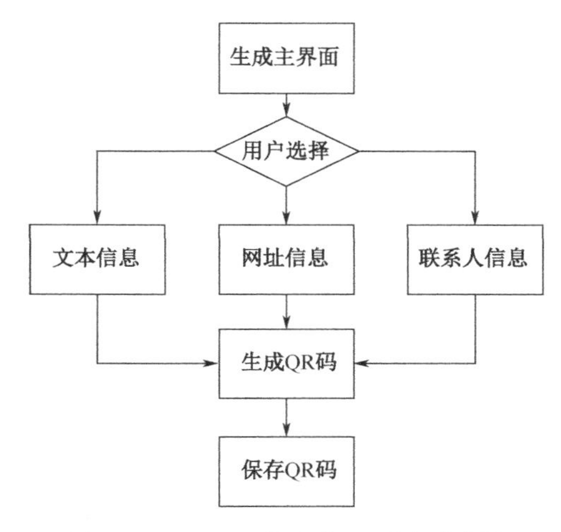

图 11-2 Android 平台上 QR 码生成流程

2. 系统实现

如图 11-3 所示，QR 码编码的操作封装在 QRCodeWriter，进行二维码编码时，需要将编码内容、条码格式、图片宽高传递给 MultiFormatWriter 类对象。生成 QR 码的 0、1 矩阵数据，通过 Android 支持的图片格式转换成 Bitmap 位图格式，显示在软件界面上。

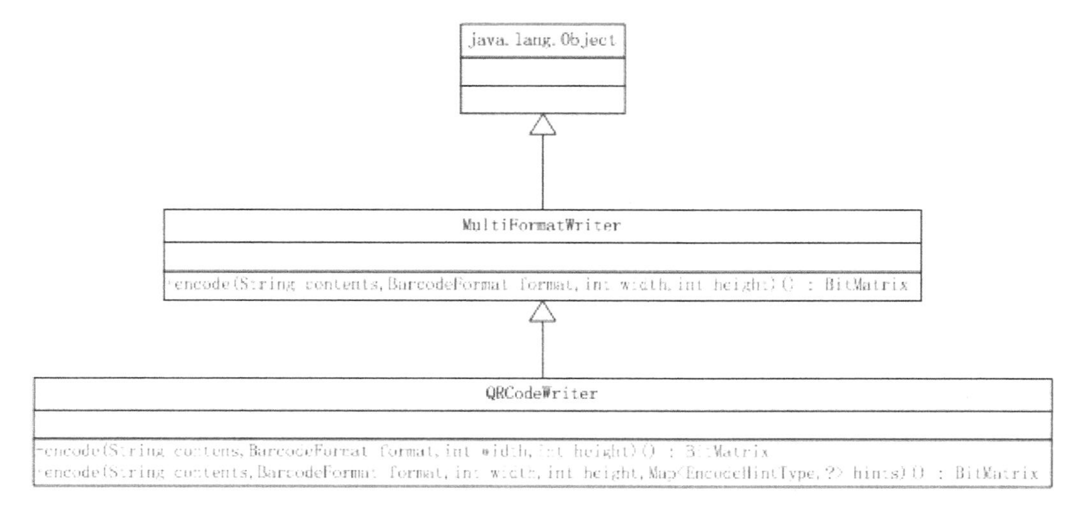

图 11-3 编码模块 UML

生成二维码界面如图 11-4 所示。

（a）编码主界面　（b）文本生成界面　（c）名片生成界面

（d）网页生成界面　（e）生成结果　（f）保存图片

图 11-4　生成二维码界面

11.1.5　QR 码识别系统

1．需求分析

二维码目前已成为移动互联网和 O2O 的关键入口。随着电子商务企业越来越多地进行线上线下并行的互动，二维码已经成为电子商务企业落地的重要营销载体。二维码在电商领域的广泛应用，结合 O2O 的概念，带给消费者更便捷和快速的消费体验，成为电商平台连接线上与线下的一个新通路，对于产品信息的延展、横向的价格对比都有帮助。因此，快速识别 QR 码是识别系统的关键性功能，Android 平台上识别流程如图 11-5 所示。

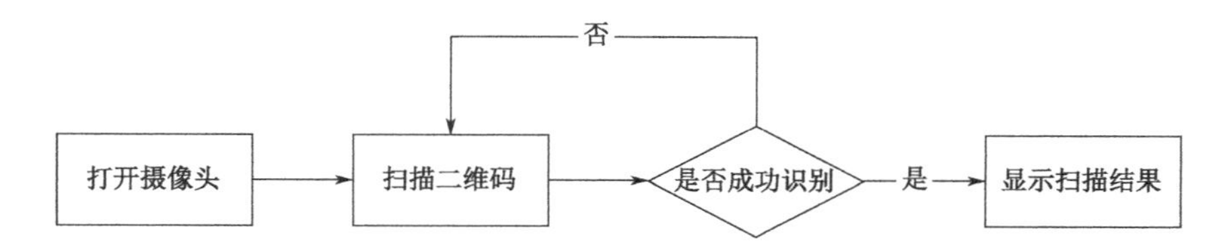

图 11-5 Android 平台上识别流程图

2．系统实现

如图 11-6 所示，QR 码编码的操作封装在 QRCodeMultiReader，在扫描解码过程中，Andorid 摄像头需要将每一帧图像传递给 MultiFormatReader 类对象。调用 QRCodeReader，对所拍摄的图像进行解码，并返回解码结果。其中解码结果包含二维码的格式及内容。

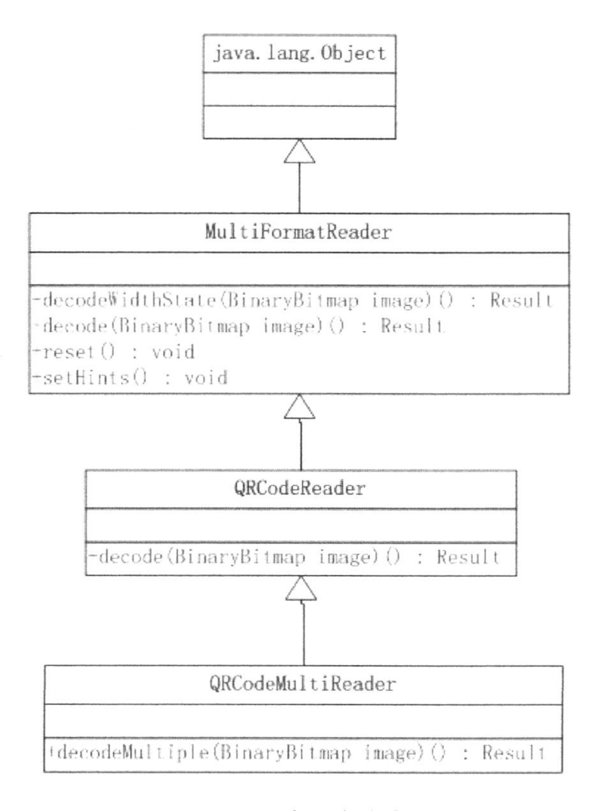

图 11-6 解码类关系

扫描及识别如图 11-7 所示，需要对摄像头拍摄的每一张图片调用 MultiFormatReader 进行解码。

（a）扫描界面

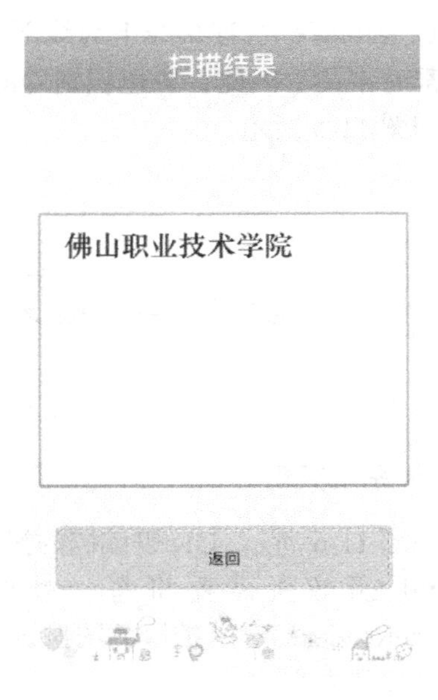

（b）识别结果

图 11-7　扫描及识别

11.2　二维码在制造业信息管理系统中的应用

11.2.1　业务流程实现

制作业务流程如图 11-8 所示。

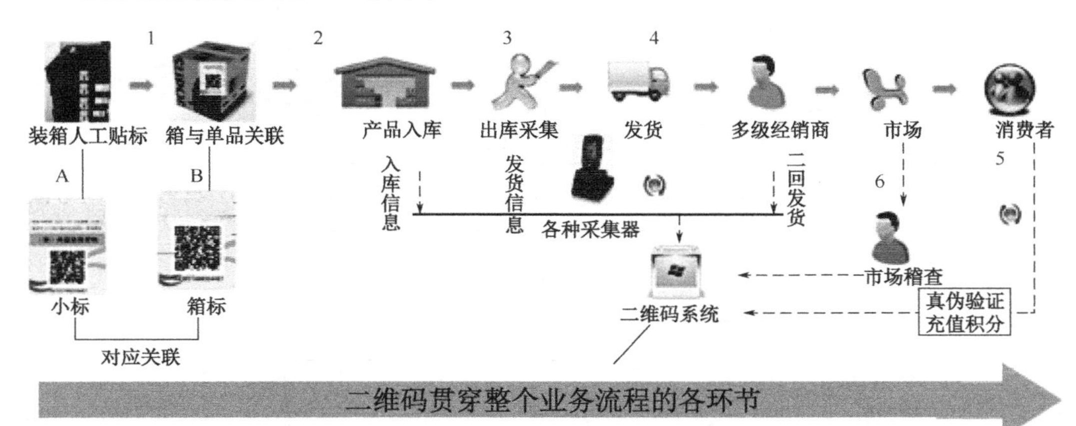

图 11-8　制作业务流程

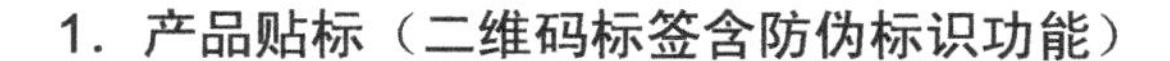

1. 产品贴标（二维码标签含防伪标识功能）

人工给每件单品的包装贴上小标签（内箱二维码标签），外箱装箱完毕后在外箱贴上与小标签所对应的箱标（外箱标签与内箱标签在制作时即已经设定好对应关系）。比如4个A产品装一箱，只需要把4个小标签贴在A产品的包装上，通过自动化包装线装好箱后，将外箱标签贴在外包装上指定位置即可。在入库和发货操作时只需要对箱标进行采集操作。

2. 整箱入库

（1）每条生产线人工贴标，并配一个固定阅读器，最好采用视觉阅读器（有图像处理功能，误扫率较低），不太建议用普通的扫描头。同时对外箱进行采集，将完成装箱的大箱通过传输带并配合阅读器自动扫描入库。数据可实时采集至系统，也可设置离线存储在PC端，后期统一入库即可。

（2）每条生产线配备一台PC（连接网络），用于接收生产线自动扫描采集的数据，采集的数据包含生产线信息，与ERP生产订单关联后，可以查询追踪某箱产品出于哪条生产线，哪个生产订单，如需要更多的信息可以自行添加一些备注信息。

（3）每条生产线传输带配置报警装置，对错扫、漏扫的产品进行报警，便于生产线工人进行补扫。补扫的方式主要通过手持扫描设备进行生产产品补录，或产品重新走一遍传输带。

（4）在所有生产线的产品生产入库的汇总处也同时设定一个阅读器连接一台PC，检验是否入库，对有问题的产品进行纠正或补入库。

3. 整箱出库发货

主要通过扫描枪实现出库发货功能，扫描枪采集外箱二维码信息并定义相关发货信息后上传数据（关联经销商、消费者、渠道、仓库等），完成出库操作。在采集外箱二维码标签的同时，单品内箱二维码也会得到出库发货信息。数据上传操作也有在线和离线两种方式。

11.2.2 与ERP的集成

整体集成架构如图11-9所示，系统结构与数据流向如图11-10所示。

（1）二维码平台通过中间服务器定时从ERP获取产品资料、客户资料、订单数据。

（2）生产线标签阅读程序从二维码平台下载产品资料、机台资料、订单数据（与SAP集成）。标签阅读程序在启动前首先需要选择当前生产的产品、机台、ERP中的生产订单号，当读取到生产线上的大箱码时，将箱码、产品编号、机台编号、订单号实时上传到条码平台，平台对此箱码进行入库处理，并关联相应的产品编号、机台编号、订单号，实现产品的生产情况追溯功能。

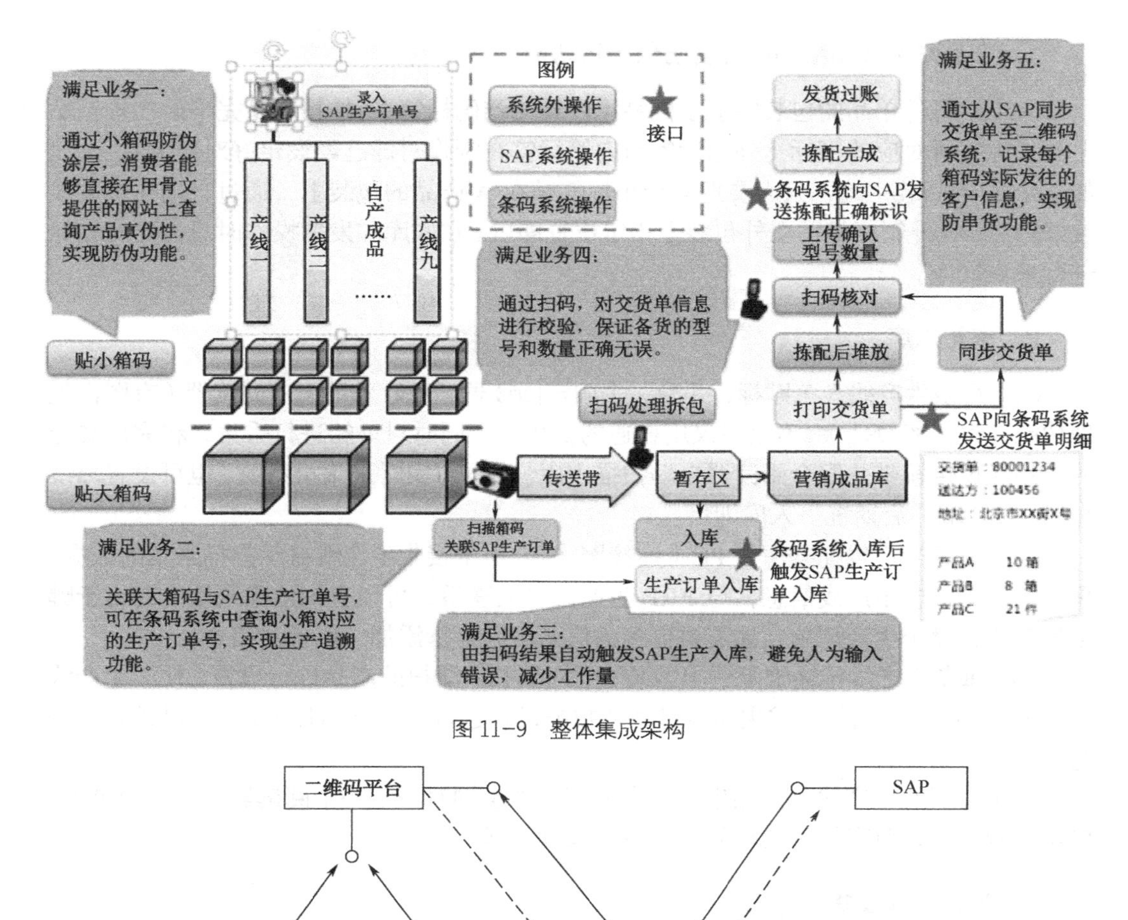

图 11-9　整体集成架构

二维码平台
SAP
中间服务器
产线阅读程序
发货扫描程序

图 11-10　系统结构与数据流向

（3）仓库人员在条码平台上对订单做入库确认，订单的实际入库数量通过中间服务器同步给 ERP，实现了自动入库校验，减少人为操作的错误率。

（4）二维码平台通过中间服务器定时从 ERP 获取交货单数据，用于拣配后扫码出货时校验核对。

（5）二维码枪从二维码平台下载交货单数据，选择交货单后开始扫描需要发货的箱码。在扫描过程中二维码枪需要实时验证扫描的产品是否包含在交货单的产品中，扫描的产品数量是否超过交货单中的产品数量，箱码是否重复扫入。

（6）扫描完成后，点击上传，将交货单号、扫入的箱码上传到二维码平台，在二维码平台中进行出库处理。二维码平台将交货单号发送给 ERP，做自动出库处理。实现产品的物流环节的追溯与防窜货功能。

最后，通过平台可以查询到任何产品的相关信息，包括上面提到的各种信息，也可自定义，真正实现了产品的防伪、防窜货、追溯的功能。

11.3 二维码在营销服务中的应用

11.3.1 概述

社会不断进步，越来越多的消费方式被广大消费者接受。在人手一部手机的时代，手机上网、手机购物和支付等越来越被更多消费者使用，移动电子商务将伴随我们的日常生活，利用手机网络实现我们工作和衣食住行的便捷。现在手机二维码应用显然更贴近普通消费者的生活，为了更好地服务于市场，给消费者提供更多的购物方式，下面介绍为客户提供基于二维码的 VIP 电子消费券、二维码折扣券的解决方案。

11.3.2 二维码在营销服务中的使用方式

二维码在营销业务流程如图 11-11 所示。

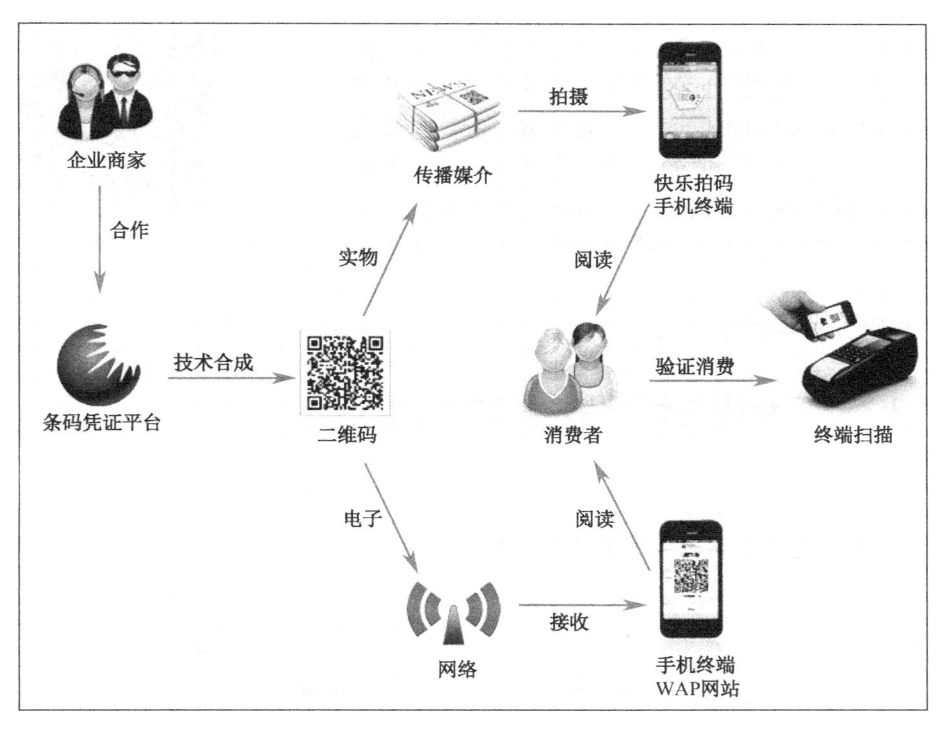

图 11-11 二维码营销业务流程

1. 二维码电子消费券

二维码电子消费券是向消费者手机发送带有二维码的彩信，消费者在消费时可在终端二维码识读设备扫描手机上的二维码，直接消费。

使用二维码手机彩信，可实现集中发送彩信、消费者分散接收，覆盖面广、使用方式灵活。相比较传统会员卡、折扣券模式，电子二维码手机彩信极大地节省了印刷成本、会员卡制卡及人工发放等成本。

二维码电子消费券不仅仅通过彩信发送，消费者还可以自助在网上下载二维码电子优惠券或直接打印二维码优惠券，均可实现直接消费的功能。

2. 电子折扣券二维码系统

消费者在公司网站下载或用手机拍照宣传海报上带有二维码的打折信息，消费结算时在终端机上扫描手机上的二维码，即可达到享受商品折扣的目的。

移动营销的商家利用多种媒体、渠道（海报、网站、DM杂志）发布促销信息，然后让受众（消费者）根据相应信息的提示，发短信（上行）或其他形式（上网、打电话等）到折扣券系统来索取优惠券（电子折扣券），系统接收后，会把优惠券以彩信或短信的形式发送到消费者的手机里。消费者需要消费时，到商家选购物品进行结账时，出示电子折扣券，通过商家的终端验码设备进行验证，就可以享受相应的折扣优惠。

商家在完成优惠凭证的验证工作的同时，也把消费信息备份到商家的数据库里，商家可以对这些数据进行分析，提炼出有价值的信息，为开展经营活动提供可靠的数据支持。所以手机二维码是传统促销工具的有力补充，并将在未来的移动营销中占有重要的一席之地。

二维码折扣券如图11-12所示。

图11-12 二维码折扣券

11.3.3 二维码在营销服务中的应用流程

1. 二维码电子消费券生成及发送（图11-13）

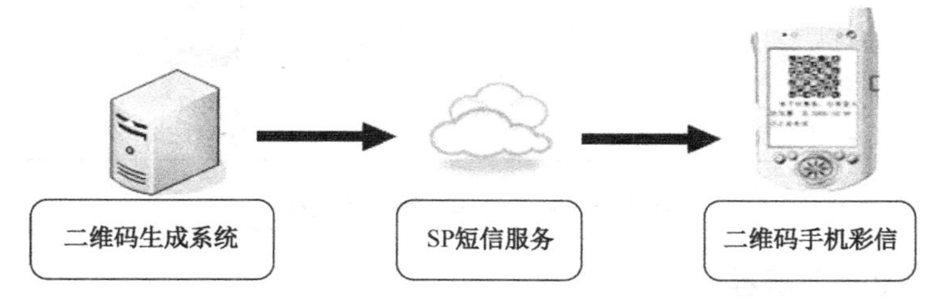

图11-13 二维码电子消费券生成及发送

1）通过彩信发送二维码电子消费券

利用基础运营商网络，二维码生成后通过彩信向消费者发放二维码电子消费券，该方式适合单位集体购买。

2）网络下载二维码电子消费券

消费者在商家网站上购买消费券后，可点击下载生成的二维码电子优惠券到手机中。

3）打印二维码电子消费券

消费者在商家网站上购买消费券后，点击下载生成的二维码电子优惠券并打印出来即可使用。

4）商家下属门店直接发放二维码电子消费券

对于直接到门店购买二维码消费券的顾客，门店工作人员可直接通过彩信或其他方式向消费者提供二维码电子消费券。

2. 二维码消费券和折扣券使用

使用消费券：消费者消费时，通过该系统，只需要扫描消费者手机上的二维码或纸质二维码消费券，通过后台数据库的支持，可极方便地实现消费。

使用折扣券：消费者在商家网站上下载或用手机拍照商家门店或宣传海报上带有二维码的打折信息，消费结算时在终端机上扫描手机上的二维码，即可享受商品折扣。

电子消费券使用流程如图 11-14 所示。

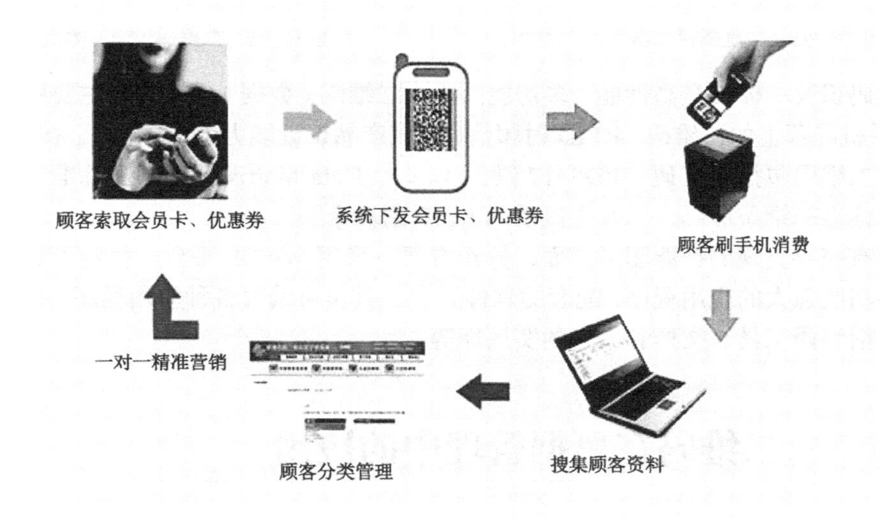

图 11-14　电子消费券使用流程图

11.3.4　相关设备

1. 二维码识读器（图 11-15）

它具有以下特点：

- 适用于手机屏幕、票面上的二维码识读。
- 超强识读各种二维码。
- 提供多种接口方式（按需定制）。
- 高敏感光学设备，保证在不同光线条件下的二维码识读。
- 全方向识读二维码和图像。
- 智能锁定解码目标。
- CMOS 影像传感器技术。
- 便捷的软件升级方式。
- 时尚友好的设计风格。

2. 二维码识读一体机（图 11-16）

图 11-15　二维码识读器

图 11-16　二维码识读一体机

二维码识读一体机是高性能、多功能固定式二维码（数据）阅读器，主要用于识读（采集）手机屏幕上的二维码、RFID 射频信息。该产品识读能力强，精度高，接口丰富，可识读的二维码包括 GM 码、PDF417 码、QR 码、Data Matrix 码等国际标准二维码，各种国际标准一维条形码，以及主流系列 RFID 射频卡。

它具有完善美观的智能图形界面，操作方便，采用 WinCE 平台，稳定可靠，可以运行各种功能强大的应用程序，配套的软件开发工具包可编写各种应用程序。软件开发工具包包括编译工具、文档和大量的实用库等。

11.4　二维码在票据管理中的应用

11.4.1　概述

二维码电子门票分销系统可为旅游门票供应商快速搭建电子门票 O2O 网络交易云平台，为门票供应商在全网进行门票分销提供了强大支撑。

游客购票后通过系统向游客手机发送二维码电子票或数字码，游客游玩时只需要出示手机二维码电子票（数字码或扫描身份证），在验票终端验证通过即可完成消费。整个发放验证过程高效便捷、省时省力。

使用此系统的最大优势在于告别传统分散的订单处理模式,用系统进行集中统一管理，提高效率，降低人工时间成本；对接各销售渠道，实现业务订单的自动处理，提升用户体验，助力销售增长。

11.4.2 二维码在票据系统中的应用介绍

二维码电子门票分销后台系统如图 11-17 所示。二维码电子门票预定使用流程如图 11-18 所示。

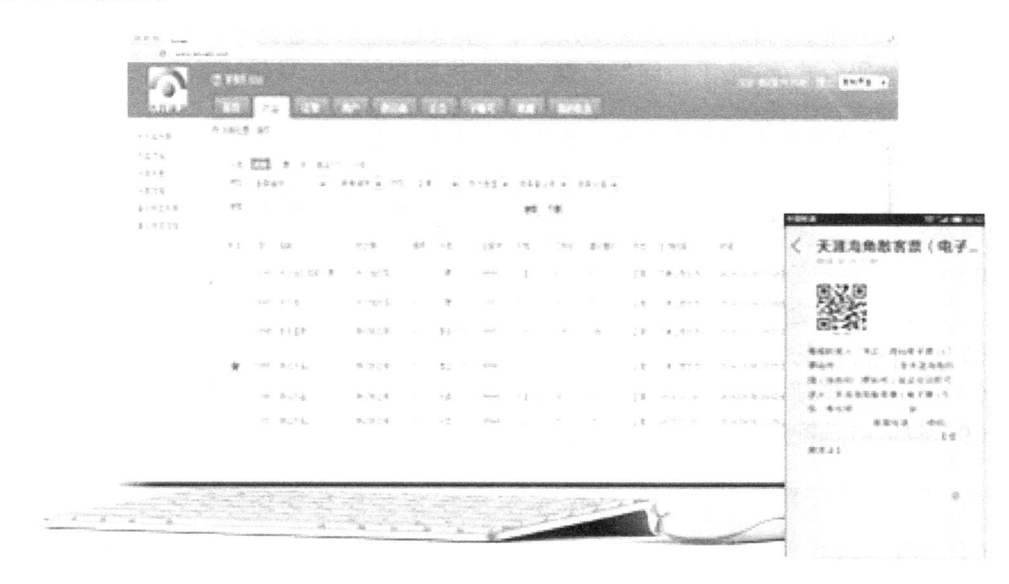

图 11-17 二维码电子门票分销后台系统

图 11-18 二维码电子门票预定使用流程

1. 资源供应商

使用二维码电子票务分销系统对门票销售和代理商进行集中统一管理，为旅行社、票务公司、第三方旅游网站及其他代理提供分销账号，分销商进入分销账号进行电子票下单或系统对接自动出票，分销账号只有在充值或授予额度的情况下才能出票，可对分销商分组，每个分组享受不同的价格体系。所有电子票在统一终端进行验票；可提供详细的财务统计报表，告别以往人工对账的烦琐。

2. 资源分销商

无论是否拥有景区资源，使用二维码电子票务分销系统把所有订单归集在此系统，集中统一管理门票订单，方便财务统计和利润核算；可对接直营网络渠道（淘宝天猫、阿里旅行、去哪儿、微信、携程、美团等第三方平台），让产品在第三方排名更靠前，实现业务订单的自动处理，节省人力，助力销售增长。与第三方票务系统或采购平台（如景区自有票务系统）进行采购产品的对接，告别烦琐的人工搬单模式。

3. 二维码电子票务分销系统主要功能

（1）人工下单、对接淘宝等第三方自动下单发送二维码电子票。

（2）二维码台式/闸机/手持终端验票、计算机网页验票、身份证验票、手机客户端验票等多种方式自由选择。

（3）为合作伙伴开通分销账号即可发展分销，随时掌控渠道。

（4）与已有旅游票务网站、淘宝/天猫、携程、去哪儿、驴妈妈、同程、途牛等第三方网站对接，实现电子门票自动销售发送和验证。

（5）票款在线支付、手动充值。

（6）具有导码功能。

（7）提供详细的统计数据与财务报表。

（8）可在票务预定网站、手机微网站、手机客户端、微信上订票。

（9）景区可选配局域网售检票系统。

4. 二维码电子票务分销系统主要特点

（1）系统稳定、功能完善、操作简单：电子票分销系统经过多年运行和不断改进，已经非常稳定和成熟，使用客户众多；系统功能完全按照业务所需开发，功能完善，设计合理，操作简单。

（2）全面对接第三方，助力销售提升：系统通过对接第三方平台对产品搜索排名有极大帮助，快速提升销售业绩；而且还可以与第三方票务系统或采购平台（如景区自有票务系统）进行采购产品的对接，告别烦琐的人工下单模式。

（3）分销功能强大，订单集中统一管理：把自有销售渠道订单和合作伙伴订单进行集中处理，统一管理，告别以往分散的操作模式，节省人力，提高效率。

11.4.3 二维码在票据系统中的配套硬件介绍

1. 二维码 POS 验证终端（图 11-19）

二维码 POS 验证终端使用方便、稳定，功能完全符合电子票业务所需，此款终端及配套验票软件经过多年的抗压使用和不断的升级，目前已经达到非常稳定和完善的状态。

2. 智慧旅游智能闸机（图 11-20）

智慧旅游智能闸机性能稳定、检票速度快，可识别手机二维码、纸质二维码、身份证、RFID（IC 卡）。

图 11-19 二维码 POS 验证终端

图 11-20 智慧旅游智能闸机

3. 手持检票终端（图 11-21）

手持检票终端可便携式移动检票，操作方便，支持二维码、文字码，可联网。

4. 自助售取票机（图 11-22）

自助售取票机功能强大，设置灵活，稳定性高，具有扫描二维码、阅读身份证、打印门票、密码键盘等多种功能，可以减少游客排队等待时间、减少人力、节约企业运营成本、提升服务质量。

图 11-21 手持检票终端

图 11-22 自助售取票机

11.5 二维码在移动支付中的应用

11.5.1 概述

移动支付也称手机支付，就是允许用户使用其移动终端（手机）对所消费的商品或服务进行账务支付的一种服务方式。单位或个人通过移动设备、互联网或近距离传感器直接或间接向银行金融机构发送支付指令产生货币支付与资金转移行为，从而实现移动支付功能。移动支付将终端设备、互联网、应用提供商及金融机构相融合，为用户提供货币支付、缴费等金融服务。

1．第三方支付机构的 O2O 模式

自 2011 年 5 月 18 日央行发放第三方支付牌照以来，目前全国共有 250 家非金融机构获得支付业务许可。以国内最大的第三方支付商支付宝为例，2012 年 7 月，支付宝宣布和分众传媒、聚划算合作，通过手机二维码扫描技术，探索推广“O2O 模式”支付销售模式。支付宝与上品折扣公司合作开创了国内首家线下商场二维码 O2O 购物，用户在上品折扣的店中选好商品后，导购在手持的 Pad 中调出商品并生成订单二维码，用户使用支付宝手机客户端拍摄订单二维码，现场支付后即可拿走商品。

2．银行业将二维码内置于手机银行客户端

一拍即付业务是指客户通过手机银行客户端中的二维码解码技术，拍摄网站、报纸、平面广告或网点宣传单上的商品二维码图片后，自动在手机客户端中生成商品订单，客户执行后续的订单支付手续，即可完成商品的购买。借助一拍即付技术，银行可以更迅速地进行金融产品和服务的营销推广，并且与商户合作，实现电子商务 O2O 模式。对于客户而言则免去了商品搜索、下单的烦琐，大大简化了商品购买操作步骤，提高了客户体验。

3．银行业将二维码作为电子凭证

多家银行已经开始应用二维码作为电子凭证。工商银行将二维码应用于有奖营销活动，客户中奖后将彩信二维码发送至客户手机，客户凭二维码在指定超市兑奖。交通银行将二维码应用于旅游景区电子门票的销售环节，客户通过网银购票后，二维码门票即以短信或彩信形式发送至客户手机，客户凭码进入景区游览。招商银行则将二维码应用于信用卡消费的礼品兑换环节。

4．中国银联将二维码加载银行卡信息

中国银联股份有限公司与“拍立付”在广州联合推出基于二维码的创新商业模式，将手机与银行卡合二为一，消费者通过手机的摄像头拍摄任意一张银联标志的银行卡的

二维码，就能够“即拍即付”，实现电子购物。

11.5.2 手机二维码在移动支付领域面临的挑战

1. 应用标准难以统一

目前国内二维码产品大多源自于国外的技术，如美国PDF417码、日本的QR码、韩国DM码，应用最为广泛的有QR码和DM码。国家工信部于2006年颁布了网格矩阵码（简称GM码）和紧密矩阵码（简称CM码）两项国产二维码行业推荐标准，但是在实际运营中，由于二维码编码、识读、解码等核心技术被欧美日等的企业所掌控，二维码应用存在国外与国内标准、一般行业与特殊行业标准并存的现状，具体到金融业则没有全国统一的行业应用标准。

2. 安全问题影响发展

二维码的另一大问题出在安全上。随着手机病毒越来越多，各种恶意插件层出不穷，用户扫码后点击网址链接、下载第三方应用程序等都可能中毒，二维码技术成为了手机病毒、钓鱼网站传播的新渠道。移动支付的安全标准亟待统一。由于目前还没有一个机构推出统一的手机支付安全标准，各家企业各自采用自己的方式进行安全设置，推出了多种安全标准，这给用户带来了很大不便，也正是各家企业安全标准的不同给了黑客可乘之机。

3. 产业链需要完善

我国手机二维码在移动支付领域的市场尚未形成成熟的商业模式，移动网络运营商、第三方支付机构、金融机构大多各自为阵，战略合作共赢的机制尚未建立，产业应用链未能实现有效整合。同时，在手机二维码的价值链中，存在手机二维码软件开发商、识读设备提供商、二维码服务提供商、增值服务提供商、移动运营商、广告商、用户、移动终端提供商、媒体等多个参与者，这些参与者在价值链中的地位和作用并不完全相同。

4. 用户习惯仍须培养

手机二维码应用于移动支付领域是电子商务的一项创新应用，都需要用户的认可和推广。根据艾瑞咨询的用户调研数据，仍有较大比例的用户对移动支付方式表示怀疑。手机二维码作为一种新技术，用户群主要是对新事物敏感且接受能力强的年轻用户，用户使用习惯还须培养。应用手机二维码实现移动支付的过程极大程度上依赖智能手机来实现，所以智能手机的普及程度直接影响了此业务的用户数量。

5. 行业应用缺乏监督

目前，我国发布了《关于改进个人支付结算服务的通知》《城市一卡通手机支付应用白皮书》《非金融机构支付服务管理办法》《中国移动支付标准》等规范移动支付产业的相关规章政策，但是具体细化到针对手机二维码技术的移动支付应用的很少，致使此项新兴支付方式缺乏行业监管。

11.5.3 推动手机二维码在移动支付领域发展的建议

1. 建立二维码技术的统一标准

建议国家级二维码技术应用研究机构加快自主创新和核心技术研发，使我国在二维码核心技术标准制定和应用等领域拥有一定的技术优势，有效普及应用 GM 码和 CM 码两项国产二维码标准，尽快解决由于标准不统一带来的版权和解码软件不兼容的问题。

2. 建立移动支付标准，提高应用安全性

首先，要提高二维码应用软件的安全性，借助手机安全软件加大对二维码软件的检测，第三方应用下载平台应加强对二维码软件的审核。其次，从技术方面考虑，由于二维码是开源的，技术门槛较低，因此要提高二维码内部用户信息的加密强度。最后，支付产业涉及用户的资金安全，须特别强调安全因素，应努力推行移动支付标准，增强移动支付的安全性和稳定性。移动终端、手机客户端、技术平台要充分保证用户支付过程中输入、处理和存储的安全，并通过指定机构的检测认证，达到金融级安全水平。

3. 开放应用平台，加强合作共赢

我国手机二维码技术的移动支付产业链的稳定形态正在逐步显现，而目前的移动支付市场正出现银行、银联、移动运营商、第三方支付企业各自为营的态势。移动支付发展的当务之急是破解产业发展难题，实现产业链各主体之间的合作共赢。

4. 降低终端成本，培养用户使用习惯

二维码在移动支付市场的快速发展离不开用户对手机二维码技术的认可，因此，移动支付企业在开展业务的同时须扩大宣传范围，提高用户的认知程度，加强对用户的教育，培养用户的使用习惯。另一方面，对商户的拓展要并举。在用户端成本较高的问题上，降低个人用户成本，转嫁相关硬件费用，将是短期内拓展用户市场的有效途径。

5. 多方协作，建立行业监管体系

国家立法部门应尽快完善二维码技术安全应用的配套监管政策法规。国务院有关部委应结合各个行业的实际，制定、完善与二维码相关的信息技术、市场应用、监督管理等方面规章制度。有关部门和行业协会应加强对金融机构、商户、第三方支付企业在二维码应用领域的认证管理，促进合规经营、控制风险和差错，并积极制定用户权益保障措施。

11.6 小结

本章介绍了二维码 Android 应用系统的架构、平台搭建及 QR 码生成和识别系统，二维码在制造业信息管理系统中的业务流程实现和与 ERP 的集成，二维码在营销服务中的使用方式、应用流程和相关设备配备，二维码在票据管理中的应用和配备硬件，二维码在移动支付领域中的挑战和发展建议。

反侵权盗版声明